普通高等学校应用型人才培养系列规划教材

丛书主编　陈明

C#与ASP.NET程序设计教程

王振武　编著

中国铁道出版社
CHINA RAILWAY PUBLISHING HOUSE

内 容 简 介

本教材是依据多年 C#实践项目开发的经验编写而成的，力求使读者对 C#语言和 ASP.NET 程序设计的应用有更加深入的了解。

本书共分 10 章，循序渐进地讲述了.NET 的基本知识、C#语法基础、C#语言面向对象的知识、服务器控件、内置对象、数据库的基本知识、使用 ADO.NET 访问数据库、XML 和 ASP.NET 应用程序的配置、MVC 设计模式和 NHibernate 框架，内容系统而全面。书中不仅对理论知识进行了讲解，而且针对所讲理论提供了综合应用实例，使初学者能较好地理解如何设计大型的 ASP.NET 程序。

本书适合作为普通高等学校计算机专业相关课程的应用型人才培养教材，也可作为相关专业技术人员的参考用书。

图书在版编目（CIP）数据

C#与 ASP.NET 程序设计教程 / 王振武编著. --北京：中国铁道出版社，2010.12

普通高等学校应用型人才培养系列规划教材

ISBN 978-7-113-12110-5

Ⅰ.①C… Ⅱ.①王… Ⅲ.①主页制作－程序设计－高等学校－教材②C 语言－程序设计－高等学校－教材 Ⅳ.①TP393.092②TP312

中国版本图书馆 CIP 数据核字（2010）第 206367 号

书　　名：C#与 ASP.NET 程序设计教程

作　　者：王振武　编著

策划编辑：秦绪好　杨　勇

责任编辑：王雪飞　　读者热线电话：400-668-0820

封面设计：付　巍　　封面制作：李　路

版式设计：于　洋　　责任校对：苗　丹

责任印制：李　佳

出版发行：中国铁道出版社（北京市宣武区右安门西街 8 号　　邮政编码：100054）

印　　刷：三河市华业印装厂

版　　次：2010 年 12 月第 1 版　　2010 年 12 月第 1 次印刷

开　　本：787mm×1092mm　1/16　印张：16　字数：326 千

印　　数：3 000 册

书　　号：ISBN 978-7-113-12110-5

定　　价：29.00 元（附赠光盘）

序言

PREFACE

经过几十年的研究与探索，现代计算机系统功能越来越强大、应用越来越广泛。计算机的广泛应用一方面对人类社会的发展做出了卓越的贡献，另一方面也在推动计算机学科的高速发展，因而一直受到社会的高度关注。

由于计算机学科呈现出的学科内涵宽泛化、分支相对独立化、社会需求多样化、专业规模巨大化和计算教育大众化等特点，使得计算机企业成为了朝阳企业，这些IT企业需要大量的具有专门计算机技能的人才，但传统的研究型计算机教育是以学术教育为基础，以培养计算机精英为目的的计算机教育，与社会和行业对计算机高等教育人才的需求产生了矛盾——大学中单一的计算机精英型教育培养的人才已不能满足实际需要，凸显职业特征的计算机应用型教育异军突起，迅速发展，备受关注。这种矛盾促使教学模式呈现了职业性，并在培养面向知识应用和全面能力方面，提出了多种职业性教学模式，如网络工程师、软件工程师、动画设计师、硬件工程师等培养模式。因此，研究和实施计算机应用型人才培养模式势在必行。

什么是计算机应用型教育？我们通过长时间的教育研究和教学经验的总结，认为计算机应用型教育的培养目标可以利用知识、能力和素质三个基本要素来描述。

知识是基础、载体和表现形式，从根本上影响着能力和素质。学习知识的目的是为了获得能力和不断地提升能力。知识可以转化为能力和素质，能力对知识具有反作用，促进知识的不断发展。

能力是核心，是应用型人才特征的突出表现。从计算机学科而言，培养的人才应具备计算思维能力、算法设计与分析能力、程序设计与实现能力、系统能力（系统的认知、设计、开发、应用能力）。而计算机应用型人才的能力有着其独特的属性，主要包括应用能力（专业能力）和通用能力。应用能力主要是指用所学知识解决专业实际问题的能力。通用能力是指跨职业能力，并不是具体的专业能力和职业技能，而是对不同职业的适应能力，也就是当职业发生变更时，这些能力依然在从业者身上起作用。计算机应用型本科人才所应具备的三种通用能力是：学习能力、工作能力和创新能力。

素质要素主要是指基本素质，即具有良好的公民道德和职业道德，具有合格的政治思想素养，遵守计算机法规和法律，具有人文、科学素养和良好的职业素质等。计算机应用型人才素质主要是指工作的基本素质，且要求在从业中必须具备责任意识，能够对自己职责范围内的工作认真负责地完成。

与此同时，我们认为计算机应用型教育培养目标的实现关键在于课程体系的构建，即课程内容和课程性质的确定。因此，我们将计算机应用型教育课程分为通用课程、基础课程、专业核心课程、专业选修课程、应用课程、实验课程、实践课程等，并建立了相应的教育课程体系，如公共基础课程平台、专业基础课程平台、专业选修课程平台、基本素质平台等，力图通过相应的课程开展来实现培养目标。

目前，应用型人才培养的研究方兴未艾，我们也将会在较长一段实践教学工作中继续探讨和总结经验。此次组织的这套“普通高等学校应用型人才培养系列规划教材”系列丛书是应社会需求而建设，经过系统规划与设计，定位于高等院校计算机应用型人才的培养，整套丛书从架构和具体教材的编写上都力主突出能力培养的理念。本系列教材现正在陆续出版中，希望各位老师和读者指正。

《普通高等学校应用型人才培养系列规划教材》丛书主编

陳明

C#是 Microsoft 公司专为.NET Framework 量身定做的编程语言，广泛应用于 Web 应用程序设计、Web 服务程序开发以及 COM 组件开发等多个领域。对于普通高等院校计算机科学与技术、信息安全、软件工程等专业的学生而言，掌握 C#开发技术不但可以快速高效地开发软件，而且有助于提高自身的就业竞争力。

本书的创作契机

近几年来，我在给计算机科学与技术专业的学生讲授“C#程序设计”课程的同时，也一直在使用 C#语言进行实际项目的开发。目前市面上有关 C#的书籍要么页数很多，内容深奥，初学者很难读懂；要么内容组织不系统，无法作为教材使用。因此，在给学生讲授“C#程序设计”课程的时候，很难找到一本合适的教材。与此同时，在使用 C#从事 Web 应用程序开发的过程中发现，大多数项目本质上都是对数据库表进行增加、删除、修改和查询等操作，区别仅仅在于具体的应用方向不同而已。因此，应针对数据库表的增加、删除、修改查询操作给出一组通用而专业的代码作为开发其他 Web 应用程序的范例。出于上述种种原因，我决定编写本书。

本书的特点

本书不仅包含了 C#语言的基本知识，而且对如何使用 C#语言进行 ASP.NET 程序设计也进行了详细的讲解。本书结合了编者多年的开发和教学经验，对 C# 编程从最基本的理论、概念的阐述到实践样例的安排都进行了循序渐进的精心设计。其特点主要体现在以下几个方面：

① 工作内容的全面性。本书对 C#语言以及使用 C#语言开发 ASP.NET 应用程序的过程中涉及的知识进行了全面而系统的介绍，非常适合初学者从头开始学习。

② 代码的通用性。本书的内容循序渐进，在对相关基础知识进行介绍后，给出了一组使用 C#语言对 SQL Server 数据库表进行增加、删除、修改和查询操作的通用代码，读者可以简单地对该代码进行修改并在新的软件项目中加以应用。这部分内容使初学者可以省去漫长而曲折的摸索过程，极大地提高读者的学习和开发效率；对于有一定 C# 语言基础的读者而言，也具有很好的提高作用。

③ 开发方法的专业性。本书在给出了一组开发 ASP.NET 应用程序的 C#通用代码之后，又进一步对如何开发分层的 Web 应用程序进行了详细介绍，重点介绍了 MVC 模式和 NHibernate 框架。对应用程序进行分层开发是企业开发大型软件的常用方法。

④ 代码的便捷性。书中所有的代码都收录在随书光盘中，读者可以直接运行以进行学习。

本书的章节安排

本书共分 10 章，循序渐进地讲述了 C#、ASP.NET 的有关知识，内容系统而全面。

第 1 章对.NET 的基本知识进行了介绍，具体介绍了.NET Framework 的基本理论、Visual Studio .NET 2008 的安装和 ASP.NET 应用程序的开发流程，为对本书整体内容的学习打下一个良好的基础。

第 2 章、第 3 章对 C#语言的知识进行了详细的介绍。其中第 2 章介绍了 C#语言的基本语法知识，第 3 章对 C#语言面向对象的知识进行了介绍。第 2 章、第 3 章的内容是学习后续章节的基础。

第 4 章、第 5 章分别对服务器控件和内置对象进行了详细的介绍，服务器控件和内置对象都是开发 ASP.NET 应用程序的必备元素。

第 6 章对数据库的基本知识进行了介绍，目的是为在第 7 章中讲述如何使用 ADO.NET 访问数据库做准备。在第 7 章中使用到的数据库表在第 6 章中都进行了介绍。

第 7 章的内容是对前 6 章内容的综合应用。第 7 章给出了一组使用 C#语言对 SQL Server 数据库表进行增加、删除、修改和查询操作的通用代码，这组代码无论对于初学者还是对于具有一定 C#语言基础的读者而言都是十分有用的，读者可以通过简单的修改应用在自己开发的项目中。

第 8 章分别对 XML 和 ASP.NET 应用程序的配置进行了介绍，其中 XML 是学习 ASP.NET 应用程序配置的基础知识。

第 9 章、第 10 章分别对 MVC 设计模式和 NHibernate 框架进行了介绍。其中第 9 章详细介绍了如何利用 MVC 设计模式开发分层的 ASP.NET 应用程序，而第 10 章介绍的 NHibernate 则是采用 MVC 设计模式的一个开源框架。第 9 章、第 10 章的内容对于初学者理解如何设计大型的 ASP.NET 程序有较好的帮助，这部分内容是在前面内容基础之上的提高。

具体而言，本书 10 章内容之间的关系如下图所示。

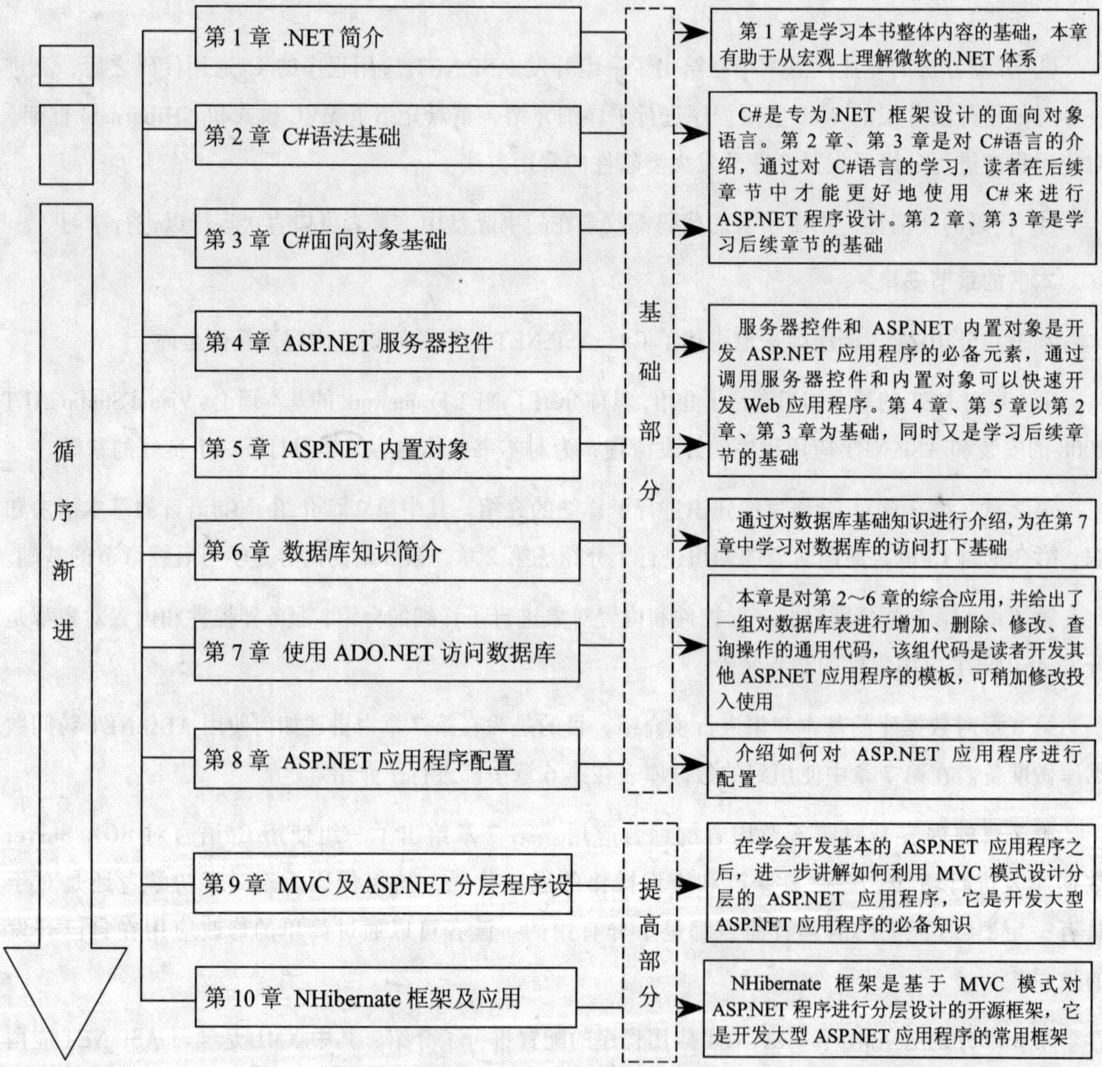

本书中所有的代码都收录在随书光盘中。另外，本书提供教学课件，读者可登录 http://edu.tqbooks.net 网站自行下载。由于编者水平有限，本书必定存在缺点和不足之处，恳请专家和读者批评指正。

编　者

2010年10月

目录

CONTENTS

第1章 .NET 简介

通过对本章的学习,读者首先可以理解 Microsoft .NET 的含义,并对 Microsoft .NET 与 Java EE 的区别有清晰的认识;在此基础上,读者将循序渐进地学习.NET Framework 的原理,它是 Microsoft .NET 的核心部分;最后读者将了解如何使用 Visual Studio .NET IDE 以及它与.NET Framework 的关系。这些内容都是从宏观上介绍 Microsoft .NET 技术的,通过对本章的学习可为后续章节的学习打下基础。

学习目标

- 了解 Microsoft .NET 的含义。
- 理解.NET Framework 的原理。
- 掌握 Visual Studio .NET 2008 的安装以及 ASP.NET 应用程序的开发流程。

1.1 Microsoft .NET 概述

1.1.1 什么是 Microsoft .NET

Microsoft .NET(以下简称.NET)是微软公司推出的“下一代计算计划”,该计划使微软现有的软件在 Web 时代不仅适用于传统的 PC 设备,而且也能满足新设备、新业务的要求。如今,.NET 技术和相应的产品已经得到了广泛应用,从中小型的应用程序到大型的企业级应用软件,从桌面应用程序、Web 应用程序、Mobile 应用程序、Web 服务到操作系统开发、嵌入式设备开发等,都能看到.NET 的身影。

对.NET 可以从两个方面理解。首先,.NET 是一个开发平台。它对微软之前的各种主要开发平台进行了集成，提供了一套全新的 Windows 平台。例如，在.NET 平台下不仅可以从事 Visual Basic、C++程序的开发，而且还可以使用特别为.NET 平台开发的 C#语言进行编程。.NET 平台要做的就是消除互连环境中不同软硬件以及服务的差异，使得不同设备和系统都可以相互通信，并使得不同的程序和服务之间都可以相互调用。其次，.NET 是一组规范。.NET 平台本身就基于一系列规范，其中有些规范是由微软以外的其他组织来维护的，例如定义诸如 C#、Visual Basic .NET 和 IL 语言的规范，定义数据交换格式的规范（如 SOAP）等。.NET 平台的组成如图 1-1 所示。

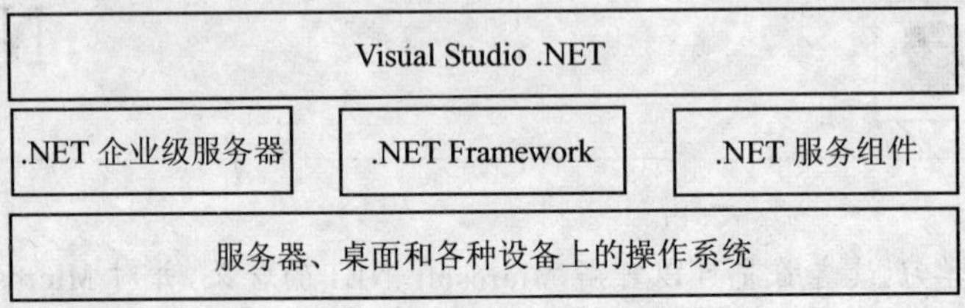

图 1-1　Microsoft .NET 平台的组成

图 1-1 的底层是操作系统，它是各种设备得以运行的基础。这里说的操作系统不但可以是 Windows 系列操作系统，而且也可以是其他操作系统。但需要说明的是，微软出于商业考虑，并未跨越其他操作系统，但从原理上讲，.NET 跨越平台是完全可行的。微软全新的操作系统（如 Windows Vista、Windows 7）中都带有.NET Framework，如果想在其他操作系统上运行.NET 应用程序，需要先在该操作系统上安装公共语言运行库（Common Language Runtime，CLR）。

.NET 企业级服务器是.NET 平台的另一个组成部分。这些企业级服务器包括 Application Center、BizTalk Server、Commerce Server、Exchange Server、Host Intergration Server、Internet Security and Acceleration Server 和 SQL Server 等。这些服务器都是为特定的企业级应用所设计的，在互连的、分布式环境中它们必不可少。当然，.NET 技术也支持其他厂商的服务器产品，如 Oracle 数据库等。

.NET Framework 是.NET 平台的核心部分，.NET 应用程序都必须运行在.NET Framework 下。.NET 服务组件指的就是 XML Web Service，它是.NET 平台中的关键性技术。Web 服务作为一种全新的开发模式，是构建下一代互联网的关键技术。

Visual Studio.NET 是微软推出的全新的.NET 开发工具，最新的版本是 Visual Studio .NET 2010。Visual Studio .NET 对微软之前的主要开发工具进行了全新集成并有了质的飞跃，它内置支持 Visual Basic.NET、Visual C#.NET、Visual C++.NET 和 Visual J#.NET 等多种语言的平台，并且各种语言拥有统一的开发环境，可以进行跨语言调试和跨语言调用。需要说明的是，Visual Studio.NET 并不是对 Microsoft Visual C++、Microsoft Visual Basic 等语言的简单集成，Visual C++.NET、Visual Basic.NET 等语言是基于全新的设计思想开发的。当然，Visual Studio .NET

并不是开发人员的唯一选择，开发人员也可以选择其他开发工具（如 C# Builder）。

1.1.2　Microsoft .NET 与 Java EE 比较

Java EE（Java platform, enterprise edition）是 SUN 公司推出的一套开发企业级应用的技术架构，用它可以设计、开发、装配及部署 Java 类型的应用程序，并且开发的应用程序具有跨平台的特性，它的早期版本称为 J2EE。而对于.NET 而言，只要在任何一个操作系统上安装了公共语言运行库（CLR）就可以运行.NET 应用程序。所以从这一点上来说，.NET 与 Java EE 非常相似，但其实这两种技术的实现方法和具体实现技术存在很大差别，具体区别如下所述：

① 两者支持的开发语言种类不同。.NET 平台支持 C++、VB、C#和 J#等语言，开发人员可以很容易找到适合自己的语言，而 Java EE 只支持 Java 语言，开发人员选择面比较狭窄。

② 两者支持的开发语言标准不同。.NET 支持 XML/SOAP 标准，而 Java EE 支持 Java 语言标准，就标准的开放性而言，前者好于后者。

③ 两者的跨平台特性不同。由于.NET 平台的全新技术特性，其运行时和具体语言是分开的，而在 Java EE 平台上只能用 Java 语言来开发程序，程序运行时和具体的语言不能分离。

1.2　Microsoft .NET Framework 介绍

Microsoft .NET Framework（以下简称.NET Framework）是.NET 平台的核心，它主要由两部分组成：公共语言运行库（common language runtime，CLR）和.NET Framework 类库（framework class library，FCL）。.NET Framework 的组成如图 1-2 所示。

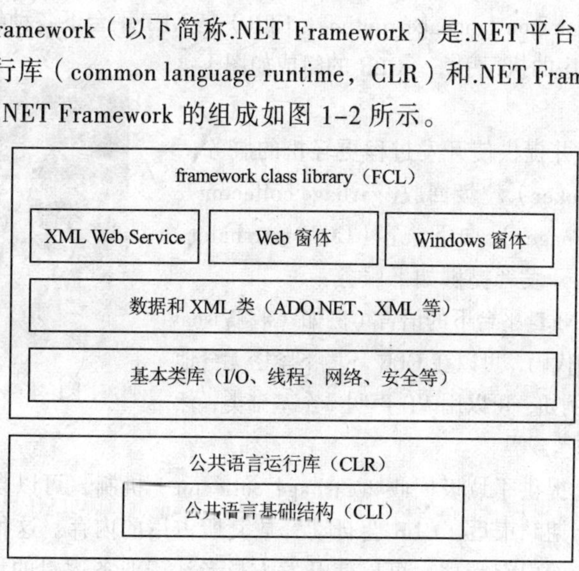

图 1-2　.NET Framework 的组成

需要说明的是，上面的内容是.NET Framework最核心的内容。.NET Framework较新的版本是.NET Framework 4.0，但由于到目前为止VS.NET 2010和.NET Framework 4.0应用还不普及，因此本书将以VS.NET 2008和.NET Framework 3.5进行介绍。.NET Framework 3.5的体系结构如图1-3所示，限于篇幅关系，对于.NET Framework的其他内容本书不加以重点介绍，有兴趣的读者可以参阅MSDN。

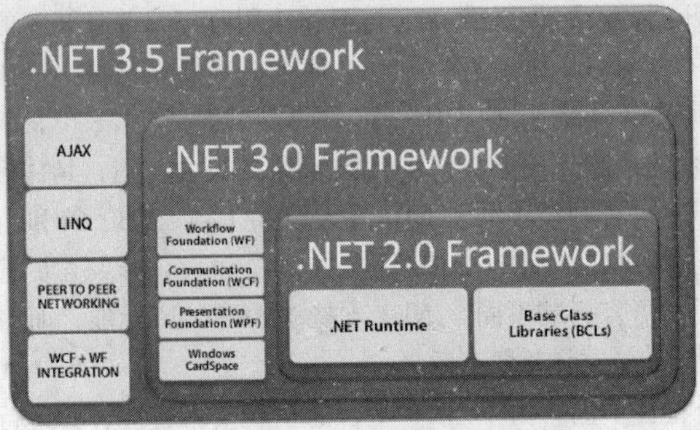

图1-3 .NET Framework 3.5体系结构

1.2.1 公共语言运行库

公共语言运行库（common language runtime，CLR）是.NET平台下各种编程语言使用的运行时机制，它是.NET应用程序的执行引擎。CLR的组成如图1-4所示。

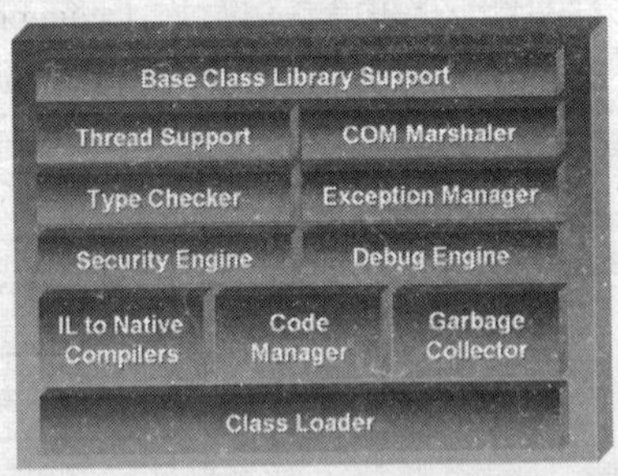

图1-4 公共语言运行时环境

CLR用于运行代码并提供使开发过程更轻松的服务，例如类型检查（type checker）、垃圾回收（garbage collector）、异常处理（exception manager）、向下兼容（COM marshaler）等。具体来说，CLR为开发者提供如下服务：

- 语言集成：使用.NET平台下的语言（例如C#、Visual Basic等）开发的代码，可以在CLR环境下紧密无缝地进行交叉调用。例如，可以用VB声明一个基础类，然后在C#代码中继承该类。
- 内存管理：CLR提供了垃圾回收（garbage collector）机制，可以自动管理内存。当对象或变量的生命周期结束后，CLR会自动释放其所占用的内存。这种内存管理机制为开发人员屏蔽了复杂的内存管理，可以使开发人员专注于业务逻辑的设计和开发。
- 自描述组件：自描述组件是指将所有数据和代码都放在一个文件中的执行文件。自描述组件可以大大简化系统的开发和配置，并且改进系统的可靠性。

- 平台无关性：.NET 应用程序在编译的时候并不是直接将程序代码编译成本地的机器代码，而是编译成中间语言（intermediate language，IL）代码，如同 Java 应用程序编译生成的字节码一样。IL 代码、清单和元数据（metadata）组成了托管模块，也叫程序集（assembly）。清单包含了程序集的版本等信息，而元数据则提供所使用语言中的类型、成员、引用的信息。运行时环境使用元数据来实现定位并载入类，在内存中展开对象实例，解决方法调用，产生本地代码，强制执行安全性，并建立运行时环境的边界等功能。这些托管模块必须借助于 CLR 中的即时编译器（IL to native compilers），并根据本地操作系统和硬件平台来生成本地机器代码。该过程如图 1-5 所示。

图 1-5 .NET 编程语言编译过程

- 跨语言异常处理：处理异常时不用考虑生成异常的语言或处理异常的语言。换句话说，可以在 C#程序中捕获用 Visual Basic.NET 编写的组件中引发的异常。
- 版本控制：在.NET 中版本号包含四个部分：主版本号、次版本号、内部版本号和修订版本号。例如，版本号为 1.2.3.4 的程序集，其主版本号为 1，次版本号为 2，内部版本号为 3，修订版本号为 4。主/次版本号通常用于表示程序集的标识，内部/修订版本号通常用于表示程序集的修订版。程序集是可在系统上部署的最基本的原子单位。一个程序集就构成一个版本边界（version boundary）。程序集的清单中的版本字段会应用于程序集中的所有类型和资源。因此，构成程序集的所有文件都要视为同一版本的一个整体。由于物理包不与逻辑耦合，所以.NET 中多个物理文件可以共享一个逻辑属性，而基于传统 DLL 的系统做不到这一点，这也是区分程序集和传统 DLL 系统的基本特征。
- 安全性：托管代码在执行的过程中完全被运行时环境所控制，不能直接访问操作系统。
- 简单的组件互操作性：运行在公共语言运行库（CLR）的控制之下的代码称为“托管代码”，运行在 CLR 之外的代码称为“非托管代码”。COM、COM+、C++ 组件、ActiveX 组件和 Win32 API 都是非托管代码的示例。CLR 可以保证托管代码和非托管代码之间的互操作性。

另外，微软公司提供了公共语言规范（Common Language Specificaton，CLS）和通用类型系统（Common Type System，CTS），它们使得任何希望编写与 CLR 兼容的语言的公司都可以实现其愿望。只要遵循 CLS 和 CTS 对其原来的语言进行修改，就可以称为支持.NET 开发的新编程语言。现在可以支持.NET 开发的编程语言有很多，例如 COBOL、Perl、Delphi 等，并且种类还在不断增加。

CTS 定义了一组语言编译器必须遵循的规则，用以定义、引用、使用和存储引用类型和值类型。

因此，在不同语言中编写的对象只有遵循 CTS 才能彼此交互。但并不是所有的类型都可以用于所有的语言。如果要建立可以在所有.NET 语言中访问的组件，就要使用 CLS。有了 CLS，编译器就可以根据 CLS 规范检查代码是否有效。任何支持.NET 的语言都不仅仅局限于 CLS 定义的公共功能子集，但 CLS 是一种语言必须支持的最小规范要求。在.NET Framework 中，几乎所有（但不是所有）的类都是与 CLS 兼容的，如果把自己编写的公共方法限制为 CLS，那么支持.NET 的所有语言都可以调用该方法。CTS、CLS、CLR 的关系如图 1-6 所示。

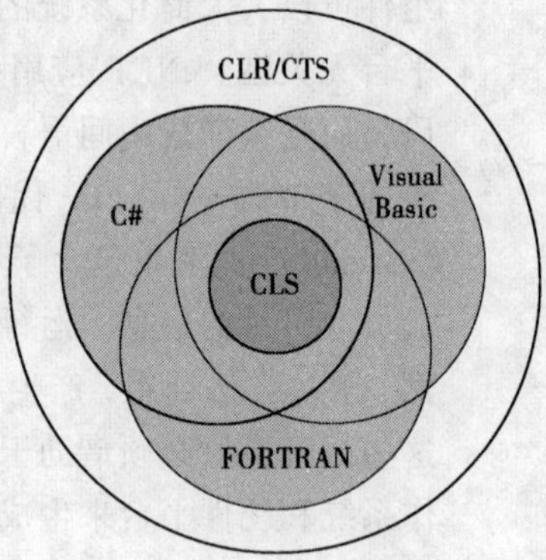

图 1-6 CTS、CLS、CLR 的关系

1.2.2 Microsoft .NET Framework 类库

FCL 是微软公司开发的一个面向对象的可重用类集合，它为.NET 应用程序的开发提供了强有力的支持。大体上说，FCL 提供如下内容（不限于）:

- 基础类型的定义。包括各种数学类型及其运算、字符串类型、对象类型等。
- 数据结构的封装。包括集合、链表、队列和堆栈等。
- Windows 界面要素。例如菜单、按钮、工具栏等控件。
- Web 界面要素。例如验证控件、客户端缓存等 Web 独有的要素。
- Web 服务。为分布式程序设计提供解决方案。
- XML 文档处理。例如 XML 文件的定义、读/写与解析。
- 文件输入/输出。包括驱动器、目录、文件、流等。
- 数据访问。包括数据连接，对数据的增加、删除、修改、查询等操作。
- 异常处理。包括系统、应用程序、安全性限制等引发的异常等。

上述这些类型依靠命名空间（namespace）来进行组织。将多个提供相似功能的类以分层的命名空间结构组织在相关的单元中。FCL 中常用的命名空间如表 1-1 所示。

表 1-1 FCL 中常用的命名空间

命名空间	说明
System	基础数据类型和辅助类
System.Collections	哈希表、可变长数组等
System.Data	ADO.NET 数据访问类
System.IO	文件操作和 I/O 流的类
System.Net	封装了网络协议（如 HTTP）的类

续表

命 名 空 间	说 明
System.Drawing	生成图形输出（GDI+）的类
System.Runtime.Remoting	编写分布式应用程序的类
System.Threading	创建和管理线程的类
System.Web	支持 HTTP 的类
System.Web.Services	编写 Web 服务的类
System.Web.UI	ASP.NET 使用的基础类
System.Windows.Forms	GUI 应用程序的类
System.Xml	读/写 XML 数据的类

1.2.3 Microsoft .NET Framework 与 Visual Studio .NET 的关系

.NET Framework 是运行.NET 应用程序的基础，而 Visual Studio .NET 是开发.NET 应用程序的集成开发环境（integrated development environment，IDE）。Visual Studio .NET 的运行要以.NET Framework 为基础。打个通俗的比喻，.NET Framework 是.NET 程序运行的幕后操纵者，而 Visual Studio .NET 是前台具体的操作者，它如同.NET Framework 的外壳一样，如图 1-7 所示。

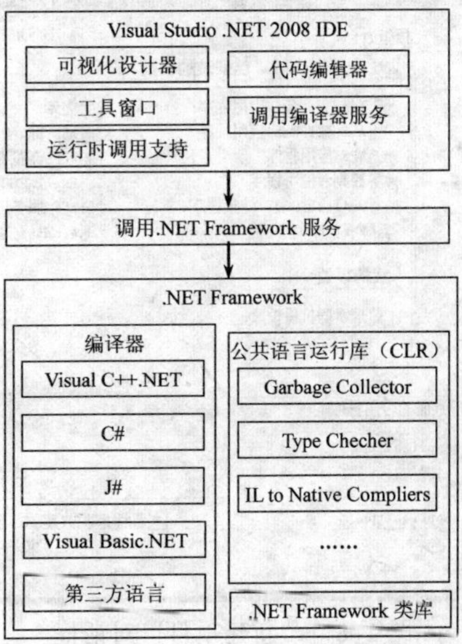

图 1-7 .NET Framework 与 Visual Studio .NET 的关系

1.3 Visual Studio .NET IDE 介绍

开发.NET应用程序可以通过多种方式进行。最简单的方式是用文本编辑工具（如记事本等）编辑程序，然后利用编译命令（如vbc、csc等）进行编译。如果采用这种方式，可以不用安装庞大的Visual Studio .NET IDE，只要安装.NET Framework即可（vbc、csc等编译命令可以在.NET Framework 安装目录中找到），但该方法对于开发企业级应用程序显然是不可取的。Visual Studio .NET IDE为开发大型应用程序提供了强大的支持功能，是大多数开发人员的首要选择。目前流行的Visual Studio.NET IDE是Visual Studio .NET 2008，它大概分为两种：Visual Studio .NET 2008 和 Visual Studio .NET 2008 速成版，在本书中我们采用 Visual Studio .NET 2008作为讲解工具。

1.3.1 Visual Studio .NET 2008 开发环境简介

使用Visual Studio .NET 2008创建最多的是Windows和Web应用程序。创建方法是：启动Visual Studio .NET 2008，选择菜单中的“文件”|“新建”|“项目”命令，打开“新建项目”对话框，如图1-8所示。

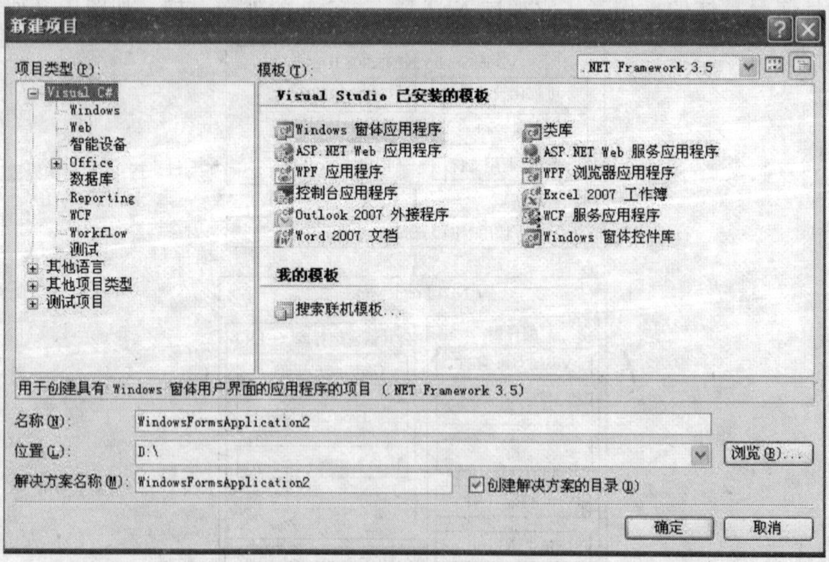

图1-8 “新建项目”对话框

Visual Studio .NET 2008与之前版本的重大区别就是提供对多个.NET Framework的支持，如图1-8所示，在右上角可以选择不同版本的.NET Framework。另外，与之前版本相比，Visual

Studio .NET 2008 提供了一个功能改进的 HTML 和 ASP.NET 网页设计器。这个所见即所得的设计器具有如下特性：

- 分割视图（Split View）功能，可同时将 HTML 源代码与所见即所得设计模式在一个页面中显示，如图 1-9 所示。

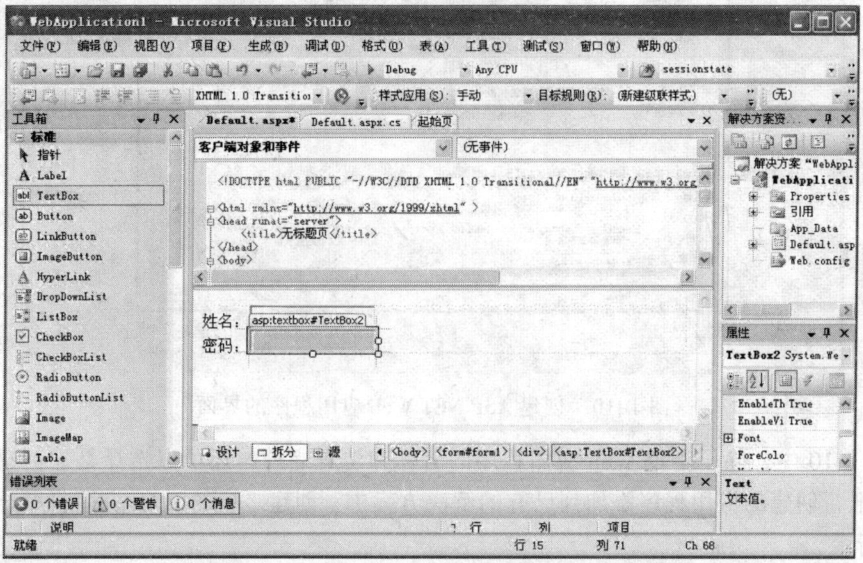

图 1-9 Visual Studio.NET 2008 的分割视图功能

- 极大改进的视图转换功能，从源代码模式转换为 HTML 设计模式可瞬时完成。
- 无比丰富的 CSS 支持，在新的“管理样式”属性窗口中开发人员可以轻易地创建、管理和重构 CSS 规则，“管理样式”窗口可通过“视图”菜单打开。
- 更丰富的标尺和布局支持，它们的值将自动存储在外部 CSS 文件中。
- 支持内嵌母版页（nested master pages）设计器。

在 ASP.NET 方面，Visual Studio .NET 2008 将 ASP.NET AJAX 1.0 的内置功能包含其中，并且还提供了对 AJAX 和 JavaScript 工具的支持，可以实现对 JavaScript 脚本的智能提示以及更加丰富的调试功能。

1.3.2 利用 Visual Studio .NET 2008 开发 ASP.NET 应用程序

Visual Studio .NET 2008 可以利用 ASP.NET 开发 Web 应用程序。选择“文件”|“新建”|“项目”命令，在弹出的“新建项目”对话框中选择“ASP.NET Web 应用程序”选项，如图 1-10 所示。

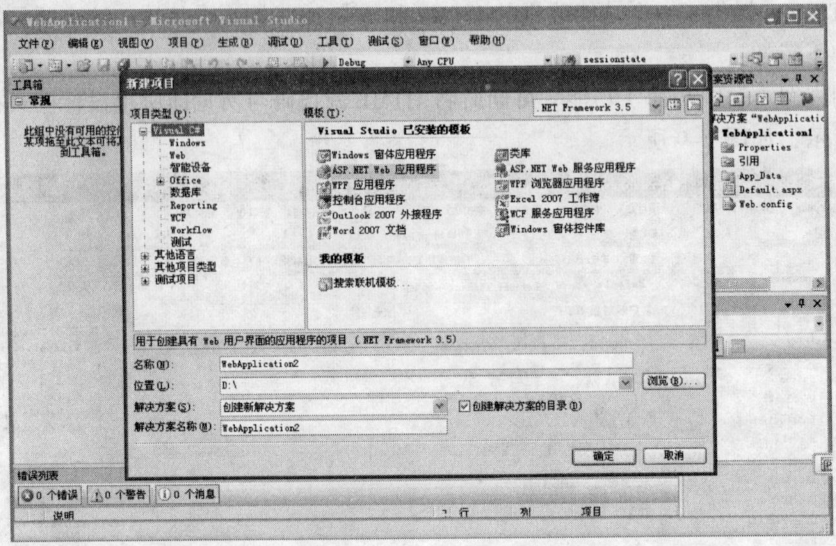

图 1-10　创建 ASP.NET Web 应用程序的界面

在图 1-10 中，除了指定 Web 应用程序的名称和位置之外，还可以选择是“创建新解决方案”还是把新创建的应用程序添加到已有的解决方案中。创建之后的 Web 应用程序开发界面如图 1-11 所示。

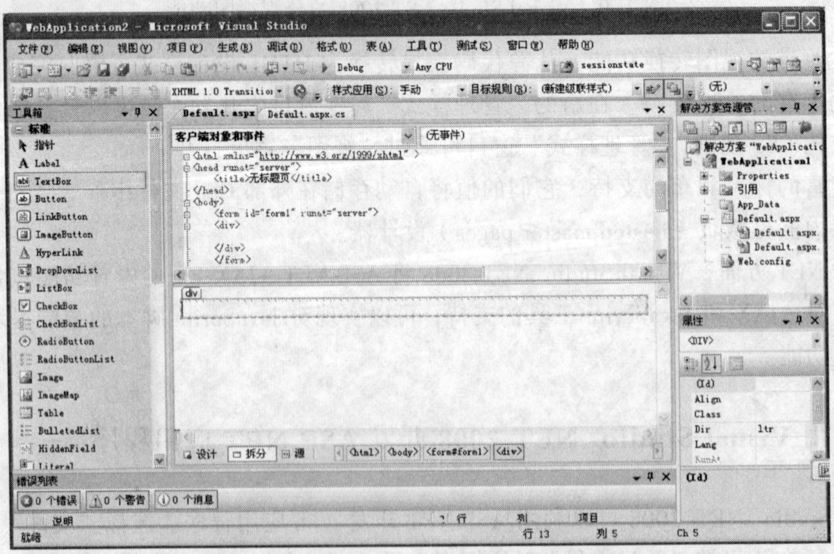

图 1-11　ASP.NET Web 应用程序开发界面

在图 1-11 所示的窗口中，标题栏以下最上方为菜单栏及其快捷键，左边部分为“工具箱”，开发人员可以拖动控件到 Web 窗体的设计界面中进行窗体设计；中间部分是开发人员编写程序的主要区域；右上方为“解决方案资源管理器”，显示文件的组织结构；右下方为“属性”窗口，可通过该窗口对控件的属性和事件进行设置。

小　结

Microsoft .NET 是微软公司开发的一系列产品和技术的总称，是各种设备得以互通互连的平台。本章对 Microsoft .NET 的概念进行了介绍，重点介绍了.NET Framework 的组成结构及原理，还介绍了 Visual Studio .NET 2008 的开发环境以及如何在其下开发 ASP.NET 应用程序。本章对加深后续章节的理解有重要的帮助作用。

习　题

1. 与 Java EE 相比，.NET 有何优点?
2. .NET Framework 的组成及作用是什么?
3. CLR 的作用是什么?
4. Visual Studio .NET 2008 与.NET Framework 有什么关系?

第2章 C#语法基础

C#是专门为 Microsoft .NET 设计的编程语言，是在 C、C++、Java 三种语言的基础上开发的新型语言，它保留了这三种语言的优点，摒弃了它们的缺点。本章对 C#语言的基本语法知识加以介绍，分别从常量和变量、数据类型、运算符和表达式、控制语句和异常处理等方面进行介绍。通过学习，读者会发现 C#语言的基本语法和 C 语言类似，但 C#语言是经过全新设计的面向对象语言，通过对本章的学习读者会更加理解 C#和 Microsoft .NET Framework 的关系。

学习目标

- 掌握 C#变量和常量的应用。
- 区别值类型和引用类型，理解它们之间的类型转换。
- 掌握各种运算符和表达式。
- 掌握各种流程控制语句。
- 掌握异常处理的方法。

2.1 C#概述

2.1.1 C#的产生

C#读做“C Sharp”，它是作为 Microsoft .NET 战略的一部分而被开发的新的编程语言。C#语言的产生与 C、C++、Java 等语言有着密切的关系。

C 语言产生于 20 世纪 70 年代，是一种经典的结构化程序设计语言。它的优点是高效灵活、结构性好；缺点是不好理解、不易维护。20 世纪 70 年代晚期，程序设计方法学得到快速发展，产生了面向对象编程（object-oriented programming，OOP）的新方法学。为了克服 C 语言的缺点，人们在 C 语言的基础上设计了面向对象的程序语言，于是 C++产生了。由于 C++是在 C 语言的基础上发展而来的，因此 C 语言所具有的缺点也不可避免地存在于 C++中，如有时发生内存泄漏和缓冲区溢出等问题。另外，用 C 和 C++编写的程序被编译成与特定 CPU 和操作系统相关的可执行机器码，因此其可移植性差，而 Java 语言成功地解决了跨平台的移植问题。Java 语言是一种从 C、C++派生出来的面向对象语言，其语法以 C 语言语法为基础，其对象模型则从 C++发展而来。Java 语言的缺点是不能完全与 Windows 集成，不能实现多种语言之间的互操作（cross-language interoperability）。为了解决 Java 语言的这些缺点，Microsoft 决定开发一种新的编程语言，它就是 C#语言。

C#是在 C、C++、Java 三种语言的基础上设计的新型语言，它保留了这三种语言的优点，摒弃了它们的缺点。C#是从 C、C++发展而来的面向对象的编程语言，它继承了 C 语言的语法，基于 C++定义的对象模型而设计。另外 C#也借鉴了 Java 的设计思路，它们都被编译成一种中间语言，实现了平台无关性；它们的运行环境都使用名为垃圾收集（garbage collection）的内存管理机制来负责内存释放，这就避免了内存泄漏问题；它们都是类型安全的语言，解决了缓冲区溢出的问题。但是 C#和 Java 在很多细节上存在较大差异：Java 的执行环境是 Java 虚拟机，而 C#的执行环境是 Microsoft .NET Framework，并且 C#只是 Microsoft .NET 平台中的编程语言之一；另外，与 Java 相比，C#语言中的一切元素都是对象，在.NET Framework 中，C#可与其他语言实现混合编程等。C、C++、Java 和 C#的关系如图 2-1 所示。

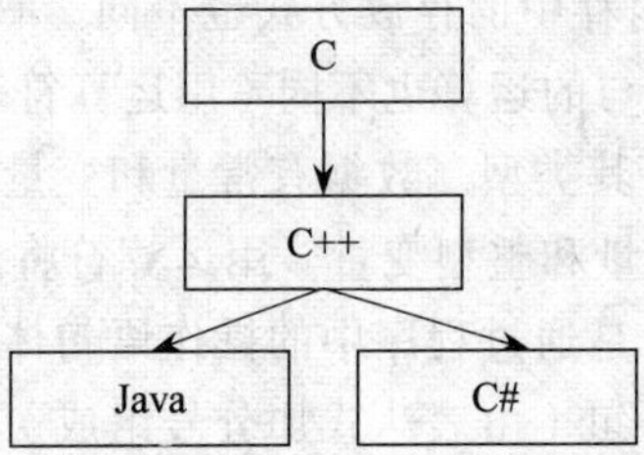

图 2-1　C、C++、Java 和 C#的关系

2.1.2　C#与 Microsoft .NET 的关系

2000 年 6 月，Microsoft 公司推出了其下一代互联网软件和服务战略，也就是 Microsoft .NET。简单地讲，Microsoft .NET 是一种面向网络并支持各种用户终端的开发平台。具体来说，Microsoft .NET 包括五个主要组成部分，即 Windows .NET、.NET Framework、.NET 企业服务器、模块构建服务（building block services）和 Visual Studio .NET。Windows .NET 是集成了 Microsoft .NET 技术的 Windows 操作系统，它整合了 Microsoft .NET 的一系列核心构造模块；.NET

Framework 提供了一个多语言组件开发和执行的环境，便于用户更容易地建立网络应用程序和 Web 服务；.NET 企业服务器是企业集成和管理所有基于 Web 的各种应用的基础；模块构建服务是 Microsoft .NET 平台中的核心网络服务集合；Visual Studio .NET 是基于 XML 的编辑工具和环境，它便于快速开发符合 Microsoft .NET 体系的软件服务，Microsoft .NET 的五部分中最核心的是.NET Framework，它包含两个主要组件：公共语言运行时（common language runtime, CLR）和.NET Framework 类库。

C#与 Microsoft .NET 的关系体现在两个方面：第一，C#的设计目的就是用来开发在.NET Framework 中运行的代码，因此.NET Framework 是 C#程序的运行环境；第二，C#的编程库是.NET Framework 类库，即 C#的数据类型和操作类都来自于.NET 类库。

2.1.3 C#的语法元素

C#的基本语法包括常量和变量、数据类型、运算符和表达式、流程控制语句以及异常处理等内容。下面分析一下这些语法元素的关系以及它们是如何体现在程序中的。一个程序应该包含以下两方面的内容：

① 对数据的描述。在程序中要指定数据的类型和数据的组织形式，即数据结构。

② 对操作的描述。即操作步骤，也就是算法。

算法处理的对象是数据，而数据是以某种特定的形式存在的（例如整数、实数、字符等形式），并且不同类型的数据在内存中的存放方式也不同。不同形式的数据用不同的数据类型来表示，而且不同的数据类型参与的运算也不同（用运算符表示运算，例如加法运算）。对程序中用到的所有数据都必须指定其类型。数据有常量和变量之分，它们都属于不同的数据类型，例如，整型数据包括整型常量和整型变量。用运算符将运算对象连接起来，且符合 C#语法规则的式子称为表达式。算法是通过程序中的操作语句体现的，流程控制语句（例如条件语句或循环语句等）和表达式语句（由表达式加分号组成）都属于操作语句。异常处理是当程序执行时遇到错误或意外情况时的处理机制，它能捕获异常，以便程序员定位错误，改正程序。

2.1.4 C#的特点

C#是一种简单、类型安全的面向对象编程语言，C#具有如下特点：

1. 语法的简洁性

C#是从 C 和 C++语言演化而来的，它在语句、表达式和运算符方面都与 C++相同，但极大地简化了 C++的语法。

2．完全的面向对象特性

C#是面向对象的语言，所有的类型都是对象，只能进行单一继承。

3．完整的安全性和健壮性保障

C#在类型安全性、版本转换、事件和垃圾回收等方面进行了相当大的创新。C#的一些特性为构建健壮和持久的应用程序提供了支持：垃圾回收机制将自动回收不再使用的对象所占用的内存；异常处理提供了结构化和可扩展的错误检测和恢复机制；类型安全的语言设计避免了引用未初始化的变量、数组索引超出边界或执行未检查的类型强制转换等情形。

4．优秀的版本处理技术

C#的设计中充分强调了版本控制功能，以确保 C# 程序和程序库能够以兼容的方式逐步演进。许多编程语言不太重视版本处理，导致采用这些语言编写的程序常常因为其所依赖的程序库更新而无法正常工作。

5．统一的数据类型

C#具有一个统一类型系统（unified type system，UTS）。所有 C#类型都集成于一个唯一的根类型：object。因此所有类型都共享一组通用操作，并且任何类型的值都能以一致的方式进行存储、传递和操作。此外，C#同时支持用户定义的引用类型和值类型，既允许对象的动态分配，也允许轻量级结构的内联存储。

6．很好的灵活性和兼容性

C#提供对常用 API 样式（如.NET Framework、COM 和 C 样式 API 等）的访问。它还支持 unsafe 模式，在此模式下可以使用指针来操作不受垃圾回收器控制的内存。

7．与 Web 紧密结合

C#支持 ASP.NET 和 Web 服务编程，可以无缝地支持各种分布式应用。

8．编译为中间语言，很容易实现语言互操作

与 Microsoft.NET 中的其他语言一样，C#被编译成微软中间语言文件，然后由公共语言运行时执行。由于所有 Microsoft.NET 语言都被编译成相同的中间语言，因此很容易实现语言互操作。

2.2　变量和常量

2.2.1　变量

变量代表内存中具有特定属性的一个存储单元，它用来存放数据，也就是变量的值。在程序运行期间，这些值是可以改变的。变量具有名称、数据类型和值。变量的名称代表一个内存

地址，在程序编译时由编译系统给变量名分配。变量的值是需要存放的数据，从变量中取值就是通过变量名找到相应的内存地址，从该存储单元中读取变量的值。变量名和变量值的关系如图 2-2 所示。

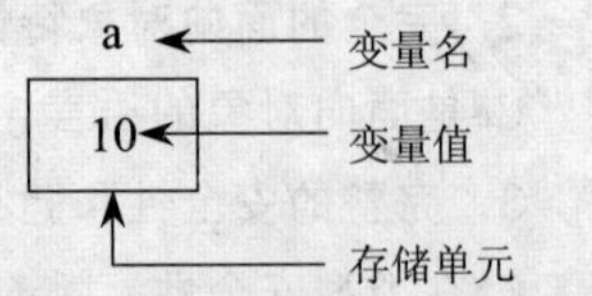

图 2-2　变量名和变量值的关系

1. 变量的声明

C#规定使用变量前必须先声明。变量的声明同时规定了变量的数据类型和变量名。变量的声明采取如下规则：

```
<数据类型> <变量名称>;
```

例如，下面的代码声明了一个整型变量 a：

```
int a;
```

其中关键字 int 表示数据类型为整型，a 表示变量名称。变量声明的同时也可以赋初值，例如：

```
int a=10;
```

2. 变量的命名规则

C#的变量名是一种标识符，应该符合标识符的命名规则。C#的变量名区分大小写，并且变量命名的规则包括：

① 变量名只能由字母、数字和下画线组成，且变量名的第一个符号只能是字母或下画线；

② 不能使用关键字来做变量名。

在 C#语言中，要求所有使用的变量遵循“先定义，后使用”的规则。只有定义了的变量，编译系统才会根据变量所属的数据类型分配相应的内存空间，并且编译系统会检查在程序中对该变量进行的运算是否合法。

2.2.2 常量

常量就是其值固定不变的量，且常量的值在编译时就确定。C#中包括两种常量：文本常量和符号常量。文本常量就是输入到程序中的值，例如 10、"Tom"等；符号常量与变量类似，也表示内存地址的名称。与变量不同之处在于，符号常量的值在定义后就不能改变了。

符号常量用关键字 const 来声明，且采用如下规则：

```
<const><数据类型><常量名称><=常量表达式>;
```

例如：

```
const double PI=3.1415926;                    //正确
const string BOOKNAME="C# and ASP.NET";       //正确
const int  NUM;                               //错误，没有初始化常量
BOOKNAME="C#";                                //错误，不能给常量赋值
```

与文本常量相比，使用符号常量的优点在于：

① 含义清晰。比如 BOOKNAME 很明显表示书的名字，PI 比 3.1415926 更容易清晰地表达要说明的含义。

② 修改方便。定义了符号常量后，在程序中就可以直接用符号常量名称来表示该常量的值。如果想修改符号常量的值，只需在其定义处修改即可。但对于文本常量，则需要在程序中查找所有的文本常量并替换它。

2.3 数 据 类 型

在程序设计中，程序处理的对象是数据，而数据是以某种形式存在的（例如整数、实数、字符等）。数据不同的存在形式决定了不同的数据类型，而不同的数据类型又有不同的数据结构和存储方式，并且参与的运算也不同。C#的数据类型继承了 C 和 C++语言的数据类型的表示形式，但又有所改进。C#将所有的数据类型分为两类：值类型和引用类型。

值类型和引用类型的不同之处在于：值类型的变量直接包含数据，而引用类型的变量存储对数据的引用（reference），后者称为对象（object）。对于引用类型，同一个对象可能被多个变量引用，因此一个变量的操作可能影响另一个变量对该对象的引用。对于值类型，每个变量都有自己的数据副本，各变量之间的操作互不影响。

C#是面向对象的语言，它的所有数据类型都是类，并且所有的数据类型都是从 System.Object 类派生而来的。C#类型系统的这种统一性决定了任何类型的值都可以按照对象的方式处理。引用类型的值都可以简单地被视为属于 object 类型，所以引用类型的值可以当做“对象”来处理；值类型的值也可以按照需要转换为对象，这种转换是通过装箱和拆箱操作来完成的。因此 C#类型系统的统一性使得使用 object 类型的通用库既可以用于引用类型，又可以用于值类型。表 2-1 概括了 C#类型系统。

表 2-1　C#类型系统

类别		说明
值类型	基本类型	有符号整型：sbyte，short，int，long
		无符号整型：byte，ushort，uint，ulong
		Unicode 字符：char
		IEEE 浮点型：float，double
		高精度小数：decimal
		布尔型：bool
	枚举类型	Enum E{. . .}形式的用户自定义类型
	结构类型	Struct S{. . .}形式的用户自定义类型

续表

类别		说明
引用类型	类类型	所有其他类型的最终基类型：object
		Unicode 字符串：string
		class C{. . .}形式的用户自定义类型
	接口类型	interface I{. . .}形式的用户自定义类型
	数组类型	一维和多维数组，例如 int[]和 int[,]
	委托类型	delegate TD(. . .)形式的用户自定义类型

2.3.1 值类型

从表 2-1 可知，值类型通常用来表示基本类型，例如整数类型、浮点类型、decimal 类型、字符类型、布尔类型等。另外，枚举类型和结构类型也属于值类型。

1. 整数类型

C#定义了八种整数类型，它们占用的内存位数各不相同，因此其取值范围也不同。在编写程序的过程中应该考虑数据类型的取值范围，防止数据溢出。表 2-2 列出了这八种整数类型占用的内存位数、取值范围、对应的.NET Framework 类型以及定义变量举例。

表 2-2 C#的整数类型

整数类型	内存位数	取值范围	.NET Framework 类型	定义变量举例
sbyte	有符号 8 位整数	$-2^7\sim(2^7-1)$	System.SByte	sbyte val = -10;
byte	无符号 8 位整数	$0\sim(2^8-1)$	System.SByte	byte val = 10;
short	有符号 16 位整数	$-2^{15}\sim(2^{15}-1)$	System.Int16	short val =-12;
ushort	无符号 16 位整数	$0\sim(2^{16}-1)$	System.Uint16	ushort val =12;
int	有符号 32 位整数	$-2^{31}\sim(2^{31}-1)$	System.Int32	int val =-12;
uint	无符号 32 位整数	$0\sim(2^{32}-1)$	System.Uint32	uint val =8;
long	有符号 64 位整数	$-2^{63}\sim(2^{63}-1)$	System.Int64	long val =-6;
ulong	无符号 64 位整数	$0\sim(2^{64}-1)$	System.Uint64	ulong val =6;

2. 浮点类型和 decimal 类型

浮点类型有两种表示形式：单精度（float）和双精度（double），两者的区别在于取值范围和精度不同。需要说明的是，计算机对小数的运算速度远低于整数的运算速度，因此在精度足够的情况下尽量使用单精度类型数据。decimal 类型是专门用于计算金融和货币方面问题的数据类型。表 2-3 列出了这三种数据类型的内存位数、取值范围、精度及其对应的.NET Framework 类型。

表 2-3　C#的浮点类型和 decimal 类型数据

数据类型	内存位数	取值范围	精度/位	.NET Framework 类型	举　例
float	32 位浮点数	$1.5 \times 10^{-45} \sim 3.4 \times 10^{38}$	7	System.Single	float val = 1.2;
double	64 位浮点数	$50 \times 10^{-324} \sim 1.7 \times 10^{308}$	15 ~ 16	System.Double	double val = 4.6;
decimal	128 位浮点数	$\pm 1.0 \times 10e^{-28} \sim 7.9 \times 10e^{28}$	28 ~ 29	System.Decimal	decimal val =2.3;

3．字符类型

C#提供了字符类型（char）来处理 Unicode 编码的字符。Unicode 是国际标准化组织指定的采用 16 位二进制表示的字符集，它可以表示世界上大多数语言。字符类型对应的.NET Framework 类型为 System.Char。字符型文本一般用一对单引号（'）来标识，例如'A'，'a'。

除了以上形式的字符外，C#还允许使用一种特殊形式的字符常量，即以一个字符“\”开头的字符序列。这种特殊的字符序列称为转义字符，用来在程序中取代特殊的控制字符。它在屏幕上是不能显示的，并且也无法用一般形式的字符来表示。C#定义的转义字符如表 2-4 所示。

表 2-4　转义字符

转义字符	含　义	转义字符	含　义
\'	单引号	\r	回车，将当前位置移动到本行开头
\"	双引号	\b	退格，将当前位置移到前一列
\\	反斜杠	\f	换页，将当前位置移动到下一页开头
\0	空字符	\n	换行，将当前位置移动到下一行开头
\a	感叹号	\x	后面跟两个十六进制数字，表示一个 ASCII 字符
\t	水平制表符	\u	后面跟四个十六进制数字，表示一个 Unicode 字符

4．布尔类型

布尔类型对应的.NET 框架类型为 System.Boolean，它用来表示“真”和“假”。在 C#中，布尔类型值只有两个：true 和 false。这与 C、C++不同，在 C、C++中，0 表示“假”，任何非 0 值都表示“真”。因此要注意，C#中的布尔类型与整型是完全不同的类型。例如：

```
bool bl=0;          //错误
bool bl=false;      //正确
```

5．结构类型

上述几种数据类型都是基本数据类型，可完成基本的数据运算。只有这些基本数据类型是不够的，有时要将不同类型的数据组合成一个有机的整体，以便于引用。例如，一个学生信息包括学号、姓名、性别、年龄、成绩和住址等。如果用基本数据类型分别表示上述学生信息，则很难完全反映出这些信息的内在联系。C#提供了结构类型来解决这个问题。

声明一个结构类型的一般形式为：

```
struct 结构名称
{成员表列};
```

对于学生信息，C#中定义的结构类型如下所示：

```
struct Student
{
  public int ID;
  public string Name;
  public char Sex;
  public int Age;
  public float Score;
  public string Address;
}
```

上面的代码定义了一个结构类型，类型名称为Student，它包含六个成员，其中public为各成员的访问权限，在第3章中将详细介绍。上述代码只是定义了一个结构类型，为了在程序中使用该结构类型的数据，还需要定义该结构类型的变量，并在其中存放具体数据。定义结构变量的方法与定义基本类型变量的方法类似。例如：

```
Student stu;
```

Stu是Student类型的变量，当存放数据时还需要访问该变量的各个成员。引用结构变量中成员的方法为：

```
结构变量名.成员名
```

例如:

```
stu.ID=1010;
stu.Name="LiMing";
stu.Sex="male";
stu.Age=22;
stu.Score=88.5;
stu.Address="Beijing";
```

结构变量成员的数据类型没有限制，可以是基本数据类型（例如整型、浮点型等），也可以是复杂类型，甚至可以是结构类型。

6. 枚举类型

枚举（enum）类型是一种特殊形式的值类型，它从System.Enum继承而来。它为简单类型的常数值提供一种方便记忆的方法。枚举类型定义的一般形式为：

```
enum 枚举名
{枚举值表};
```

枚举值表中列出了所有可用值，这些值称为枚举元素。例如：

```
enum Days{Mon,Tue,Wed,Thu,Fri,Sat,Sun};
```

上例中枚举名为 Days，枚举值一共七个，即一周中的七天。所有被声明为 Days 类型的变量值只能是七天中的某一天。例如，当定义 Days 类型的变量 aDay 后，变量 aDay 的值形式为：

```
Days aDay;
aDay=Days.wed;
```

在系统默认情况下，枚举类型中所有的枚举元素都是 int 类型，而且第一个枚举元素的值为 0，后面每个枚举元素的值一次递增 1。除默认情况外，还可以为枚举元素直接赋值。例如：

```
enum  Days{Mon=1,Tue=2,Wed=3,Thu=4,Fri=5,Sat=6,Sun=7};
```

在该例子中，强调枚举元素的数值从 1 开始，而不是系统默认的 0。int 类型指定了为每个枚举元素分配存储空间的大小。但是，enum 类型到 int 类型的转换需要显式类型转换。

2.3.2　引用类型

与值类型相比，引用类型不存储实际的数据，而是存储对数据的引用（地址）。具体情况是，当把一个数值保存到一个值类型变量后，该数值被复制到变量中，把一个值类型赋值给一个引用类型时，仅是引用（保存数值的变量地址）被复制，而实际值仍然保留在相同的内存位置。C#提供的引用类型有类类型、字符串类型、数组、接口类型、委托类型。类类型、接口类型和委托类型在第 3 章介绍，本章介绍字符串类型和数组。

1. 字符串类型

字符串类型是用于直接操作字符串数据的类型，它是 System.String 的别名。具体用法如下：

```
string  mystr="Beijing";
```

合并字符串用连接符“+”，如下所示：

```
string  mystr="Beijing"+"and Shanghai";
```

访问字符串中的单个字符可以采用下标法，如下所示：

```
char  Firstch=mystr[0];
```

比较两个字符串是否相等，可以简单地使用比较运算符“==”：

```
if(mystr==yourstr) …
```

注意：尽管字符串是一个引用类型，但比较的是字符串的值而不是引用（地址）。

2. 数组

数组是一种数据结构，它包含可以通过计算索引访问的零个或多个变量。数组中包含的变量（又称为数组元素）具有相同的类型，这个类型叫做数组的元素类型。C#的数组包括一维数组、多维数组（矩形数组）和数组的数组（交错数组）。

（1）数组概述

与 C、C++类似，数组中的索引值也是从 0 开始计算的；与 C、C++不同，[]放在数组类型的后面，而不是放在数组变量名的后面。

例如：

```
int[] numbers;                                  //不能声明为 int numbers[];
double[] scores;
string[] address;
```

上述代码中第一条语句定义了一个整型数组，第二条语句定义了浮点型数组，第三条语句定义了字符型数组。与 C、C++的另一个不同之处在于，数组的大小不是其类型的一部分。定义数组后在使用它之前必须进行初始化，例如：

```
int[]  numbers;
numbers=new int[5];                             //数组有 5 个元素
numbers=new int[10];                            //数组有 10 个元素
```

（2）数组的声明

下面的例子分别展示了如何声明一维数组、多维数组和数组的数组：

```
int[] numbers;                                  //一维数组
string[,] address;                              //多维数组
byte[][] scores;                                //数组的数组
```

声明数组（如上所示）并没有为它们分配内存空间，在声明数组之后必须对其实例化。例如：

```
int[] numbers=new int[5];                       //一维数组
string[,] names=new string[5,4] ;               //二维数组
string[,,] names=new string[5,4,3] ;            //三维数组
byte[][] scores=new byte[4][];                  //数组的数组
```

矩形数组和交错数组也可以混合使用，例如，下面的代码声明了一个交错数组：

```
int[][,,][,] numbers;
```

（3）数组的初始化

C#将初始值括在大括号（{}）内来实现对数组的初始化。初始化可以在声明的同时实现初始化，也可以在声明之后单独初始化。需要说明的是，如果在声明时没有初始化数组，则数组成员将自动初始化为该数组类型的默认初始值。例如：

```
int[] numbers=new int[5] {1,2,3,4,5};
string[,]  address  =  new  int[2,2]  {{"Beijing","Shanghai"},{"Nanjing",
"Qingdao"}};
```

也可以省略数组的大小，如下所示：

```
int[] numbers=new int[] {1,2,3,4,5};
string[,]    address=new    int[,]    {{"Beijing","Shanghai"},{"Nanjing",
"Qingdao"}};
```

如果提供了初始值设定项，则可以省略 new 运算符，如下所示：

```
int[] numbers={1,2,3,4,5};
string[,] address = {{"Beijing","Shanghai"},{"Nanjing","Qingdao"}};
```

对于交错数组，可以按照如下的方法初始化：

```
int[][] numbers=new int[2][] {new int[] {1,2,3},new int[] {4,5,6,7,8}};
```

也可以省略第一个数组的大小，如下所示：

```
int[][] numbers=new int[][] {new int[] {1,2,3},new int[] {4,5,6,7,8}};
```

或

```
int[][] numbers={new int[] {1,2,3},new int[] {4,5,6,7,8}};
```

（4）数组成员的访问

类似于 C、C++，C#对数组成员的访问也采用下标法。例如：

```
string[] address={"Beijing","Shanghai","Tianjin"};
address[1]="Chongqing";
```

上面代码定义了一个名为 address 的字符数组，然后将该数组的第 2 个元素初始化为"Chongqing"。下面的代码声明了一个多维数组，并将位于[1][1]的成员初始化为 10：

```
int[,] numbers={{0,1},{2,3},{4,5},{6,7},{8,9}};
numbers[1,1]=10;
```

下面的代码声明了一个交错数组，它包含两个元素：第一个元素是包含两个整数的数组，第二个元素是包含三个整数的数组。

```
int[][] numbers=new int[][] {new int[] {0,1},new int[] {2,3,4}};
```

下面的语句将第一个数组的第一个元素赋值为 5，将第二个数组的第二个元素赋值为 6：

```
numbers[0][0]=5;
numbers[1][1]=6;
```

在 C#中，System.Array 是所有数组类型的抽象基础类型，因此可以使用 System.Array 具有的属性及其他类成员。比如可以使用 System.Array 的长度（Length）属性获取数组的长度，例如：

```
int[] numbers={1,2,3,4,5};
int LengthofNumbers=numbers.Length;
```

另外，System.Array 类还提供了其他许多有用的方法/属性，例如用于排序、搜索和复制数组的方法。将数组和循环（将在 2.5.2 节介绍）结合起来，可以有效地处理大批量的数据，大大提高工作效率。下面的例子用 foreach 循环语句访问数组名为 numbers 的数组：

```
int[] numbers={0,1,2,3,4,5,6,7,8,9};
foreach(int i in numbers)
{
  System.Console.WriteLine(i);
}
```

该示例的输出结果为：

```
0 1 2 3 4 5 6 7 8 9
```

2.3.3 类型转换

1．隐式转换和显式转换

（1）隐式转换

隐式转换是系统默认的，不必加以明显说明就可以进行转换。隐式转换的注意要点是：

- 字符类型可以隐式转换为整型或浮点型，但不存在其他类型到字符类型的隐式转换。
- 低精度的类型可以隐式转换为高精度的类型，反之会出现异常。

例如：

```
int i=5;
long l=i+28765;
```

在上述代码中存在从 int 到 long 的隐式转换，会导致精度下降，但编译器能接受。

（2）显式转换

显式转换又叫强制转换，也就是说显式转换需要指定转换的类型。下面的例子采用的就是显式转换。

在浮点型和 decimal 类型之间不存在隐式转换，因此在它们之间必须使用显式转换。

例如：

```
decimal y=66.6;
double x=(double) y;
y=(decimal) x;
```

2．数值和字符串的转换

（1）数值转换为字符串

可以采用如下的方法转换相应类型的数值：

```
x.toString();                    //x为任何类型的数值
```

还可以用空字符串连接数字，将数字转换为字符串。例如：""+99。

（2）字符串转换为数值

```
x.Parse(string);                 //转换为x所对应的数据类型的数值
```

其中 x 可以是 byte，int16，int32，int64，uint16，uint32，uint64，short，single，decimal，double 等数据类型。另外，使用 Convert 类可以将一种值类型转换为另一种值类型。例如：

```
double  val1=23.5;
int  val2=Convert.ToInt32(val1);
```

3．装箱和拆箱

装箱和拆箱是 C#类型系统的核心概念。装箱和拆箱允许将一个值类型转换为引用类型，或者反之。这种机制形成了值类型和引用类型之间的等价连接，也就是任何类型都可以看做对象。

（1）装箱转换

装箱转换是指将任何值类型隐式地转换为引用类型对象。当一个值类型被装箱时，一个对象实例就被分配，且值类型的值被复制给新的对象。例如：

```
int i=100;
object obj=i;
```

第二行的赋值暗示调用一个装箱操作。i 整型变量的值被复制给 obj 对象。整型变量和对象变量都同时位于栈中，但对象的值则保留在堆中。

（2）拆箱转换

和装箱转换相反，拆箱转换是指将一个对象类型显式地转换成一个值类型。当执行拆箱操作时，首先检查这个对象实例，看它是否为给定的值类型的装箱值，然后把这个装箱的值赋给值类型的变量。例如：

```
int i=100;
object obj=i;
int k=(int)obj;
```

从上面的代码可以看出，装箱的过程正好是拆箱过程的逆过程。装箱转换和拆箱转换必须遵循类型兼容的规则，否则会引发异常。需要说明的是，频繁的装箱和拆箱会影响程序的性能，因此要慎重使用。

2.4 运算符和表达式

运算符是表达式中用于描述涉及一个或多个操作数的运算，它指明了进行运算的类型。根据运算符所使用的操作数的个数，C#将运算符分为三类：

- 一元运算符。只使用一个操作数，例如增量运算符（++）、非操作符（!）。
- 二元运算符。使用两个操作数，例如乘法运算符（*）和除法运算符（/）。
- 三元运算符。使用三个操作数，例如条件运算符（?:），用于组成条件表达式。

按照运算符的功能划分，C#将运算符分为如下几类：

- 算术运算符：+，-，*，/，%，++,--。
- 赋值运算符及其扩展赋值运算符：=，+=，-=，*=，/= 等。
- 关系运算符：>，<，>=，<=，= =，!=。
- 条件运算符：?:。
- 逻辑运算符：!，&&，||。
- 其他运算符：下标运算符[]、强制类型转换运算符（类型）、内存分配运算符 new 等。

表达式是由操作数和运算符按照一定的语法形式组成的符号序列。每个表达式都应该有一个值，表达式的值还可以用做其他运算符的操作数，以形成更复杂的表达式。表达式的运算按照运算符的优先顺序从高到低进行，运算符的优先级在2.4.7节介绍。

2.4.1 算术运算符和算术表达式

算术运算符是进行算术运算的操作符，它实现了数学上的基本算术运算。C#提供的算术运算符有五种：

- +为加法运算符。
- –为减法运算符。
- * 为乘法运算符。
- / 为除法运算符。
- %为取余运算符。

1．加法运算符

加法运算符包含两种："+"和"++"。前者是二元运算符，后者是一元运算符。"+"运算符用于两个操作数相加，返回计算结果，例如：

```
float  results=6.5+9;
```

当操作数的类型不同时，C#编译系统会自动进行类型转换，在上面的例子中，先将第二个操作数转换为float类型，然后再使用"+"运算符，整个表达式的结果为float类型。

运算符"++"有两种形式：前缀方式和后缀方式。两者的区别在于：前缀方式先进行加法运算，然后赋值；后缀方式先赋值，然后进行加法运算。例如：

```
int  count=60;
int  results=++count;
```

在上面的代码中，++count是先将count的值加1，然后再将值赋给results，因此results的值为61。如果将上面代码中的++count修改为count++，则count++是先将count的值（60）赋值给results，然后再将count的值加1，因此results的值为60，但此时count的值为61。

2．减法运算符

减法运算符包括两种："-"和"--"。它们的使用规则和加法运算符类似。

3．乘法运算符和除法运算符

乘法运算符用于执行整数和实数的乘法运算。例如：

```
int results=3*5;
```

除法运算符用于执行整数和实数的除法运算，并且在除法运算过程中，默认的返回值类型与精度最高的操作数类型相同。例如：

```
int  results=7/2;
```

```
float results=7.0/2;
```

在上面的代码中，第一行代码 results 的值为 3，而第二行代码 results 的值为 3.5。

4．取余运算符

“%”运算符用来求除法的余数。C#中的取余运算既可以用于整数类型，也可以用于 decimal 类型和浮点类型。例如：

```
int  results=8%3;
float results=8%1.5;
```

上述代码中，第一行 results 的值为 2，第二行 results 的值为 0.5。

2.4.2　赋值运算符和赋值表达式

赋值运算符给变量、属性和索引单元赋一个新值。赋值的左操作数必须是变量、属性访问、索引访问等类型的表达式。赋值表达式的结果是赋给左操作数的值，结果和左操作数具有相同的类型，且为数值。如果赋值运算符两边的操作数类型不一致，就需要进行类型转换。

1．简单赋值

“=”运算符被称为简单赋值运算符，用于将等号右边的操作数的值赋给左边的操作数。在简单运算符中，结果与左操作数具有相同的类型，且总是数值。例如：

```
char ch='A';
string  s="Welcome to Beijing";
```

可以用赋值运算符对多个变量进行连续赋值。赋值运算符是右结合的。例如：

```
int x,y,z;
x=y=z=8;                    //运算完后，x,y,z 的结果都是 8
```

需要说明的是，连续赋值不能用在声明变量和常量的语句中。下面的用法是错误的：

```
int x=y=6;
```

2．复合赋值

在赋值运算符“=”之前加上其他运算符，可以构成复合的赋值运算符。例如：

```
x+=5;                       //等价于 x=x+5
x%=5                        //等价于 x=x%5
x*=y+1                      //等价于 x=x*(y+1)
```

2.4.3　关系运算符和关系表达式

关系运算实际上是逻辑运算的一种。可以把它们理解为一种“判断”：要么为“真”，要么为“假”。关系表达式的返回值总是布尔类型。

1．比较运算

C#提供六种比较运算符，如表 2-5 所示。其中布尔类型、枚举类型、引用类型和委托类型只能使用等于运算符和不等于运算符进行比较运算。

表 2-5 比较运算

比较运算	说明
x==y	如果 x 等于 y，则结果为 true，否则为 false
x != y	如果 x 不等于 y，则结果为 true，否则为 false
x<y	如果 x 小于 y，则结果为 true，否则为 false
x>y	如果 x 大于 y，则结果为 true，否则为 false
x<=y	如果 x 小于等于 y，则结果为 true，否则为 false
x>=y	如果 x 大于等于 y，则结果为 true，否则为 false

2．is 运算符

is 运算符用于动态地检查运行时两个对象类型是否都引用给定的对象类型，它不执行值的比较。运算“e is T”的结果（e 是一个表达式，T 是一个类型），返回值是一个布尔类型的值，它表示 e 是否能通过引用转换等方式成功地转换成 T 类型。例如：1 is int 的结果为 true，而 1.0 is int 的结果为 false。

3．as 运算符

as 运算符用于通过应用转换或装箱转换将一个值显式地转换成指定的引用类型。如果转换不能成功，则结果为 null。例如：

```
object[] arr=new object[1];
arr[0]="Beijing";
string str=arr[0] as string;
```

4．关系表达式

用关系运算符把两个表达式连接起来的式子就是关系表达式。关系表达式的值是一个布尔类型的值。关系表达式可以再作为关系运算符的操作数。

2.4.4 条件运算符和条件表达式

“?:”运算符称为条件运算符。条件表达式的一般形式为：

```
表达式1?表达式2:表达式3
```

它的执行过程是：先求解表达式 1，若值为真则计算表达式 2 的值，此时表达式 2 的值就是整个条件表达式的值；若表达式 1 的值为假，则求解表达式 3，表达式 3 的值就是整个条件表达式的值。

例如表达式

```
max=(a>b)?a:b;
```

执行结果就是将条件表达式的值赋给 max，即将 a 和 b 中的大者赋给 max。条件运算符的结合方向是"从右往左"。例如：

```
a>b?a:c>d?c:d
```

等价于 a>b?a:(c>d?c:d)。如果 a=1,b=2,c=3,d=4，则条件表达式的值为 4。

条件表达式中的表达式 1 必须是可以隐式转换为布尔型的表达式，否则会出现编译错误。表达式 2 和表达式 3 的数据类型决定了条件表达式的数据类型，设表达式 2 的数据类型为 X，表达式 3 的数据类型为 Y。若 X 和 Y 类型相同，则此类型为该条件表达式的类型；若存在从 X 到 Y 的隐式转换，但不存在从 Y 到 X 的隐式转换，则 Y 为条件表达式的类型；若存在从 Y 到 X 的隐式转换，但不存在从 X 到 Y 的隐式转换，则 X 为条件表达式的类型。

2.4.5　逻辑运算符和逻辑表达式

1．逻辑运算符

C#提供了三种逻辑运算符。

- &&：逻辑与。
- ||：逻辑或。
- !：逻辑非。

逻辑与和逻辑或是二元运算符，逻辑非是一元运算符。逻辑运算符的运算结果可以用表 2-6 来表示。

表 2-6　逻辑运算

a	b	!a	a&&b	a||b
true	true	false	true	true
true	false	false	false	true
false	true	true	false	true
false	false	true	true	false

2．逻辑表达式

用逻辑运算符将关系表达式或逻辑量连接起来的式子就是逻辑表达式。逻辑表达式的值是一个布尔值。在逻辑表达式的求解中，并不是所有的逻辑运算符都被执行，只是在必须执行下一个逻辑运算符才能求出表达式的解时，才执行该运算符。例如：

① a&&b&&c：只有 a 为真时才需要判断 b 的值，只有 a 和 b 的值为真时才需要判断 c 的值；只要 a 的值为假，就无须判断 b 和 c 的值，整个表达式的值为假。

② a||b||c：只要a为真，就不必判断b和c，整个表达式的值为真；只有a为假，才判断b。a和b都为假才判断c。

2.4.6 其他运算符和表达式

C#还提供了一些特殊的运算符，以完成特殊的任务。

1. new运算符

new运算符用于创建类型的新实例。new运算符表示创建了一个类型的实例，但不表示动态分配内存，这与C++对指针的操作不同。下面的例子分别表示创建一个对象和数组实例。

```
class A
{
   …
}
A a=new A();
int[] arr=new int[20];
```

2. typeof运算符

typeof运算符用于获得系统原型对象的类型，它的操作对象只能是类型名或void关键字。如果它操作的是一个类型名，则返回的是这个类型的系统类型名，如果它操作的是void关键字，则返回的是一个表示"类型不存在"的System.Type对象类型System.Void。例如：

```
Console.WriteLine(typeof(int));
Console.WriteLine(typeof(string));
Console.WriteLine(typeof(double));
```

上面三条语句的输出结果分别为：

```
System.Int32
System.String
System.Double
```

3. checked和unchecked运算符

checked和unchecked运算符用于整型算术运算时控制当前环境中的溢出检查。它们的用法如下所示：

```
checked(表达式)
unchecked(表达式)
```

其中表达式必须为算术表达式。下列运算参与了checked和unchecked检查。

- 预定义的"++"和"--"一元运算符，当其操作数类型为整型时；
- 预定义的"/"等二元运算符，当两个操作数都为整型时；
- 从一种整型到另一种整型显示数据转换时。

当上述整型运算产生一个目标类型无法表示的大数时，按照下列相应的处理方法进行：

（1）使用 checked

若运算是常量表达式，则产生编译错误：The operation overflow at compile time in checked mode。

若运算是非常量表达式，则运行时会抛出一个溢出异常：OverFlowException 异常。

（2）使用 unchecked

无论运算是否为常量表达式，如果没有编译错误或是运行时异常发生，返回值被截掉不符合目标类型的高位。

（3）既未使用 checked 也未使用 unchecked

若运算是常量表达式，默认情况下总是进行溢出检查，与使用 checked 一样，无法通过编译。若运算是非常量表达式，则是否进行溢出检查取决于外部因素，包括编译器状态、执行环境等参数。

2.4.7　运算符的优先级

表达式中运算符的计算顺序由运算符的优先级和结合性决定。当表达式包含多个运算符时，运算符的优先级控制各运算符的计算顺序，即高优先级的先计算，低优先级的后计算。表 2-7 给出了 C#中运算符的优先级和结合性。

表 2-7　C#运算符的优先级和结合性

<table>
<tr><th>类　别</th><th>运　算　符</th><th>结 合 性</th><th>优先级次序</th></tr>
<tr><td>基本</td><td>()　x.y　f(x)　a[x]　x++　x--
new　typeof　checked　unchecked</td><td>从左往右</td><td rowspan="15">高
↓
低</td></tr>
<tr><td>一元</td><td>!　~　++x　--x　(数据类型)x</td><td>从右往左</td></tr>
<tr><td>乘除</td><td>*　/　%</td><td>从左往右</td></tr>
<tr><td>加减</td><td>+　-</td><td>从左往右</td></tr>
<tr><td>位移</td><td><<　>></td><td>从左往右</td></tr>
<tr><td>关系与类型检测</td><td><　>　<=　>=　is　as</td><td>从左往右</td></tr>
<tr><td>相等</td><td>==　!=</td><td>从左往右</td></tr>
<tr><td>逻辑与</td><td>&</td><td>从左往右</td></tr>
<tr><td>逻辑异或</td><td>^</td><td>从左往右</td></tr>
<tr><td>逻辑或</td><td>|</td><td>从左往右</td></tr>
<tr><td>条件与</td><td>&&</td><td>从左往右</td></tr>
<tr><td>条件或</td><td>||</td><td>从左往右</td></tr>
<tr><td>条件</td><td>?:</td><td>从左往右</td></tr>
<tr><td rowspan="2">赋值</td><td>=　*=　/=　%=　+=　-=　<<=</td><td>从右往左</td></tr>
<tr><td>>>=　&=　^=　|=</td><td>从右往左</td></tr>
</table>

当运算符的优先级相同时，运算符的顺序结合性控制运算符的执行顺序。除了赋值运算符外，所有的二元运算符都是从左向右结合的，即从左向右执行运算。赋值运算符和条件运算符从右向左结合，即执行从右到左的运算。优先级和顺序结合性都可以用括号控制，即括号内的运算优先进行。

2.5 流程控制语句

语句是完成一个完整操作的基本单位。默认情况下，语句是顺序执行的，为提高程序的灵活性，还应该能以其他次序来执行语句。流程控制语句用于控制程序中的不同执行顺序。C#定义的流程控制语句包括：条件语句、循环语句和跳转语句。

2.5.1 条件语句

条件语句根据表达式的值从多个语句中选择一个语句来执行。条件语句包括 if 语句和 switch 语句。

1. if 语句

if 语句是用来判断所给定的条件是否满足，根据判断的结果（真与假）决定执行给出的两种操作之一。C#提供了三种形式的 if 语句。

（1）if(表达式)语句

当 if 后面的表达式的值为真时，才可以执行语句。比如下面的例子，只有当 x 大于 y 的时候才将 x 赋给变量 z：

```
if(x>y) z=x;
```

（2）if(表达式)语句 1　else　语句 2

当 if 后面的表达式的值为真时执行语句 1，否则执行语句 2。例如：

```
if(x>y) z=x;
else z=y;
```

上面的代码是把 x 和 y 中较大的那一个赋给 z。

（3）嵌套语句

if 语句用法灵活，不但可以单独使用，还可以嵌套使用。对于上述（1）（2）两种用法，表达式（或 else）后面的语句部分本身又可以是 if 语句的上述两种情况之一。例如，下面的代码是学生成绩的嵌套语句例子：

```
if(score>90) grade='A';
else if(score>80) grade='B';
else if(score>70) grade='C';
```

```
else if(score>60) greade='D';
else grade='E';
```

对于上述三种形式的 if 语句，if 后面的表达式一般都为逻辑表达式或关系表达式，表达式的值是一个布尔值。对于 if 语句的嵌套形式，应当注意 if 和 else 的配对关系。else 总是和它上面的最近的未配对的 if 配对。

2．switch 语句

if 语句只有两个分支可供选择，而 switch 语句是多分支选择语句。在设计多分支程序时，可以选择之前讲到的 if 或 if/else 语句的嵌套，但对于分支非常多的情况，使用这些语句写成的程序可读性不高，执行效率也偏低，switch 语句的出现为设计多分支程序带来了方便。switch 语句的一般用法如下：

```
switch(表达式)
{
  case 常量表达式 1:语句块 1
      break;
  case 常量表达式 2:语句块 2
      break;
…
  case 常量表达式 n:语句块 n
      break;
  default:语句块 n+1
      break;
}
```

switch 语句在工作时，首先将其后面的表达式或与每个 case 匹配的常量表达式进行比较，如果表达式与该常量匹配则执行该语句，如果与每个常量表达式都不匹配，则执行 default 后的语句。经常和 switch 语句配合使用的是 break 语句。当遇到一个 break 语句时，程序将跳出整个 switch 语句。下面是一个 switch 语句的例子：

```
int i=0;
switch (i)
{
   case 0:        //符合表达式值的要求
     a=0;         //执行
     break;       //执行，跳出 switch 语句
   case 1:        //被跳过
     b=0;         //不执行
     break;       //不执行
   case 2:        //被跳过
     c=0;         //不执行
     break;       //不执行
}
```

需要说明的是，在C、C++中，允许switch语句中的case标签后不出现break语句，但C#却不同。当语句块不为空的时候，C#要求每个case标签项后必须使用switch语句或goto语句跳出整个switch语句，它不允许从一个case自动遍历到其他case。

2.5.2 循环语句

循环语句能使用循环多次执行同一个任务，直到完成程序的功能。循环语句便于程序的简化，能更好地组织算法。C#主要提供了以下四种循环语句：

- while语句。
- do-while语句。
- for语句。
- foreach语句。

1. while语句

while语句的一般形式是：

```
while(表达式)语句
```

当表达式的值为真的时候，就执行后面的语句（块）。例如，求1~100之间整数之和的代码如下：

```
int sum=0;
int i=1;
while(i<=100)
{
  sum=sum+i++;
}
Console.WriteLine("和为：{0}",sum);
```

2. do-while语句

do-while语句的一般形式是：

```
do
  循环体语句
while(表达式)
```

它的执行过程是：先执行一次指定的循环体语句，然后判断表达式，当表达式为真时则返回重新执行循环体语句，如此反复，直到表达式为假，此时循环结束。对于求1~100之间整数之和的例子，用do-while语句实现如下所示：

```
int sum=0;
int i=1;
do
{
  sum=sum+i++;
}
```

```
while(i<=100)
Console.WriteLine("和为：{0}",sum);
```

3．for 语句

for 语句的一般形式为：

```
for(初始化;条件;迭代)语句
```

它的执行过程是：首先执行初始化操作，然后判断条件是否满足，如果满足则执行循环体中的语句，最后执行迭代部分。完成一次循环后，重新判断条件。初始化、条件和迭代三部分可以部分或全部为空（分号不能省略），如果全部为空，则相当于死循环。对于求 1~100 之间整数之和的例子，用 for 语句实现如下所示：

```
int sum=0;
for(int i=0;i<=100;i++)
{
  sum=sum+i;
}
Console.WriteLine("和为：{0}",sum);
```

2.5.3　跳转语句

除了上述条件语句和循环语句外，还有一种特殊的控制语句，即跳转语句。跳转语句用于无条件地转移控制。C#中常见的跳转语句包括 break 语句、continue 语句和 return 语句。

1．break 语句

break 语句只能用于 switch、while、do-while、for 或 foreach 语句，它的作用是跳出包含它的上述语句。在前面的 switch 语句中，break 语句的作用是跳出 switch 结构，并且在循环语句中也可以使用，它可以从循环体中跳出，结束循环。例如，在求 1 ~ 100 之间整数之和的例子中，如果要求当和大于等于 2000 的时候就结束循环，那么代码如下：

```
int sum=0;
for(int i=0;i<=100;i++)
{
  sum=sum+i;
  if(sum>=2000) break;
}
```

2．continue 语句

continue 语句的作用是跳过本次循环中尚未执行的语句，重新开始新一轮的循环。下面的程序用于输出 100 以内的奇数：

```
for(int i=1;i<=99;i++)
{
```

```
    if(i%2==0)  continue;
    Console.WriteLine("当前输出的奇数为：{0}",i);
}
```

当i的值能被2整除时，执行continue语句结束本次循环（即跳过Console.WriteLine()），只有i不能被2整除时，才执行Console.WriteLine()，输出执行结果。

3. return语句

在类中使用return语句可以退出类的方法，将控制返回给方法的调用者。如果方法有返回类型，则必须使用return语句返回整个类型的值，如果方法没有返回类型，则该语句就不能返回表达式。使用return语句的一般形式为：

```
return  表达式;
```

例如：

```
namespace  welcome
{
  class program
  {
    public string show()
    {
      return "welcome to Beijing !";
    }
      static void Main(string[] args)
    {
      program pro=new program();
      Console.WriteLine(pro.show());
    }
  }
}
```

上面程序在类program中创建了一个方法show()，该方法返回一个字符串。在Main()方法中创建了此类的对象pro，利用它调用了方法show()，并输出show()方法的结果。

2.6 异常处理

在编写程序时，不仅要关心程序的正常操作，还应该检查错误和可能发生的各类不可预知的事件。以下情况都有可能引发异常：用户错误的输入、内存不够、磁盘出错等。

2.6.1 异常处理机制

C#中的结构化异常处理是通过try...catch...finally语句实现的。它的一般形式如下：

```
try
{
  …                      //需要保护的代码
}catch(异常类型  异常变量名)
{
  …                      //异常处理代码
} finally
{
…                        //错误处理后继续执行的代码
}
```

上面的异常处理语句中的 try、catch、finally 三部分并不必须要求全部出现，可以有 try-catch、try-finally、try-catch-finally 三种形式。编写异常处理程序的方法是：将可能抛出异常的代码放入一个 try 块中，把异常处理代码放入 catch 块中。例如：

```
double inputvalue;
try
{
  Console.Write("input:");
  Inputvalue=Convert.ToDouble(Console.ReadLine());
} catch(Exception e)
{
    Console.WriteLine("{0}",e.Message);  //输出异常信息
}
```

2.6.2　常见的异常类

根据不同的异常类可以采取不同的处理措施。C#提供的常见的异常类如表 2-8 所示。

表 2-8　C#常见的异常类

异　常　类	说　　明
Exception	所有异常的基类
SystemException	所有运行时生成的错误的基类
IndexOutOfRangeException	仅当错误地对数组进行索引时，才由运行库引发
NullReferenceException	仅当引用空对象时，才由运行库引发
InvalidOperationException	当处于无效状态时，由方法引发
ArgumentException	所有参数异常的基类
ArgumentNullException	由不允许参数为空的方法引发
ArgumentOutOfRangeException	由验证参数是否位于给定的范围内的方法引发
ExternalException	在运行库的外部环境中发生或针对这类环境的异常的基类
COMException	封装 COM HRESULT 信息的异常

2.6.3 抛出异常

除了在程序运行时处理异常外，在一些特殊情况下还可以使用 throw 语句显式地抛出异常，将异常交给上一层程序来处理。抛出异常的一般形式为：

```
throw  表达式
```

当计算表达式时，如果产生异常就会抛出该异常。表达式的值必须是一个 System.Exception 类型或它的派生类型的值。例如，对表达式计算产生的结果为 null，那么抛出的将是一个 NullReferenceException 异常。

小　结

C#是从 C/C++发展而来的面向对象的编程语言，它继承了 C 语言的语法，基于 C++定义的对象模型而设计。本章介绍了 C#的基本语法知识，具体包括常量和变量、数据类型、运算符、表达式、流程控制语句以及异常处理等。这些语法知识和 C 语言的语法非常相似，但也有细节上的区别，使用时应当注意。C#是一种面向对象的编程语言，关于 C#语言面向对象方面的内容在第 3 章会详细介绍。

习　题

1. 求下列表达式的值：

（1）x+a%3*(int)(x+y)%2/4，设 x=2.5，a=7，y=4.5。

（2）(float)(a+b)/2+(int)x%(int)y，设 a=2，b=3，x=3.5，y=2.5。

2. 有三个整数 a、b、c，由键盘输入，输出其中最大的数。

3. 写出下列各逻辑表达式的值，设 a=3，b=4，c=5。

（1）a+b>c&&b== c。

（2）!(a<b)&&(c>=b)。

4. 一个球从 100 m 高度自由落下，每次落地后反弹回原高度的一半，再落下，再反弹。求它在第 10 次落地时，共经过了多少米？第 10 次反弹多高？

第3章 C#面向对象基础

C#是一种面向对象语言，在第 2 章介绍了 C#基本语法知识之后，本章会对 C#语言面向对象的知识加以介绍，本章除了对一般的面向对象知识(如类、对象、继承和多态等)进行介绍外，还对 C#本身特有的概念(如属性、索引器等)进行介绍。通过对第 2 章和本章的学习，读者就可以基本掌握 C#的基础知识，为对后续章节的学习打下基础。

学习目标

- 掌握命名空间的定义和引用。
- 掌握类的概念。
- 掌握属性和索引器的使用。
- 掌握方法和接口的相关操作。
- 理解继承和多态。
- 理解委托和事件。

3.1 面向对象编程概述

3.1.1 面向对象编程方法学

C#语言的设计哲学是面向对象编程方法学。面向对象编程将数据和代码看成是相互关联、不可分割的整体，采用信息抽象和数据隐蔽技术，用符合人们思维习惯的方法来设计软件，以提高软件的重用性和可维护性。面向对象编程的主要优点如下：

① 设计和代码易于理解，面向对象的编程方法符合人们的思维习惯。

② 代码可重用性高，能够直接利用他人已经设计并编写成功的程序。

③ 可扩展性好，能够由基本而通用的解决方案派生出新的解决方案。

3.1.2 面向对象的程序设计步骤

面向对象的程序设计步骤大概包含以下几点：

1. 类的认定

关于类的认定还没有严格的准则，但有些经验准则可以参考，例如：

① 对于问题空间中自然出现的实体，用类进行模型化；

② 将方法设计成单用途的；

③ 如果需要对已有方法进行扩展，就设计一个新的方法；

④ 避免冗长的方法；

⑤ 把那些为多个方法或某个子类所需要的数据，存储在实例变量中；

⑥ 为类库设计，不要只为你自己或者你目前的应用设计。

2. 类的设计

在任何面向对象的应用中，类实例是系统的主要部分，而且如果采用纯面向对象的方法，那么整个系统就是由类实例组成的。因此，每个独立的类的设计对整个应用系统都有影响。在进行类的设计时，应考虑下面一些因素：

① 类的公共接口的单独成员应该是类的操作符；

② 类 A 的实例不应该直接发送消息给类 B 的成员；

③ 当且仅当类实例的用户可用时操作符是公共的；

④ 属于类的每个操作符要么访问要么修改类的某个数据；

⑤ 类必须尽可能少地依赖其他类；

⑥ 两个类之间的互相作用应该是显式的；

⑦ 采用子类继承超类的公共接口，开发子类成员为超类的特化；

⑧ 继承结构的根类应该是目标概念的抽象模型。

3. 类层次结构的组织

支持重用是面向对象程序设计的主要任务，继承机制支持两种层次的重用。第一，在高层设计阶段，使用继承机制可以开发出有意义的高级抽象，进而有助于重用。继承关系的重用性使得设计者能够在抽象中识别一般性，并从一般性中产生高级抽象。通过识别这种一般性，并把它从较高的抽象中移出来，它就在当前或今后的设计中变成可重用。第二，在详细设计阶段，继承性支持将已有的类作为新定义类的重用基础，可以把已有的部分代码复制到新的子类中并修改，以适应其新的目的。继承性在已有类和新类之间建立了一种依赖关系，子类的新代码不引起旧代码失效，继承的代码被自动地包含在新定义中，并作为新类的定义被编译。对已有的类的任何修改都被归并到下次编译的新类中。

4. 类模块之间的接口技术

接口使得程序的可移植性和可扩展性更强。例如，可以通过继承机制实现类之间的接口。

5. 对类库和应用构架的支持

类库中的类就好像是一般的建筑预制件，可以复杂到整个单元居室，也可以简单到梁柱，规格比较标准，容易被独立使用。但需要应用开发人员自己根据应用特征进行组装，因此类库本身并不是重用的基本单位。相对地，构架则是以构件之间有密切的联系为特征，面向特定的应用范畴，以整个构架而不是其中的单个构件来体现它的能量，因此构架本身是重用的基本单位，一旦与应用特征相符，就可以整体被重用。所以，基于构架的设计是面向对象程序设计的理想目标。

3.2 命 名 空 间

3.2.1 命名空间的概念

在 Microsoft.NET 中，.NET Framework 提供了丰富的类库，C#程序是利用命名空间将这些类库组织起来并在程序中加以引用的。下面简单介绍几种常用的命名空间，以便于读者在使用的时候查找。

- System：根空间，包含一些基本的类库。
- System.Collections：主要是和集合类相关的类库空间。
- System.Data：数据处理类库空间。
- System.Data.Odbc：以 ODBC 方式连接数据库的类库空间。
- System.Data.OracleClient：连接 Oracle 数据库的类库空间。
- System.Data.OleDb：以 OLEDB 方式连接数据库的类库空间。
- System.Data..SqlClient：连接 SQL Server 数据库的类库空间。
- System.Diagnostics：用于应用程序诊断的类库空间。
- System.Drawing：用于绘图的类库空间。
- System.Drawing.Drawing2D：专门用于 2D 绘图的类库空间。
- System.Drawing.Printing：用于绘图打印的类库空间。
- System.IO：输入/输出的类库空间。
- System.Net：网络应用类库空间。
- System.Runtime.Remoting：远程调用的类库空间。
- System.Security：安全方面应用的类库空间。

- System.Threading：线程相关的类库空间。
- System.Web：Web相关的类库空间。
- System.Windows.Forms：Windows窗体相关的类库空间。
- System.Xml：XML文件处理相关的类库空间。

3.2.2 命名空间的定义和引用

利用关键字namespace可以创建新的命名空间，例如：

```
namespace  IBMP.Web
{
  …
}
```

上面的程序段中，IBMP.Web为命名空间的名称。命名空间的成员可以在多个文件中定义，即没有必要将整个命名空间都放在一个单独的源文件中。当编译器遇到多个使用相同命名空间的源文件时，会自动把它们累加到一起。作为一种良好的编程习惯，命名空间的定义也应该反映出一种层次关系，例如，可将公司名称或项目名称等具有唯一性的标识作为根命名空间（例如上例中的IBMP），这样可保证定义的命名空间不会和其他开发者的定义冲突。在较大型项目中，创建层次型的命名空间是一种常用的做法。例如，可以按照项目的功能模块来组织命名空间：公司名称.项目名称.子项目名称…。

引用命名空间有两种方式。

- 第一种方式是使用包含命名空间名称的完整类型名称，例如，在程序中书写：

```
System.Xml.XmlTextReader  xtr;
```

- 第二种方式是使用关键字using把该命名空间添加到当前命名空间中，即：

```
using System.Xml;
```

添加完该命名空间后就可在程序中直接引用XmlTextReader方法了。如果按照第二种方法，不同的命名空间下有相同名称的类要使用，则编译器会提示错误，此时必须按照第一种方法添加命名空间来防止二义性的出现。

3.3 类和对象

3.3.1 类和对象的关系

类是面向对象的程序设计的基本组成单位。类是一种抽象的数据类型，现实生活中的任何东西都可以抽象成一个类。类的定义由三个重要项组成：属性、操作和约束。属性是类或对象的特征，操作是类或对象能够执行的动作，约束则是类或对象必须遵循的参数。例如，我们把人用类来描述，那么这个类具有一些属性，如年龄、性别、受教育程度等；同时这个类也需要一组操作，如说话、跑步、睡觉等；最后这个类要具有一组约束，如规定人一定要吃饭、睡觉等。

对象就是类的实例。例如，针对人定义一个类，而张三、李四等都是人这个类的实例，也就是对象。总之，类是对具有相同数据和特性的“一组对象”的抽象，而对象是类的具体实例。在 C#中，对象的类型定义为“类（class）”，并且总是先定义一个“类”类型，然后用它去定义若干个同类型的对象，即“对象”就是“类”类型的变量。

3.3.2 类的定义

类是一种数据结构，它可以封装数据成员、函数成员和其他的类。类是从实际对象中抽象出来的一种完整自包含的数据结构，它封装了一类对象共有的属性和功能。C#中的一切类型都是类，所有的语句都必须位于类内部。任何数据类型使用之前都必须先声明。一个类一旦被成功地声明后就可以当做一种新类型来使用。C#中使用关键字 class 来定义类，格式如下：

```
[修饰符] class <类名> [:<基类或接口>]
{
   [类体]
}[;]
```

[ ]表示内容是可选的，<>表示内容是必需的。修饰符、类体和“;”都是可选的，关键字 class 和类名是必需的，“基类或接口”部分也是可选的，但如果存在，则“基类或接口”是必需的。下面给出了一个最简单的类的定义：

```
class  Person
{
}
```

3.3.3 类的成员和访问控制

1. 类的成员

定义在类体内的元素都是类的成员。类的成员主要包含两类：数据成员和函数成员。数据成员是描述状态的，函数成员是描述操作的。类的数据成员包括：

- 字段：字段是在类内定义的成员变量，用来存储描述类的特征的值。
- 常量：常量是类的常量成员。

类的函数成员主要包括：

- 方法：用于实现类执行的计算和操作，方法是以函数的形式来定义的。

- 属性：属性是字段的自然扩展，也具有数据类型，访问属性和字段的语法也一样。但与字段不同，属性不表示存储位置，属性具有访问器，访问器指定在它们的值被读取或写入时需要执行的语句。
- 索引器：提供了一种通过索引的方式访问类的数据的方法。
- 事件：用于定义可由类生成的通知或消息。
- 运算符：用于定义对该类的实例进行运算的运算符，可以对预定义的运算符进行重载。
- 构造函数和析构函数：构造函数是名称与类名相同的方法，类可以有多个接受不同参数的构造函数。构造函数在类的实例初始化时被执行，它使得开发人员可以设置默认值、限制实例化以及编写灵活且便于阅读的代码。下面的代码定义了一个没有参数的构造函数：

```
class Person
{
  public  Person()
{
  Console.WriteLine("this is a new class");
}
}
```

同样也可以定义其他构造函数：

```
public  Person(string name)
{
  Console.WriteLine("this is a new class named {0}",name);
}
```

析构函数也是一类特殊的方法，其名称由类名前加上“~”构成，它用于回收对象中无用的资源。C#中一个类只能有一个析构函数，并且析构函数是自动执行的，因为.NET Framework的垃圾回收机制决定何时回收对象中的资源。析构函数的定义方式如下：

```
class Person
{
  ~Person()
{
}
}
```

开发人员可以在~Person()中编写代码，但通常是不必要的，因为.NET Framework会代替开发人员完成资源的释放工作。

2. 访问控制

访问控制的主要作用是指定类和类的成员的可访问性，它是通过访问控制修饰符来定义的，具体来说，访问控制修饰符包含如下几种：

- public：可以从任何程序集访问该类，这是限制最少的一种访问方式。

- protected：为了方便派生类的访问，同时又希望成员对于外界是隐藏的，可使用 protected 修饰符。
- private：仅限于类中的成员可以访问，从类的外部访问其私有成员是不合法的。
- internal：同一个程序集中的类能访问。
- protected internal：这是唯一能使用多个修饰符的情况。只有当前程序集或从基类派生出来的类型能访问。

上述五种访问修饰符都可以用于类的成员，如果在声明类的成员时没有出现访问修饰符，则默认成员是私有的。对于类而言，如果类不是在某个类内部声明的，那么这个类就是顶级类。顶级类只能使用 public 和 internal 两种修饰符，并且它们的含义如下：

- public：所修饰的顶级类的可访问域是它所在的程序和任何引用该程序的程序。
- internal：所修饰的顶级类的可访问域是定义它的程序。

3.4 属性和索引器

面向对象编程的封装性原则决定了类中的数据成员是不能直接访问的。不能直接访问的原因很简单：直接访问类的数据成员的前提是必须充分了解类的实现细节，而这有悖于隐藏设计细节的思想，会限制代码的重用性和可维护性。另外，如果直接访问类的数据成员，则类的数据安全性得不到保障，加大调试程序的难度。

为了保证数据成员不被外界直接访问，最好的做法是将数据成员的访问方式都设置为 private。那么在 C#中又是如何实现对数据成员的访问的呢？C#定义了一种名为属性的访问器来访问数据成员。

3.4.1 属性

属性提供了对类或对象性质的访问，是对现实世界中实体特征的抽象。类的属性成员用来描述对象的特征，属性本身不存储任何数据，它只是提供了一种数据交换的方式。属性成员是对变量成员的扩展，它更好地体现了类的封装性。属性的声明方式如下：

```
[修饰符] <类型><属性名>
{
    [get {<get 访问器体>}]
[set {<set 访问器体>}]
}
```

“修饰符”是可选的，修饰符可以是 public、private、static、protected、internal、virtual、override、abstract 等。其中 virtual、static、override 和 abstract 不能同时使用。属性名的命名规

则和字段成员的命名规则相同，但是属性名的第一个字母通常都大写。

C#中的属性是通过 get 和 set 访问器来进行属性值的读/写。get 和 set 访问器是可选的，它们分别是由关键字 get 和 set，以及位于一对大括号内的“get 访问器体”和“set 访问器体”代码块组成。根据 get 和 set 访问器的存在情况，属性可分为如下几种类型：

- 只读（read-only）属性：只有 get 访问器的属性。
- 只写（write-only）属性：只有 set 访问器的属性。
- 读写（read-write）属性：同时具有 get 和 set 访问器的属性。

下例是 person 类中的属性的声明：

```
public class Person
{
   private int age;
   private string name;
   …
   public string Name  //定义属性成员Name
   {
      get
      {return name;}
      set
      {
         if(name!=value)
            name=value;
      }
      …
   }
   …
}
```

从上面的例子可以看出，“get 访问器体”必须用 return 语句来返回，且返回的值的类型必须可以隐式转换为属性类型。set 访问器相当于一个具有单个属性类型值参数和 void 返回类型的方法，用于处理类外部的写入值。set 访问器带有一个特殊的关键字 value，value 就是 set 访问函数的隐式参数，在 set 访问器中通过 value 将外部的输入传递进来，然后赋值给类中的某个成员变量（本例中的 name）。

在 C#中可以通过属性成员的访问函数来访问类中的某个变量，这样就可以通过属性成员把类本身和调用该类的程序分割开，实现面向对象封装性的要求。person 类的成员变量 name 外部是无法访问的，但属性 Name 具有 public 的访问权限，外部可以访问属性 Name。因此外部程序可以通过对 Name 属性的访问得到 person 类中私有成员变量 name 的值。

外部程序访问如下：

```
Person myPerson=new Person();
```

```
string  myName=myPerson.Name;
```

而不能进行如下操作：

```
string  myName=myPerson.name;
```

假设程序中已经实例化了一个对象 myPerson，可以使用下列语句对私有变量 name 进行赋值：

```
myPerson.Name="Tom";
```

程序在运行时若发现成员变量 name 未被赋值，则会自动执行 set 访问器，将"Tom"赋值给 myPerson 的私有变量成员 name。如果此时再执行：

```
string  myName=myPerson.Name;
```

则 myName 的值就是"Tom"。

3.4.2　索引器

类往往会包含数组类型的对象，而索引器（indexer）正好提供了一种通过索引方式访问类的数据信息的方法。C#中的索引器的工作方式和属性类似，它们的不同之处在于：索引器用来访问数组类型对象元素，而属性用来访问类中的私有成员变量。在定义索引器的时候也要用到 get 访问器和 set 访问器。与属性不同，索引器访问的对象是对象中各元素的值，而不是特定的私有成员变量。定义索引器时不需要给出名称，只要使用关键字 this 即可，它用于引用当前的对象实例。

索引器的定义如下所示：

```
[修饰符]<类型> this[<参数列表>]
{
  [get{[get 访问器体]}]
[set{[set 访问器体]}]
}
```

与属性的定义不同，索引器的名称必须用关键字 this，this 后面一定跟一对方括号，且方括号内至少要有一个参数。修饰符可以是 new、public、private、protected、internal、virtual、override、abstract 和 sealed 等。索引器可以方便地实现对数组的访问，例如下面的程序：

```
using System;
class Person
{
  private string[] name;
  public Person()
  {
    name=new string[] {"Tom","Jack","Rose","John"};
  }
```

```
public string  this[int index]  //定义索引器
{
   get
   {
   return name[index];
   }
   set
   {
      name [index]=value;
   }
}
public int GetNameNum()
{
   return  name.Length;
}
…
}
   public class  PersonApp
{
   public static void Main()
   {
      Person myPerson=new Person();
      for(int i=0;i< myPerson. GetNameNum();i++)
         Console.WriteLine("{0}",myPerson[i]);
   }
}
```

程序运行结果如下所示：

```
Tom
Jack
Rose
John
```

从上面的例子可以看出，索引器的使用很简单，只需在对象名后加上索引操作符和索引即可。

3.5 方　　法

方法又称函数，是用来完成某些操作的算法。在面向对象的语言中，类或对象是通过方法与外界交互的，因此方法是类与外界交互的基本方式。

3.5.1 方法的声明

C#中方法的声明如下所示：

```
[修饰符]<返回类型><方法名>([形式化参数列表])
{
    <方法体>
}
```

“返回类型”和“方法名”是必需的，“形式化参数列表”用来指定方法的参数，是可选的；“方法体”是必需的，但可以为空。“修饰符”是可选的，除了访问控制修饰符外，它还包括如下几种修饰符：

- static：该方法是类的一部分，而不是类实例的一部分，静态方法只能对静态成员进行访问。
- virtual：指示该方法可以在子类中被覆盖，它不能与 static 或 private 一同使用。
- override：指示该方法覆盖了基类中的同名方法，这样它就能定义子类特有的行为，基类中被覆盖的方法必须是 virtual 方法。
- new：允许继承类中的一个方法“隐藏”基类中同名的非 virtual 方法。它会取代原方法，而不是覆盖。
- sealed：指示禁止派生类覆盖此方法。
- abstract：指示该方法不包含具体实现细节，且必须由子类来实现。
- extern：指示该方法是在外部实现的。

3.5.2 返回类型和形式化参数

1. 返回类型

方法的返回类型可以是任何基本类型或者自定义类型。如果方法没有返回类型，则必须使用 void 作为返回类型。如果方法的返回类型不是 void，则在方法体中必须包含一个 return 语句，且 return 返回的类型要和方法的返回类型一致。

2. 形式化参数

在大多数情况下，C#程序中的方法都会带有参数。C#有四种类型的参数传递方法：

- 值类型参数：当使用值类型参数时，编译程序将实参的副本传递给方法的形参，被调用的方法不会修改内存中实参的值。 默认情况下，基本数据类型都是值类型参数。
- 引用类型参数：引用类型的参数不会开辟新的内存区域，而是向方法传递实参在内存中的地址。因此调用带引用类型的参数，可以改变调用方法的实参。在定义和调用引用类型参数时，必须在实参和形参前加关键字 ref。

- 输出类型参数：输出类型参数仅用于从方法传递回一个结果，它用关键字 out 表示。输出类型参数也不开辟新的内存区域。
- 数组类型参数：如果形参中包含数组类型的参数，则它必须位于形参列表的最后面，而且参数只允许是一维数组。数组类型参数用关键字 params 表示。

3.5.3 方法的重载

在面向对象的语言中，允许在一个类中定义多个方法名相同、方法之间参数个数和参数顺序不同（称为参数列表不同）的方法，这种情况称为方法的重载。注意，这里没有提到返回值不同的情况，也就是说，在 C#中不允许存在方法名和参数列表相同、返回值不同的方法。

下面举例说明方法的重载。例如求两个整数相加的和，可以写出如下的方法：

```
static int  Add(int x,int y)
{
   return x+y;
}
```

上述方法是针对 int 类型数据设计的方法，如果调用时使用了非 int 型参数，则会出现错误。因此可以针对不同类型的数据，分别编写求和的方法，将其定义在一个类中，如下所示：

```
using System;
using System.Collections.Generic;
using System.Text;
namespace  OverloadTest
{
  class Program
  {
                                  //创建 OLTest 类的实例并调用方法 TestMethod
      OLTest  myOLTest=new OLTest();
      myOLTest.TestMethod();
      Console.ReadLine();
    }
    class OLTest
    {
      public OLTest()      //构造函数
      {
        Console.WriteLine("测试方法的重载! ");
      }
    public void TestMethod()
      {
        Console.WriteLine("1+2={0}",Add(1,2));
```

```
        Console.WriteLine("1.1+2.2={0}",Add(1.1,2.2));
    }
        static double Add(double x,double y)
    {
        return(x+y);
    }
    static int  Add(int x,int y)
    {
        return x+y;
    }
  }
}
```

程序运行的结果如下：

```
测试方法的重载!
1+2=3
1.1+2.2=3.3
```

从上面的例子可以看出，依据不同参数列表的匹配程度，编译器正确地选择了最合适的方法进行调用。

3.6　接　口

接口是面向对象编程的一个重要概念，它主要负责功能的定义而不负责功能的实现，功能的实现由类来完成。因此可以通过接口对类的构成进行限制。

3.6.1　接口的声明

在 C#中，接口用关键字 interface 来声明，接口的定义形式如下：

```
[接口修饰符] interface <接口名> [:<基接口列表>]
{
  <接口体>
}[;]
```

“接口修饰符”是可选的，只允许使用 new、public、protected、internal 或 private。关键字 interface 和“接口名”是必需的，基接口部分也是可选的，但如果它存在，则“基接口列表”不能为空；“接口体”是必需的，定义在一对大括号之间，但可以为空。

对于接口中定义的成员有如下要求：

- 接口的成员必须是方法、属性、事件或索引器。接口不能包含常量、字段、运算符、构造函数、析构函数以及任何类的静态成员等。

- 接口不提供对它所定义成员的实现，实现由继承接口的类来完成。
- 接口成员都是 public 类型的，但不能使用 public 修饰符。接口成员不能包含除 new 之外的其他任何修饰符。

下面是一个接口的例子：

```
interface IPerson
{
   string  Name
   {
      get;
      set;
   }
}
```

3.6.2 接口的实现

在类中继承接口叫做对接口的实现。在 C#中，一个类虽然只能继承一个基类，但可以实现任意数量的接口。下面的例子说明了接口的实现。

```
using  System;
using  System.Collections.Generic;
using  System.Text;
namespace InterfaceTest
{
   interface IPerson
   {
      string Name
      {
         get;
         set;
      }
   }
   class  Person:IPerson
   {
   private  int  age;
      private  string  name;
      …
      public string Name  //定义属性成员 Name
      {
         get
         {return name;}
         set
```

```
            {
               if(name!=value)
                  name=value;
            }
         }
      }
   }
```

需要说明的是，如果 Person 类没有实现的话，会出现编译错误。另外 Person 类中的属性 name 必须声明为 public，否则也会出现错误。

3.7 继承与多态

3.7.1 继承

继承是面向对象编程中非常重要的概念。继承可以在类之间建立一种交互关系，新定义的派生类可以继承已有基类的特征和能力，从而高效地完成系统开发的可能性。继承的引入，使得新类可以继承其他类的变量、方法和属性。被继承的类称为基类（base calss），继承自基类的新类称为派生类（derived class），派生类也可以成为其他类的基类。在 C#中，派生类只能从一个基类继承，即 C#不支持多重继承。

类的继承在声明类的时候指定，形式如下：

```
[类修饰符] class <类名>: <基类>
{
   <类体>
}[;]
```

声明子类时，将类的基类名称放在被声明的类名后面，中间用冒号“:”分隔。下面我们举例说明继承的概念。

在前面的例子中，我们已经创建了一个“人”类，即 Person 类。假设由于需要又要创建一个表示学生的类（称作 Student 类）、一个表示教师的类（称作 Teacher 类）。实际上，不管是学生还是教师，他们都需要吃饭、睡觉。这些相同点都是由于他们都是人（Person 类）所决定的，因此可以先创建一个 Person 类，让 Person 类拥有 Eat 和 Sleep 方法，而让 Student 类和 Teacher 类都继承自 Person 类。如果 Person 类中的 Eat 和 Sleep 方法具有 public 或 protected 访问控制权限，则 Student 类和 Teacher 类将继承这两个方法。同时 Student 类和 Teacher 类可以定义自己的方法，例如 Student 类的考试方法（Exam()）以及 Teacher 类的教学方法（Teaching()）等。图 3-1 描述了三个类的继承关系。

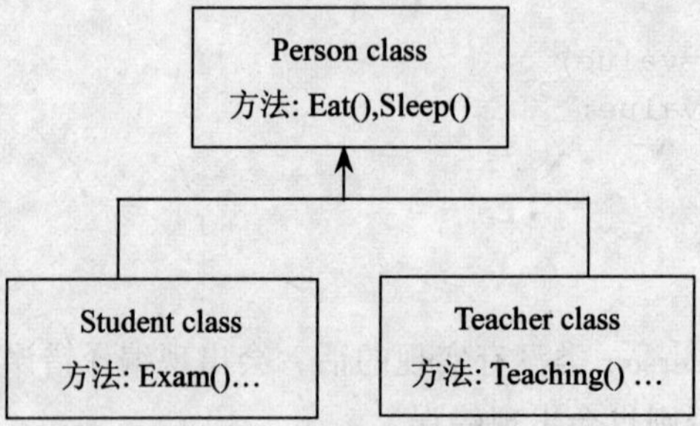

图 3-1　类的继承关系

上述三个类的代码如下所示：

```
public  class Person                          //基类
{
  private  int  age;
  private  string  name;
  …
  public string Name                          //定义属性成员 Name
  {
    get
    {return name;}
    set
    {
      if(name!=value)
        name=value;
    }
    …
  }
  public void Eat()                           //定义方法 Eat
  {
    …
  }


  public void Sleep()                         //定义方法 Sleep
  {
    …
  }
  …
}
   public class Student: Person        //派生类 Student
   {
```

```
    …
  public void Exam()
  {
    …
    }
    …
  }
  public class Teacher: Person      //派生类 Teacher
  {
    …
    public void Teaching()
    {
      …
  }
  …
}
```

3.7.2　多态

在具有继承关系的类中，不同对象的名称相同的函数成员可以有不同的实现，因而可以产生不同的执行结果，这就是多态。与多态相关的有两个关键字，即 virtual 和 override。当方法用关键字 virtual 修饰时，则称该方法为虚方法，表示子类可以重写该方法的实现。当一个实例方法声明中含有 override 修饰符时，则称该方法为重写方法，重写方法用相同的方法名称重写所继承的虚方法。

下面举例说明多态的使用。假设存在三个类：Animal、Dog 和 Bird。Animal 类是 Dog 类和 Bird 类的基类，它有一个名为 Speak 的方法。对于 Dog 类而言，Speak 方法为“汪汪汪”；对于 Bird 类而言，Speak 方法为“啾啾啾”。如果没有多态，不同动物都调用方法 Speak 而想发出不同的声音显然是不可能的。下面给出上面三个类的代码：

```
using  System;
namespace  PolymorphismTest
{
  public class  Animal
  {
      public virtual void Speak
      {
      }
  }
  public class Dog:Animal
  {
```

```
        public override void Speak
        {
          Console.WriteLine("汪汪汪");
        }
    }
    public class Cat:Animal
    {
        public override void Speak
        {
          Console.WriteLine("啾啾啾");
        }
    }
    Class  PolymorphismExp
    {
        static protected void AnimalSpeak(Animal animal)
    {
    animal.Speak();
    }
        static void Main(string[] args)
    {
    Dog  dog=new Dog();
    Bird  bird=new Bird();
    AnimalSpeak(dog);
      AnimalSpeak(bird);
    }
  }
}
```

3.8 委托与事件

3.8.1 委托

委托是 C#中特有的概念，它的主要作用就是引用方法。委托的使用与方法一样，也具有参数和返回值。当方法和委托的参数和返回值相匹配时，任何方法都可以分配给委托。一旦给委托分配了方法，委托将与该方法具有完全相同的行为。C#使用委托来处理其他语言（如 C++）需要函数指针来处理的问题。但委托与函数指针的区别在于：

- 函数指针是不安全的，而委托是完全面向对象和类型安全的。
- 函数指针仅指向成员函数，而委托同时封装了对象实例和方法。

委托使用关键字 delegate 来声明，格式如下：

```
[修饰符]delegate <返回类型><委托名>([形式化参数表]);
```

“修饰符”是可选的，“返回类型”、关键字 delegate 和“委托名”是必需的，“形式化参数表”用来指定委托所表示的方法的参数，也是可选的。委托的“修饰符”包括 new 和访问控制修饰符。一个与委托兼容的方法必须满足如下两个条件：

- 两者必须具有相同的参数数目，并且参数类型相同，顺序相同，参数修饰符也相同。
- 两者的返回类型相同。

下面举例说明委托的使用。先给出一个简单的例子，目的是输出一个整数的值。

```
using System;
using System.Collections.Generic;
using System.Text;
namespace  DelegateTest_1
{
  class Program
  {
    static void Main(string[] args)
    {
      int i=6;
      Console.WriteLine(i.ToString());
      Console.ReadLine();
    }
  }
}
```

上面的程序很简单，程序运行结果如下：

```
6
```

下面我们使用委托来实现方法 i.ToString()。对于本例的 i.ToString()方法，由于其返回值的类型为 string 类型，因此委托的定义如下：

```
delegate  string  MyDelegate();  //定义一个委托
```

下面是一个完整的委托例子：

```
using System;
using System.Collections.Generic;
using System.Text;
namespace  DelegateTest_2
{
  class Program
  {
    delegate string MyDelegate();
    static void Main(string[] args)
```

```
        {
        int i = 6;
        MyDelegate d = new MyDelegate(i.ToString);
        Console.WriteLine(d()); //使用新定义的 d 输出 i
        Console.ReadLine();
        }
    }
}
```

程序运行结果仍然是：

6

上面的例子演示了委托的简单用法。程序中的对象 d 定义为整数 i 的 ToString 方法，输出时则调用方法 d()。

3.8.2 事件

事件是对象向外界发送的消息，以通知发生了某个特定的行为或某个特定的条件已经成立。事件可能是由用户在窗体应用程序中的交互（如鼠标的双击）所引起的，也可能是由某些事先定义好的程序逻辑所引发的。触发事件的对象称为事件的发送者；捕获并响应事件的对象称为事件的接收者。

在事件之间的相互通信过程中，事件的发送方并不知道哪个对象或方法将会接收到并处理所引发的事件。因此需要在发送者和接受者之间存在一个媒介，这个媒介就是委托。.NET Framework 中所定义的事件是基于委托模型的。事件的声明必须使用关键字 event，并且事件的类型必须是委托类型。事件声明的格式如下：

```
[修饰符] event <事件类型><事件名>;
```

事件的“修饰符”可以是访问控制修饰符、new、static、virtual、override、sealed、abstract 等修饰符。“事件类型”必须为委托类型，而且该委托类型必须至少具有与事件本身一样的可访问性。下面给出使用事件的步骤：

1. 为事件定义代理

要使用事件，首先要为其创造一个代理。在.NET Framework 中有一个专门处理事件的代理类 EventHandler，它可用于处理各种事件，代码原形如下：

```
public delegate void EventHandler(Object sender,EventArgs e);
```

参数 sender 表示触发事件的对象，参数 e 用来描述被触发事件的事件信息。用户可以直接使用这个代理类，也可以自己重新定义一个代理类，如：

```
delegate void CharEventHandler(Object sender,CharEventArgs e);
```

其中参数 CharEventArgs 是从 EventArgs 派生出来的类。

2．创建包含事件信息的类

事件信息将被作为事件参数发送给事件接收者。.NET Framework 为用户提供了一个事件参数类 EventArgs，它是.NET Framework 中所有事件参数类的基类，用户可以使用这个参数类，另外用户也可以从 EventArgs 类派生自己的事件参数类来使用。例如：

```
public class CharEventArgs:EventArgs
{
   public char CurrChar;
   public CharEventArgs(char CurrChar)
   {
      This.CurrChar=CurrChar;
   }
}
```

3．创建包含事件成员的类

事件类包含参与事件的事件成员，以及在满足触发事件时的方法代码。创建事件类包含两步：

① 定义事件成员。对所要发生的事件明确指定由哪个“代理”来代理该事件。

② 创建触发事件的方法或属性等成员。事件的属性或方法用于接收触发事件的触发信息。例如：

```
class CharChecker
{
   char curr_char;
   public event CharEventHandler CharTest; //定义事件成员
   public Curr_Char                         //创建触发事件的属性
   {
      get {return curr_char;}
   set
   {
       if(CharTest != null)
      {
         CharEventArgs myevent = new CharEventArgs(value);
         curr_char = myevent.CurrChar;
      }
   }
   }
}
```

4．创建事件处理方法

事件触发后将通过代理来调用事件处理方法进行操作。例如：

```
static void Change_X(Object source,CharEventArgs e)
{
```

```
    if(e.CurrChar =='x')
    {
       Console.Write("The char is x");
    }
    else
       Console.Write("The char is not x");
}
```

5. 关联事件处理方法和事件

关联事件处理方法和事件即注册。注册是通过为事件加上左操作符“+=”来实现的，例如：OkButtonClick+=new EventHandler(OkButtonClick);。事件的撤销用左操作符“-=”来实现，例如：OkButtonClick -= new EventHandler(OkButtonClick)。

下面给出了一个完整的创建事件和处理事件的程序。

```
using System;
delegate void CharEventHandler(Object sender,CharEventArgs e);
public class CharEventArgs:EventArgs
{
   public char CurrChar;
   public CharEventArgs(char CurrChar)
   {
      This.CurrChar=CurrChar;
   }
}

class CharChecker
{
   char curr_char;
   public event CharEventHandler CharTest; //定义事件成员
   public Curr_Char                        //创建触发事件的属性
   {
      get {return curr_char;}
      set
      {
         if(CharTest != null)
         {
            CharEventArgs myevent = new CharEventArgs(value);
            curr_char = myevent.CurrChar;
         }
      }
   }
}
```

```
class AppEvent
{
   static void Main()
   {
     CharChecker chartester = new CharChecker();
     Chartester.CharTest += new CharEventHandler(Change_X);
     Chartester.Curr_Char = 'x';
     Console.WriteLine("{0}",chartester. Curr_Char);
     Console.WriteLine();
   }
   static void Change_X(Object source,CharEventArgs e)
   {
   if(e.CurrChar=='x')
     {
       Console.Write("The char is x");
     }
     else
       Console.Write("The char is not x");
   }

}
```

小　　结

C#语言是专门为.NET 平台量身定制的编程语言。在第 2 章介绍了 C#语言基本语法知识的基础上，本章对面向对象的部分内容做了详细介绍，为后续章节的学习打下了基础。

习　　题

1. 命名空间如何定义和引用?

2. 简述使用属性的好处。

3. 建立用户信息类 Userinfo，该类具有如下属性：用户中文姓名、英文姓名、密码、性别、身份证号码、籍贯、入职日期、手机号码、个人简介。

第4章 ASP.NET 服务器控件

服务器控件是开发 ASP.NET 应用程序的基本元素，是对可复用功能的可视化封装。读者可以使用 C#语言对服务器控件的事件或方法进行编程，以便使服务器控件实现与用户交互的功能。本章分类对主要的服务器控件进行了介绍，通过对本章的学习，读者可以掌握主要服务器控件的使用方法，进一步掌握开发 ASP.NET 应用程序的方法。

学习目标

- 理解服务器控件的含义。
- 掌握各类控件的使用方法。

4.1 ASP.NET 服务器控件概述

ASP.NET 采用服务器控件作为页面呈现元素。ASP.NET 服务器控件是运行在服务器端并且封装了用户界面和其他相关功能的组件。控件的含义表明其不是仅具有呈现外观作用的元素，而是一种对象，一种定义 Web 应用程序用户界面的组件。它们都实现了.NET Framework 中相应的类，也都具有了属性、事件、方法等对象的特征。服务器控件是 Web Forms 编程模型的基本元素。

1. ASP.NET 服务器控件的属性和事件

ASP.NET 服务器控件的属性是指控件中具有的与用户界面特征相关的字段（如背景色、字体等）或与运行状态有关的字段（如 Enable 等）。大部分服务器控件的属性可分为五类：布局、数据、外观、行为和杂项。布局类属性与页面设置有关，例如控件尺寸大小等；数据类属性包括与数据绑定相关的属性，例如 DataSource 等；外观类属性包括背景色、字体及格式等；行为类属性与控件运行时相关，如 Enable 和 Visible 等；杂项是除此之外的其他属性，例如 item 等。

事件是指程序得以运行的触发器（如 Button 的 click 事件等）。当用户与 Web 窗体进行交互的时候就会产生事件，可对事件进行编程以对其作出响应。服务器端事件可以访问服务器端资源。

2. ASP.NET 服务器控件的特点

ASP.NET 服务器控件具有如下特点：

- 公共对象模型。ASP.NET 服务器控件是基于公共对象模型的，因此它们可以相互共享大量属性，这是软件复用思想的体现。例如，Label 控件和 Button 控件都有设置背景颜色的属性，它们都使用同一属性 BackColor。
- 保存视图状态。传统的 HTML 元素是无视图状态的。而当页面在服务器端和客户端之间来回传送时，服务器控件会自动保存视图状态。
- 数据绑定模型。ASP.NET 服务器控件为使用多种数据源提供了方便，可以快速实现数据绑定和访问，大大简化了动态网页的创建过程。
- 用户定制。ASP.NET 服务器控件为网页开发者提供了多种机制来定制自己的页面，例如可以通过设置服务器控件的 CSS 属性来设置其外观。
- 配置文件。服务器控件在 Web 应用程序级别上可通过 web.config 文件对程序进行配置，这使得开发人员可对程序的行为进行统一的控制或改变，而无须对应用程序本身进行重新编译或修改。
- 创建浏览器特定的 HTML。当浏览器申请某个页面时，服务器控件会确定浏览器的类型然后生成适合该浏览器显示的 HTML 代码。

4.2 文本输入控件

4.2.1 Label 控件

Label 控件用于显示无须用户编辑的文本，以此来标识窗体上的对象。下面演示 Label 控件的使用方法。

① 向窗体中添加一个 Label 控件。

②选中 Label 控件，在右下角的属性窗口中设置相应的属性。

- 在属性 ID 中设置该控件的标识符 tel，在编程时通过 tel 可对该控件进行引用。
- 在属性 Text 中设置需要显示的文本：手机。
- 设置字体大小及颜色： 设置 Font 属性 size 为 small，设置 ForeColor 属性为蓝色。

设置后的窗体界面图 4-1 所示，可通过运行该应用程序来查看结果。

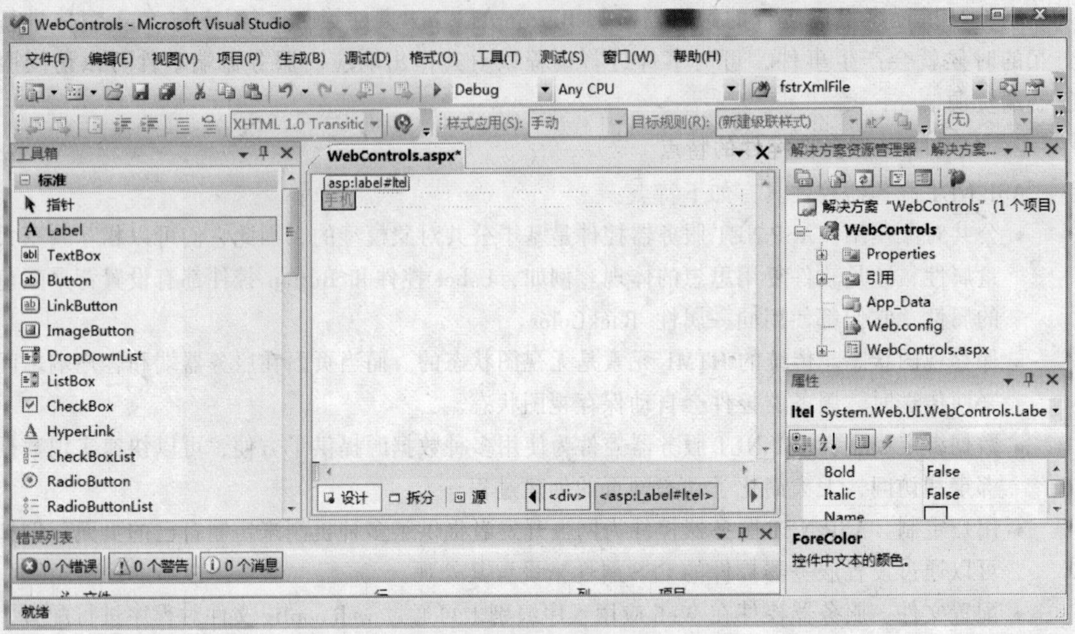

图 4-1 Label 控件窗体界面

4.2.2 TextBox 控件

TextBox 控件用于获取用户输入或显示的文本，它通常用于可编辑文本，不过也可以设置为只读控件。可以通过控件相应的属性设置文本框的显示行数、控件大小及最大显示文本长度等内容。TextBox 控件仅允许在其中显示或输入的文本采用同一种格式。下面在 4.2.1 节例子的基础上进一步演示文本框的使用方法。

① 向窗体中添加一个 TextBox 控件。

② 选中 TextBox 控件，在右下角的属性窗口中设置相应属性。

- 在属性 ID 中设置该控件的标识符 tel，在编程时通过 tel 可对该控件进行引用。
- 设置属性 MaxLength 为 11，保证输入的手机号码长度不超过 11 位。

设置后的窗体界面图 4-2 所示，可通过运行该应用程序来查看结果。

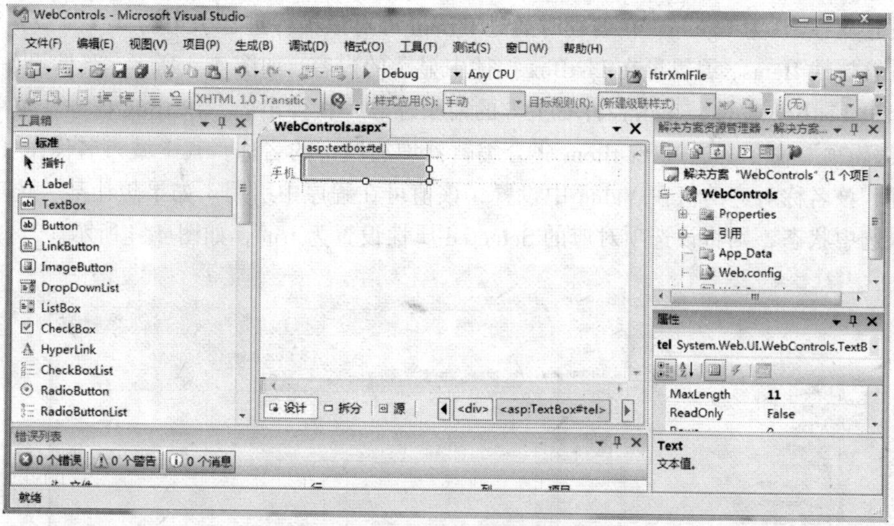

图 4-2　TextBox 控件窗体界面

程序运行界面如图 4-3 所示。

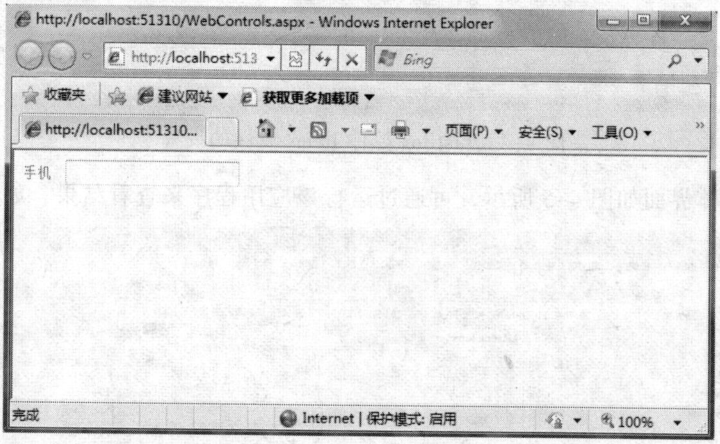

图 4-3　Label 控件和 TextBox 控件的运行界面

4.2.3　ListBox 控件

ListBox 控件用于显示一个选项列表，用户可从中选择一项或多项。如果选项总数超出可以显示的项数，则 ListBox 控件会自动添加滚动条。下面的例子演示了 ListBox 控件的用法。

① 向窗体中添加一个 ListBox 控件。

② 选中 ListBox 控件，在右下角的属性窗口中设置相应属性。

- 设置属性 ID 为 jiguan，在编程时通过 jiguan 可对该控件进行引用。
- 设置属性 Items，编辑可在 ListBox 控件中显示的内容，如图 4-4 所示。具体操作方式为：选中 ListBox 控件，单击控件右上方的箭头标志，在弹出的“ListBox 任务”菜单中选择“编辑项”命令。通过 ListItem 集合编辑器增加城市的名称，其中城市名称在 Text 中设置，该名称对应的值在 Value 中设置，该值可在程序中引用。如果想让某一选项处于默认选中状态，则将该选项对应的 Selected 属性设置为 true，如图 4-4 所示。

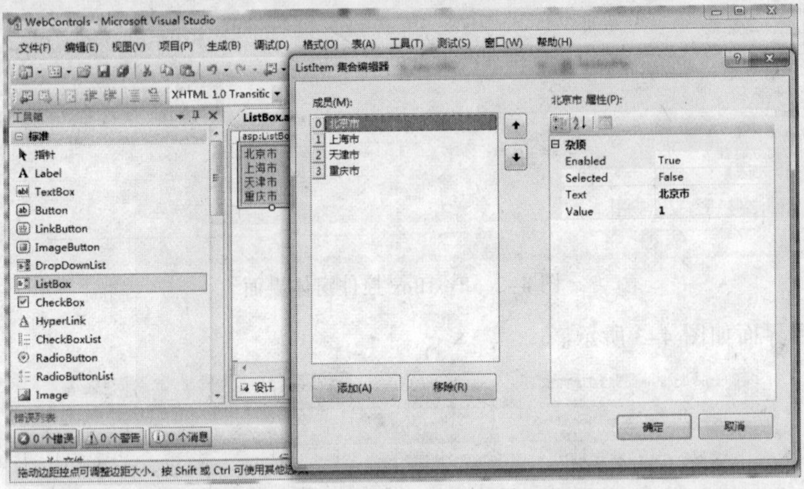

图 4-4　ListBox 控件 Items 属性的设置

设置后的窗体界面如图 4-5 所示，可通过运行该应用程序来查看结果，如图 4-6 所示。

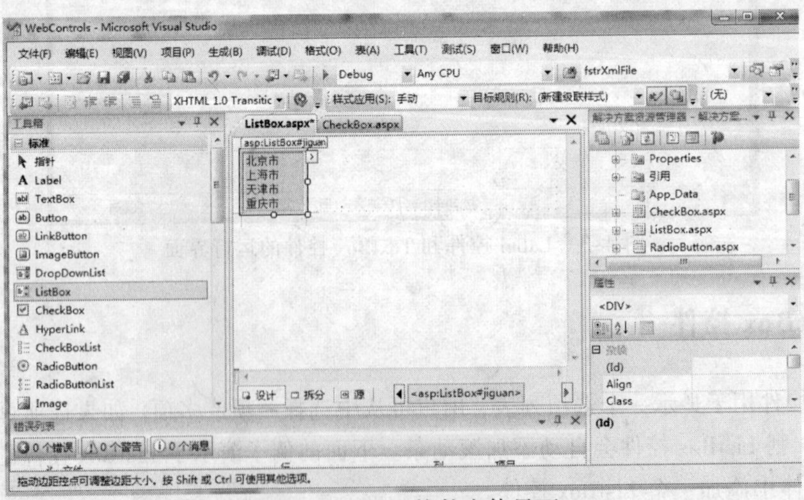

图 4-5　ListBox 控件窗体界面

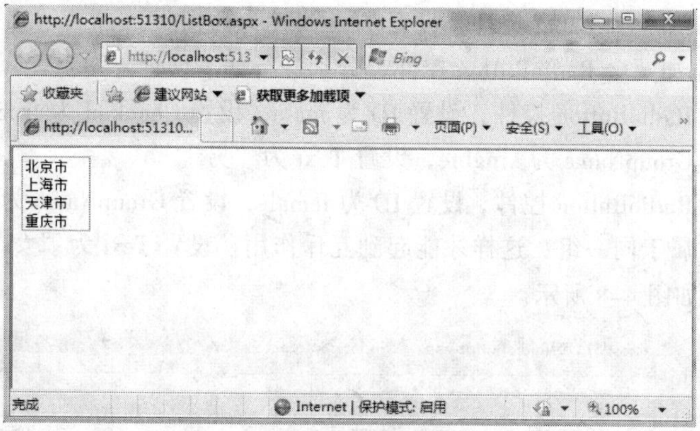

图 4-6　ListBox 控件运行界面

4.3　选 择 控 件

4.3.1　RadioButton 控件

RadioButton 控件为用户提供由两个或多个互斥选项组成的选项组。当用户选择某个单选按钮时，同一组中的其他选项不能被同时选中。RadioButton 的示例如图 4-7 所示。

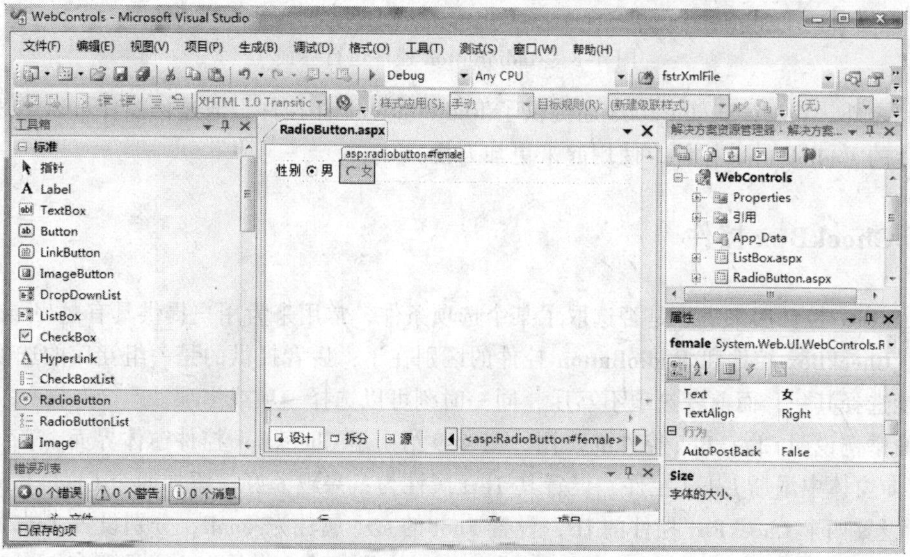

图 4-7　RadioButton 控件窗体界面

① 向窗体中添加一个 Label 控件，设置 Text 属性为性别。

② 向窗体中添加两个 RadioButton 控件，分别进行如下设置。

- 对于第一个 RadioButton 控件，设置 ID 为 male，设置 Checked 为 true，表示默认为选中状态，设置 GroupName 为 xingbie，设置 Text 为“男”。
- 对于第二个 RadioButton 控件，设置 ID 为 female，设置 GroupName 为 xingbie，和第一个 RadioButton 属于同一组，这样才能起到互斥作用。设置 Text 为“女”。

程序运行界面如图 4-8 所示。

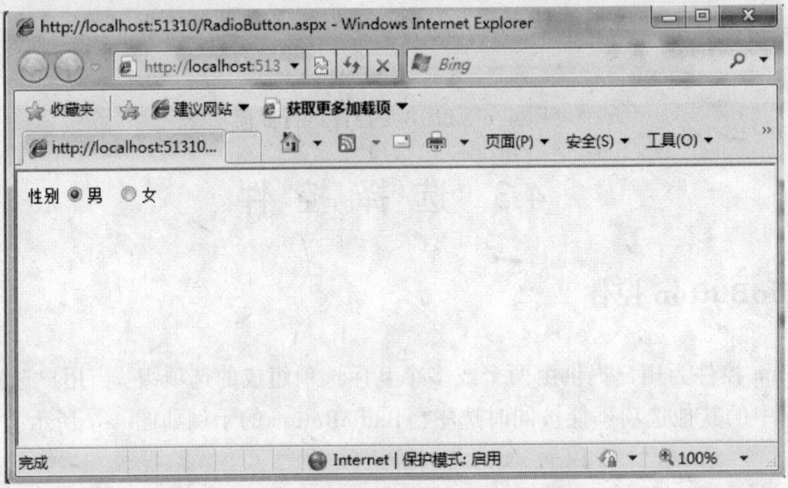

图 4-8　RadioButton 控件运行界面

除此之外，Visual Studio 2008 还提供了 RadioButtonList 控件，通过该控件可以迅速地添加一组互斥的 RadioButton 控件，使用起来更加方便。

4.3.2 CheckBox 控件

CheckBox 控件用来表示是否选取了某个选项条件，常用来为用户提供具有是/否或真/假值的选项。CheckBox 控件和 RadioButton 控件的区别在于：后者提供的是一组互斥的选项，同一时刻只能选择其一；而前者选项不互斥，同一时刻可以选择一项或多项。

下面举例说明 CheckBox 控件的使用，图 4-9 给出了 CheckBox 控件窗体界面，

① 向窗体中添加 Label 控件，设置其 Text 属性为：兴趣爱好；添加四个 CheckBox 控件。

② 设置四个 CheckBox 控件的 ID，设置 Font 的 size 属性为 small，分别设置 Text 属性为：篮球、舞蹈、足球和魔术，如果希望某个 CheckBox 控件处于选中状态，可设置其 Checked 属性为 true。

图 4-9　CheckBox 控件窗体界面

如果将四个 CheckBox 控件的 Checked 属性都设置为 true，则运行结果如图 4-10 所示。

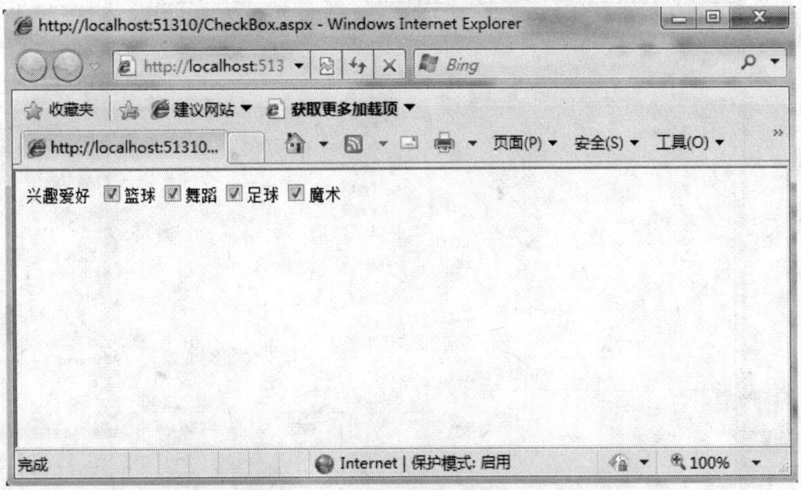

图 4-10　CheckBox 控件运行界面

除此之外，Visual Studio 2008 还提供了 CheckBoxList 控件，通过该控件可以迅速地添加一组 CheckBox 控件，使用起来更加方便。

4.3.3 DropDownList 控件

DropDownList 控件以下拉列表的形式提供对一组对象的选择，且只能选择其中一个对象。DropDownList 控件的优点是使得程序界面更加紧凑简洁。下面举例说明 DropDownList 控件的使用。

① 向窗体中添加 Label 控件，设置其 Text 属性为籍贯；添加一个 DropDownList 控件。

② 设置 DropDownList 控件的 Items 属性，在弹出的 ListItem 集合编辑器中设置需要显示的内容：Text 属性设置要显示的文本，Selected 属性设置该内容是否处于选中状态，Value 属性设置文本对应的属性值，该值可以在程序中引用，用于选择列表选项。例如，在 ListItem 集合编辑器中输入北京市、上海市、天津市等城市，并把北京市选项的 Selected 属性设置为 true，表示默认选中状态。图 4-11 给出了 DropDownList 控件窗体界面。

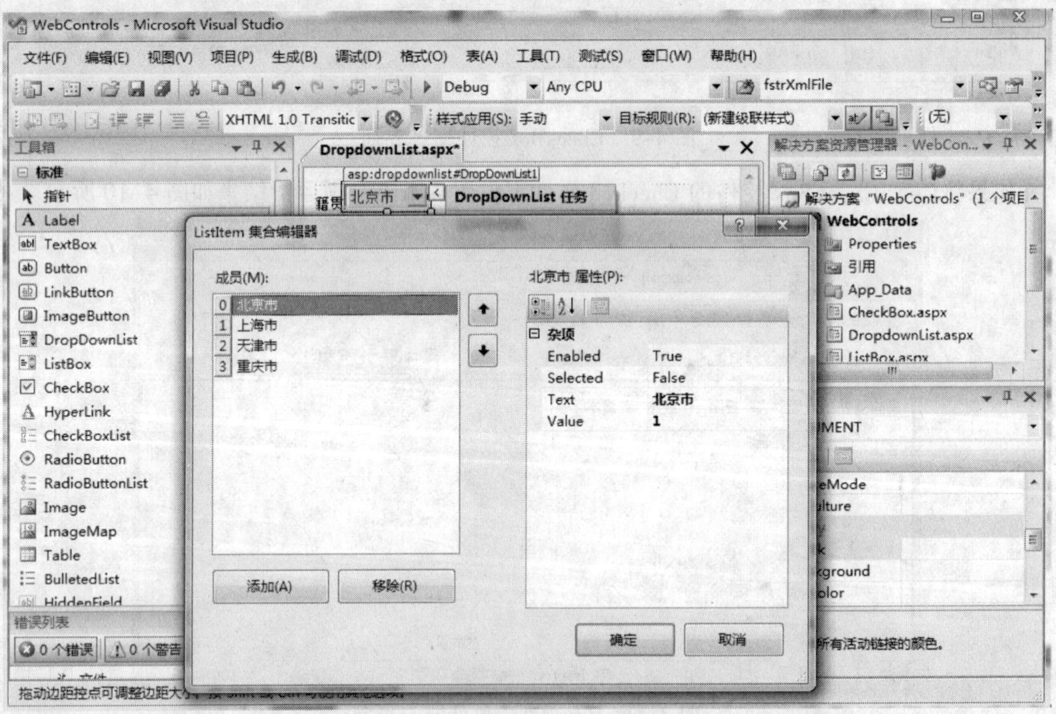

图 4-11 DropDownList 控件窗体界面

DropDownList 控件的运行界面如图 4-12 所示。

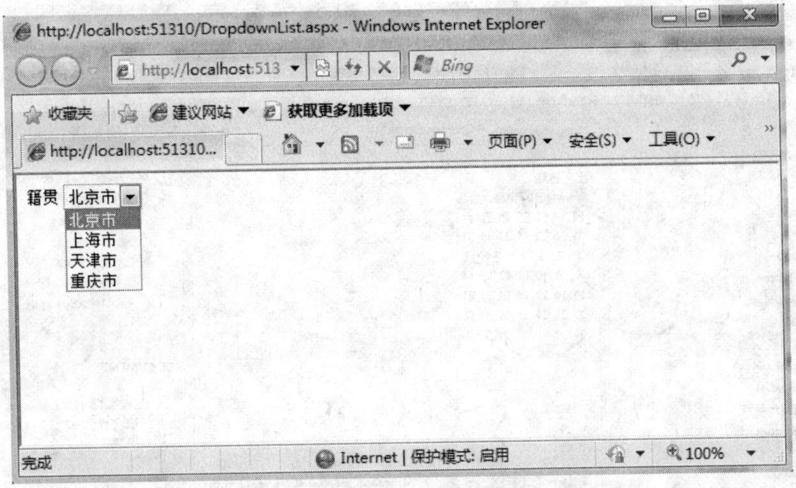

图 4-12 DropDownList 控件运行界面

在本章中，ListBox 和 DropDownList 都用来作为显示籍贯信息的控件。两者的区别在于：ListBox 控件将所有信息都展示出来，一目了然，但占用页面空间较多；DropDownList 控件将信息折叠起来，占用页面空间较少，但需要下拉才能看到所有信息。

4.3.4 Calendar 控件

Calendar 控件是日历控件，用于选择日期。下面举例说明该控件的使用。

① 添加一个 Label 控件，设置其 Text 属性为出生日期；添加一个 TextBox 控件，设置其 ID 为 birthdate，设置其 ReadOnly 属性为 true；添加一个 Calendar 控件。

② 设置 Calendar 控件的 ID 为 Calendar1，设置 Font 属性的 size 为 small，设置 Calendar 控件的 SelectionChanged 事件，双击进入，添加如下代码：

```
protected void Calendar1_SelectionChanged(object sender, EventArgs e)
{
  birthdate.Text=Calendar1.SelectedDate.ToShortDateString();
}
```

该段代码的作用是把在日历中选中的日期显示在 TextBox 控件中，设置 TextBox 控件为只读格式的目的是只能通过 Calendar 日历来输入，而不能手动编辑。Calendar 控件的窗体界面如图 4-13 所示。

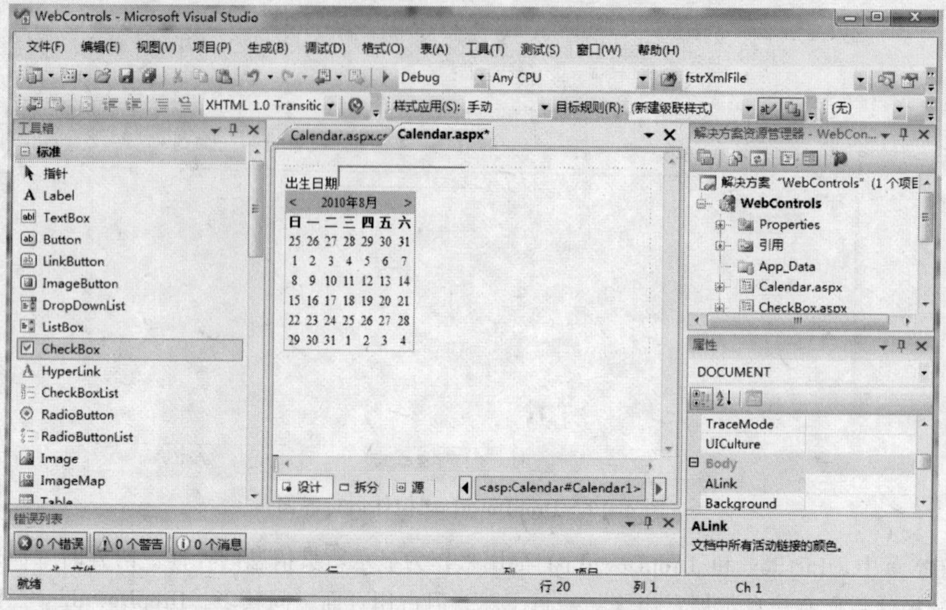

图 4-13 Calendar 控件窗体界面

Calendar 控件的运行界面如图 4-14 所示。

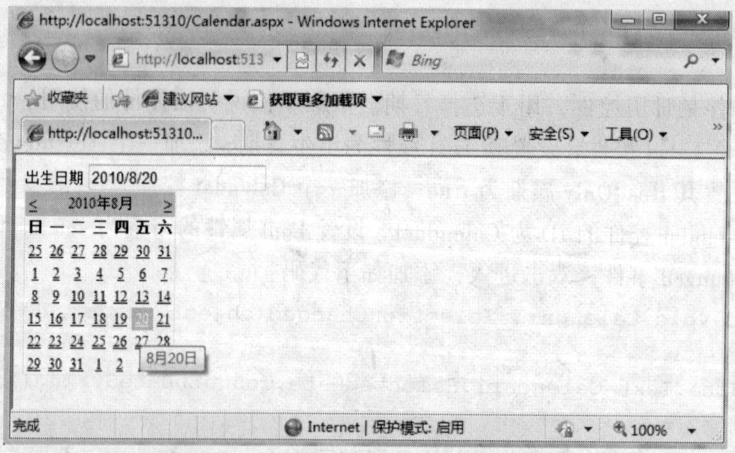

图 4-14 Calendar 控件运行界面

当选择日历上的日期时，该日期会自动显示在 TextBox 控件中，且内容不可编辑。不可编辑的目的是日期只能通过 Calendar 控件输入，而不能随便输入。在图 4-14 所示的界面中，Calendar 控件直接显示在 TextBox 控件下方，占用页面较多，为美观起见，可在 TextBox 控件右侧添加一个按钮控件，当单击按钮控件时 Calendar 控件才弹出，以使页面更加美观。

4.4 按 钮 控 件

4.4.1 Button 控件

Button 控件是读者最为熟悉的一个控件，Button 控件允许用户通过单击来执行操作。下面举例说明 Button 控件的使用。4.3.4 节提到，为了使页面显示更加美观，可以通过单击 Button 控件来弹出 Calendar 控件，下面说明如何实现该功能。

① 按照 4.3.4 节的方法，在窗体上添加 Label 控件、TextBox 控件和 Calendar 控件。不同之处在于 Calendar 控件的 Visible 属性初始化为 false，以使 Calendar 控件在初始状态下不可见。

② 添加一个 Button 控件，ID 为 Button1，设置 Button 控件的 Text 属性为“日历”，双击 Button 控件，添加如下代码：

```
protected void Button1_Click(object sender, EventArgs e)
{
   Calendar1.Visible = true;
}
```

③ 设置 Calendar 控件的 SelectionChanged 事件，双击进入，添加如下代码：

```
protected void Calendar1_SelectionChanged(object sender, EventArgs e)
{
   birthdate.Text=Calendar1.SelectedDate.ToShortDateString();
   Calendar1.Visible=false;
}
```

Button 控件的窗体界面如图 4-15 所示。

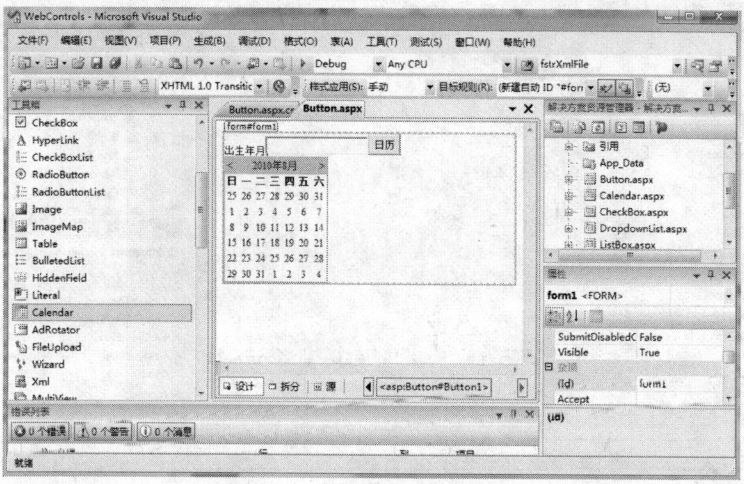

图 4-15 Button 控件的窗体界面

运行该程序，由于日历控件的 Visible 属性为 false，所以页面一开始不显示日历控件。当单击 Button 按钮时，将触发 Button 控件的 Button1_Click()事件，使 Calendar 控件显示出来，结果如图 4-16 所示。在日历控件上选择日期后，会触发日历控件的 SelectionChanged 事件，其结果是将日期显示在 TextBox 控件中，同时隐藏日历控件。

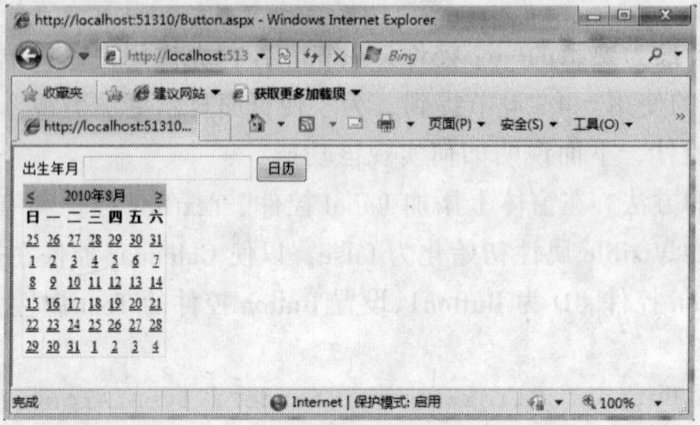

图 4-16　Button 控件的运行界面

4.4.2　LinkButton 控件

LinkButton 控件是在网页上显示具有超级链接样式的按钮控件。该控件的外观与 HyperLink 控件相同，但其功能与 Button 控件一样。下面举例说明 LinkButton 控件的使用，如图 4-17 所示。

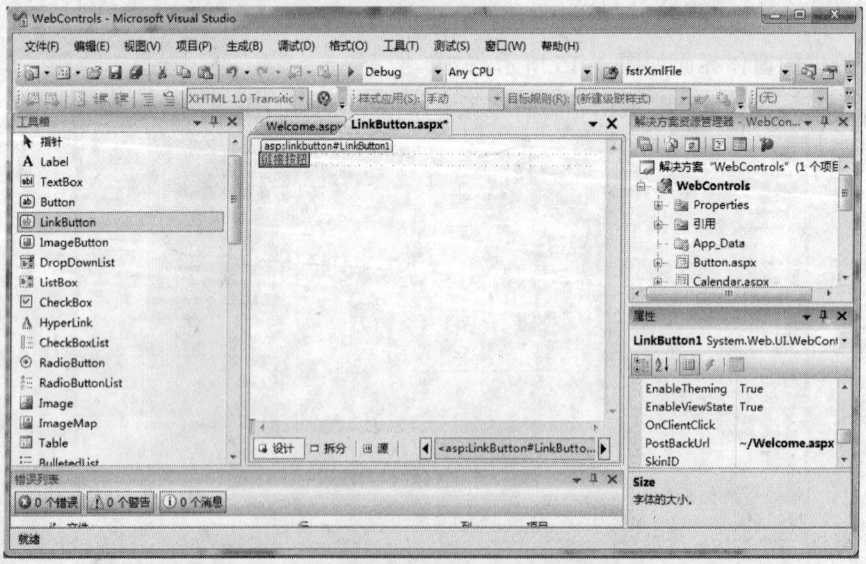

图 4-17　LinkButton 控件的窗体界面

① 在窗体上添加 LinkButton 控件，ID 为 LinkButton1；在程序中添加一个 Web 窗体页面，命名为 Welcome.aspx，且在 Welcome.aspx 文件中输入文字"welcome to Beijing!"。

② 在 LinkButton 控件的 Text 属性中设置"链接按钮"；在 PostBackUrl 属性中选择 Welcome.aspx 页面。

运行该程序，单击 LinkButton 控件，页面会跳转到 Welcome.aspx，显示"Welcome to Beijing!"，如图 4-18 所示。

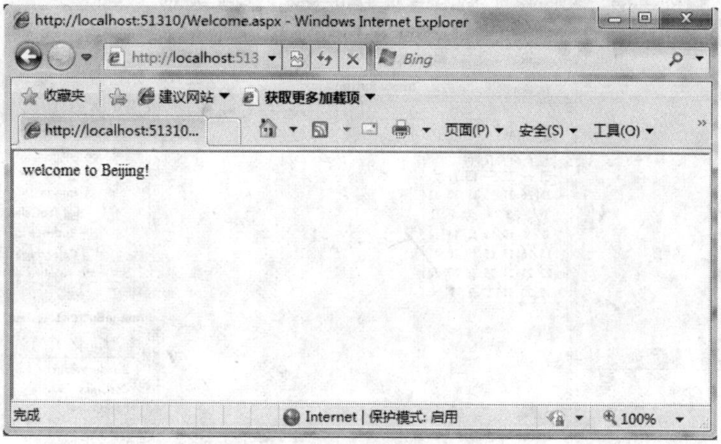

图 4-18　LinkButton 控件的运行界面

4.4.3　ImageButton 控件

ImageButton 控件是显示图像并对图像上的鼠标单击作出响应的控件。下面说明如何通过单击 ImageButton 控件来弹出 Calendar 控件，如图 4-19 所示。

① 在程序中新建文件夹 Image。方法为：右击解决方案资源管理器中的项目名称，在弹出的菜单中选择"添加"→"文件夹"命令。最后将显示在 ImageButton 控件中的图片放入 Image 文件夹中。

② 按照 4.3.4 节的方法，在窗体上添加 Label 控件、TextBox 控件和 Calendar 控件。不同之处在于 Calendar 控件的 Visible 属性初始化为 false，以便 Calendar 控件在初始状态下不可见。

③ 添加一个 ImageButton 控件，ID 为 Button1，设置 ImageButton 控件的 ImageUrl 属性为在步骤①中添加的图片。双击 ImageButton 控件，添加如下代码：

```
protected void ImageButton1_Click(object sender,ImageClickEventArgs e)
{
   Calendar1.Visible=true;
}
```

④ 设置 Calendar 控件的 SelectionChanged 事件，双击进入，添加如下代码：

```
protected void Calendar1_SelectionChanged(object sender, EventArgs e)
{
  birthdate.Text=Calendar1.SelectedDate.ToShortDateString();
  Calendar1.Visible=false;
}
```

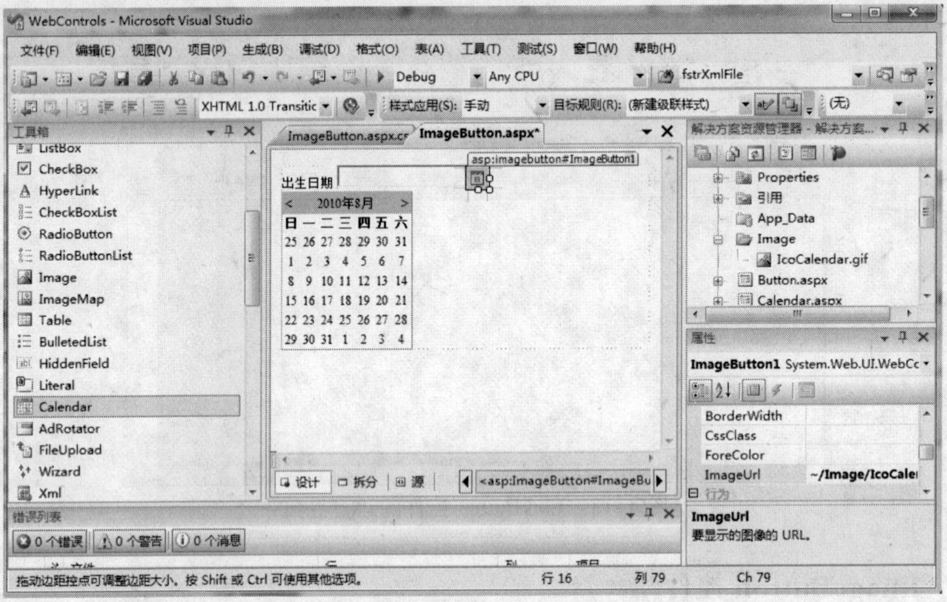

图 4-19 ImageButton 控件的窗体界面

运行该程序，结果如图 4-20 所示。

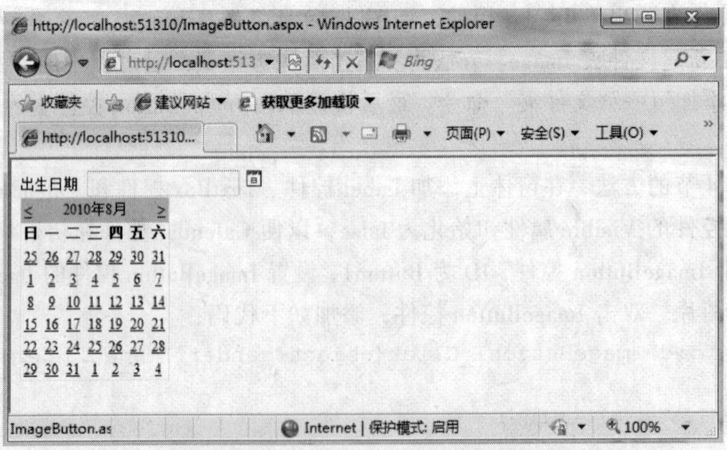

图 4-20 ImageButton 控件的运行界面

4.5 导 航 控 件

4.5.1 SiteMapPath 控件

SiteMapPath 控件用于显示一个导航路径。此路径为用户显示当前页的位置，并显示返回到主页的路径链接。SiteMapPath 控件包含来自网站图的导航数据，这些数据包括有关网站中的网页信息，例如 URL、标题、说明以及在导航层次结构中的位置等。创建网站图最简单的方法是创建一个名为 web.sitemap 的 XML 文件，按网站的分层形式组织网页。此网站图由 ASP.NET 的默认网站图提供程序自动选取。web.sitemap 文件必须位于应用程序的根目录中。下面举例说明 SiteMapPath 控件的使用。

① 在程序中添加站点地图文件（*.sitemap 文件），名称为 web.sitemap，并编辑该 XML 文件。该 XML 文件包含首页 Default.aspx，首页中包含有二级导航页面"服务"，对应于 Services.aspx 文件，二级导航目录下是三级导航页面"培训"，对应于 Training.aspx 文件。内容如下：

```
<siteMap xmlns="http://schemas.microsoft.com/AspNet/SiteMap-File-1.0" >
  <siteMapNode title="首页" description="Home" url="~/Default.aspx" >
    <siteMapNode title="服务" description="提供的服务功能"
      url="~/Services.aspx">
        <siteMapNode title="培训" description="培训信息"
      url="~/Training.aspx" />
    </siteMapNode>
  </siteMapNode>
</siteMap>
```

② 在程序的根目录下分别添加 Services.aspx、Training.aspx 文件。在 Default.aspx、Services.aspx、Training.aspx 文件中分别添加 SiteMapPath 控件，会发现该控件自动显示出导航信息。分别运行 Services.aspx、Training.aspx 文件，界面如图 4-21 和图 4-22 所示。

当单击 SiteMapPath 控件中的"首页"链接时，页面将跳转到 Default.aspx 中，当单击图 4-22 所示的 SiteMapPath 控件中的"服务"链接时，页面将跳转到 Services.aspx 中。

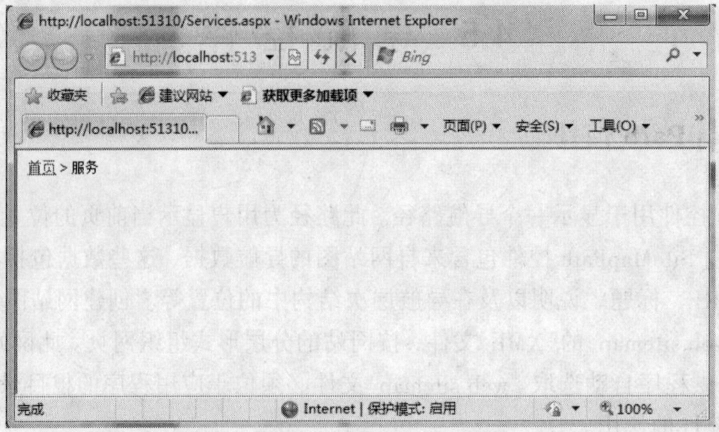

图 4-21　SiteMapPath 控件二级导航页面

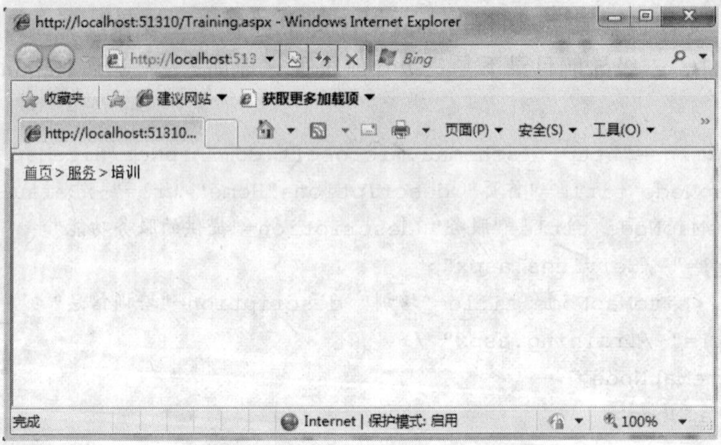

图 4-22　SiteMapPath 控件三级导航页面

4.5.2 Menu 控件

Menu 控件也是一种导航控件，用于显示应用程序的自定义菜单。Menu 控件有静态模式和动态模式两种显示模式。静态模式的菜单项（命令）始终是完全展开的，在这种模式下，设置 StaticDisplayLevels 属性指定显示菜单的级别，如果菜单的级别超过了 StaticDisplayLevels 属性指定的值，则把超过的级别自动设置为动态模式显示。动态模式需要响应用户的鼠标事件才在父结点上显示子菜单项，MaximumDynamicDisplayLevels 属性指定动态菜单的显示级别，如果菜单的级别超过了该属性指定的值，则不显示超过的级别。下面举例说明 Menu 控件的使用。

① 在程序中添加 Menu 控件，单击 Menu 任务栏上的“编辑菜单项”选项，在弹出的菜单

项编辑器中输入菜单项，其中 Text 属性为菜单中显示的文本，NavigateUrl 属性为该文本的导航 URL，Target 属性设定该 URL 打开的方式，如图 4-23 所示。

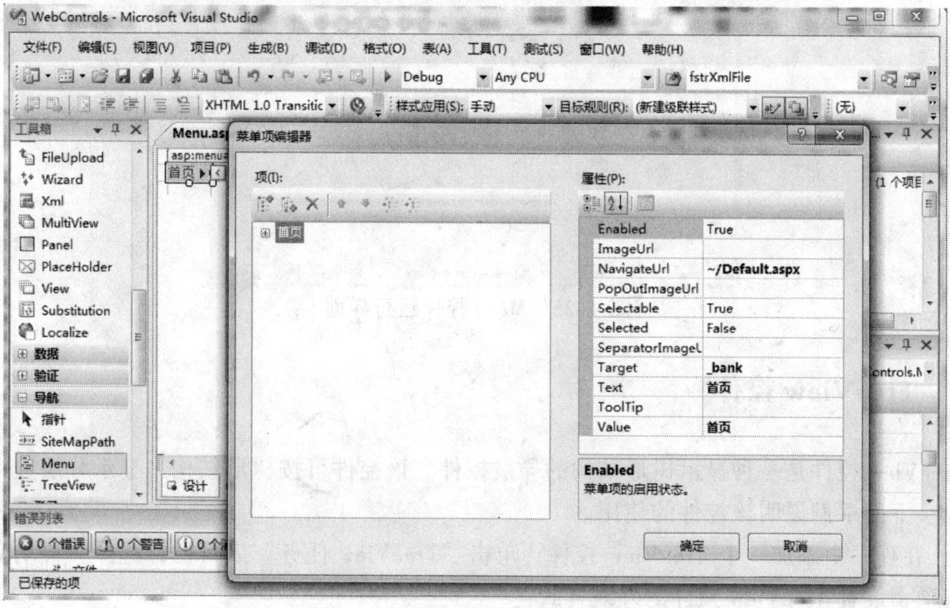

图 4-23　Menu 控件窗体界面

② 单击 Menu 任务栏上的“自动套用格式”选项，为 Menu 控件选择合适的样式，如图 4-24 所示。

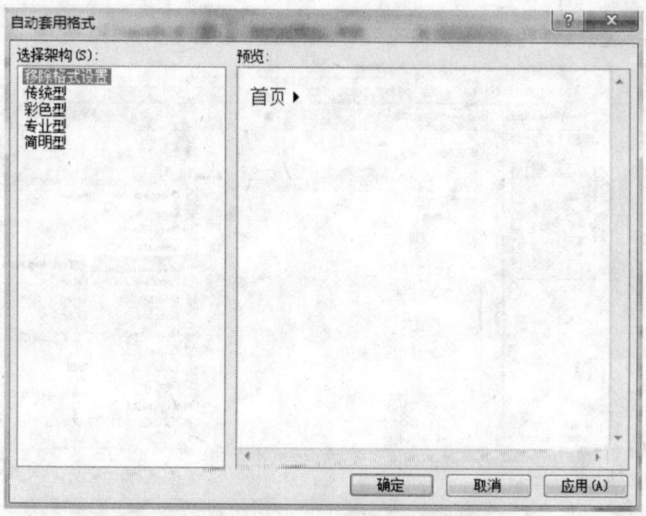

图 4-24　Menu 控件“自动套用格式”界面

程序运行界面如图 4-25 所示。

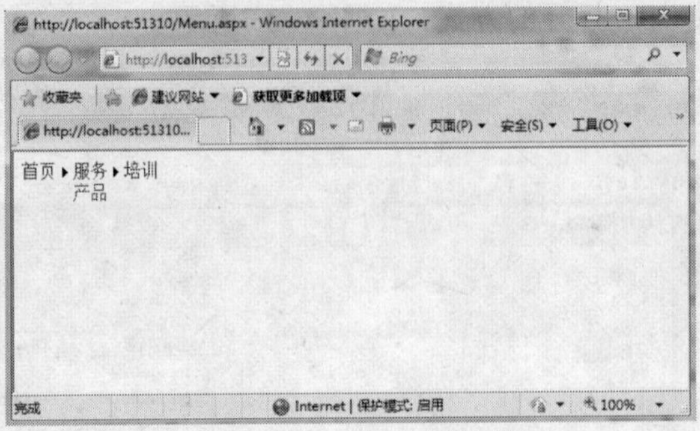

图 4-25 Menu 控件运行界面

4.5.3 TreeView 控件

TreeView 控件是一种显示树形结构的导航控件。该控件可按树形结构来显示分层数据，例如目录。下面举例说明该控件的使用。

① 在程序中添加一个 TreeView 控件，单击“TreeView 任务”工具栏，选择“自动套用格式”选项，设置 TreeView 控件的外观样式。

② 选择“编辑结点”选项，在弹出的 TreeView 结点编辑器中设置 TreeView 控件中要显示的内容。其中 Text 属性为树形空间中显示的文本，NavigateUrl 属性为单击属性控件上的文本时跳转到的 URL 链接，Target 属性决定 URL 链接页面以何种方式打开。TreeView 结点编辑器如图 4-26 所示。

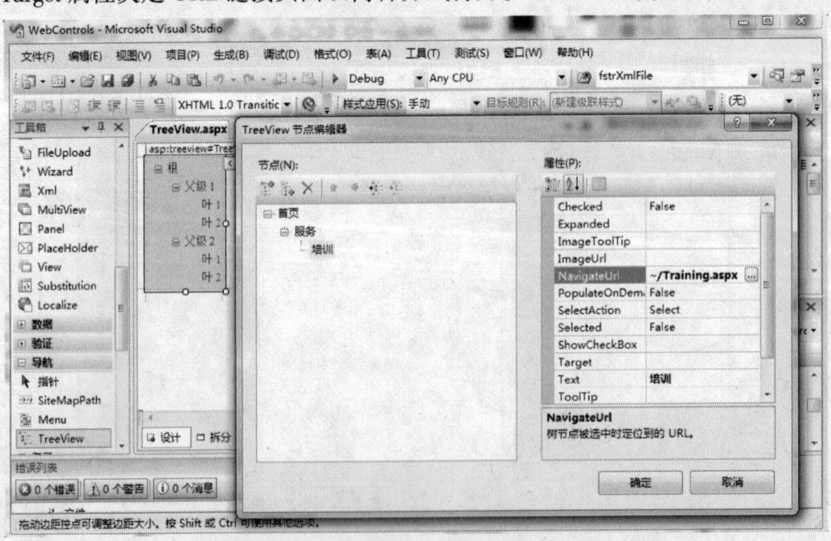

图 4-26 TreeView 控件窗体界面

程序运行界面如图 4-27 所示。

图 4-27　TreeView 控件运行界面

4.6　验 证 控 件

4.6.1　RequiredFieldValidator 控件

RequiredFieldValidator 控件用于保证所验证的字段不为空，下面通过一个例子说明 RequiredFieldValidator 控件的使用方法。

① 在程序中添加一个 Label 控件，设置其 Text 属性为“手机号码”；添加一个 TextBox 控件，设置其 ID 为 tel；添加一个 Button 控件，设置其 Text 属性为“提交”；

② 在 Button 控件后面添加一个 RequiredFieldValidator 控件，设置其 ErrorMessage 属性为“手机号码不能为空！”，设置其 ControlToValidate 属性为“tel”，表示 RequiredFieldValidator 控件实现对 ID 为 tel 的 TextBox 控件的检验，保证 TextBox 控件的内容不为空，如图 4-28 所示。

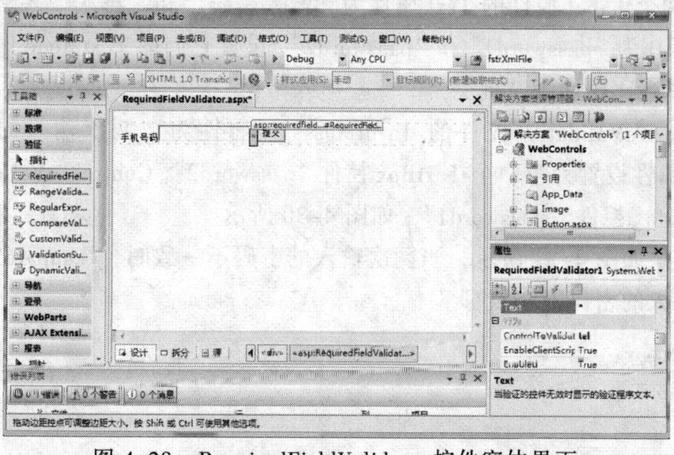

图 4-28　RequiredFieldValidator 控件窗体界面

运行程序，得到如图4-29所示的界面。如果在TextBox控件中不输入任何内容就单击“提交”按钮，则RequiredFieldValidator控件会提示“手机号码不能为空!”。只有TextBox控件中的内容不为空时，RequiredFieldValidator控件才不会出提示信息。

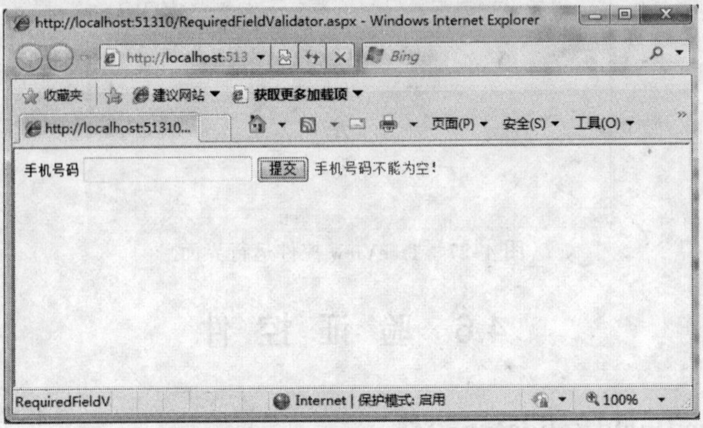

图4-29 RequiredFieldValidator控件运行界面

4.6.2 CompareValidator控件

CompareValidator控件又称做比较验证控件，它用于比较两个控件中输入的信息是否相等。下面举例说明CompareValidator控件的使用。

① 在程序中添加两个Label控件、两个TextBox控件、一个Button控件、一个CompareValidator控件。

② 分别设置两个Label控件的Text属性为“输入密码”和“再次输入密码”，分别设置两个TextBox控件的ID为“password1”和“password2”，设置它们的TextMode属性为“Password”。设置Button控件的Text属性为“提交”。

③ 设置CompareValidator控件的ErrorMessage属性为“两次输入的密码不一致!”；ControlToCompare属性设置为第一个TextBox控件“password2”，ControlToValidate属性设置为须验证的第二个TextBox控件“password1”，如图4-30所示。

程序运行的结果如图4-31所示，当两次输入的密码不一致时，CompareValidator控件给出提示信息“两次输入的密码不一致!”。

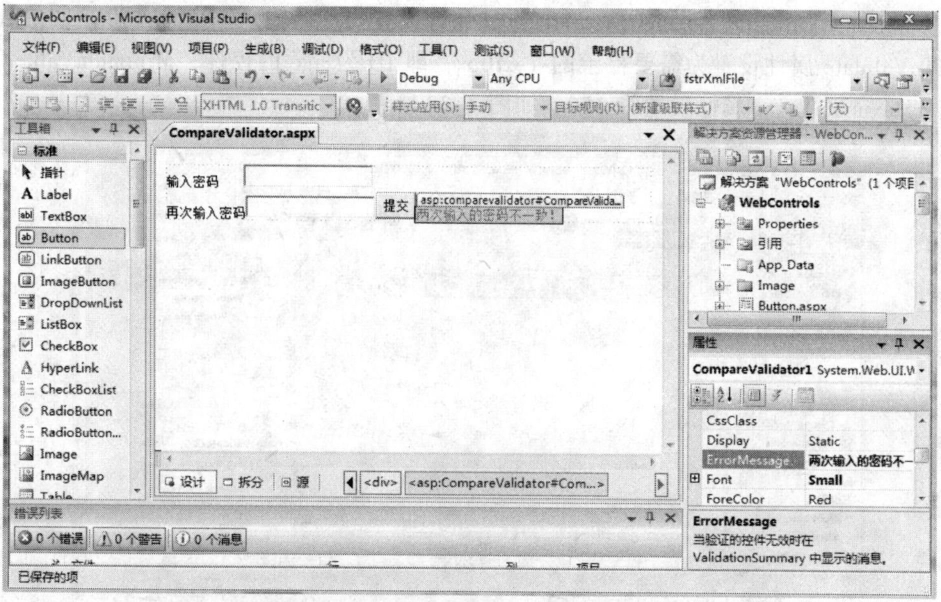

图 4-30　CompareValidator 控件窗体界面

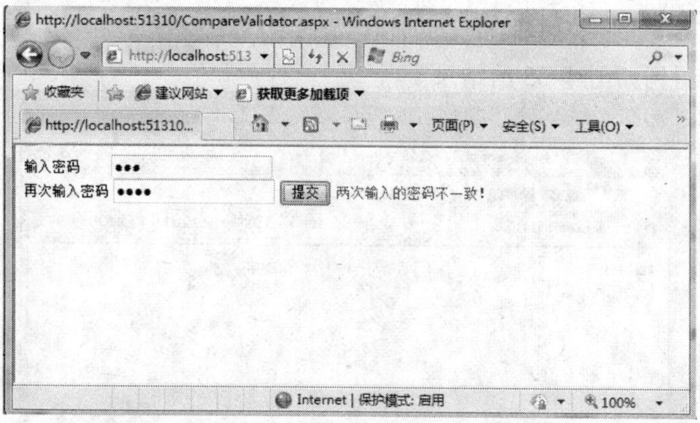

图 4-31　CompareValidator 控件运行界面

4.6.3　RangeValidator 控件

RangeValidator 控件又称做范围验证控件，用于限定用户输入数据的有效范围。下面举例说明 RangeValidator 控件的使用。

① 在程序中添加一个 Label 控件，将其 Text 属性设置为“年龄”；添加一个 TextBox 控件，将其 ID 设置为 age；添加一个 Button 控件，将其 Text 属性设置为“提交”；添加一个 RangeValidator 控件。

② 将 RangeValidator 控件的 ErrorMessage 属性设置为“请输入一个 0-150 之间的数字”；ControlToValidate 属性设置为需要检验的 TextBox，即 ID 为 age 的控件；MinimumValue 属性设置为 0，MaximumValue 属性设置为 150，如图 4-32 所示。

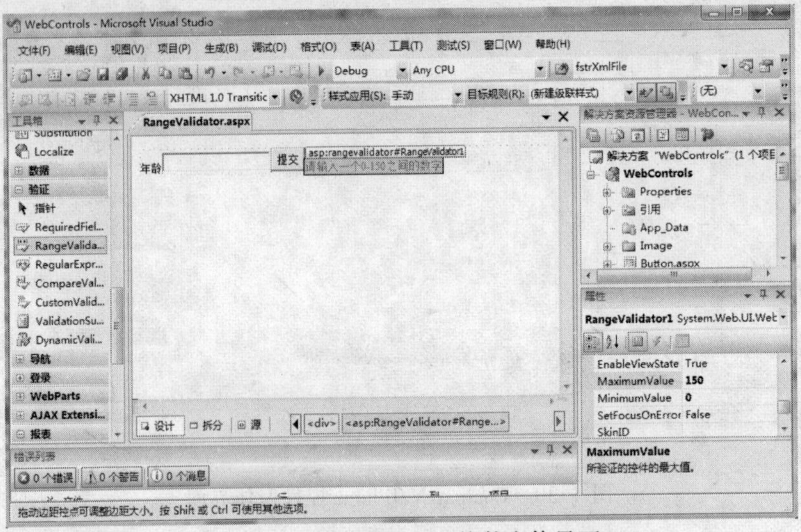

图 4-32 RangeValidator 控件窗体界面

运行该程序，得到如图 4-33 的结果。

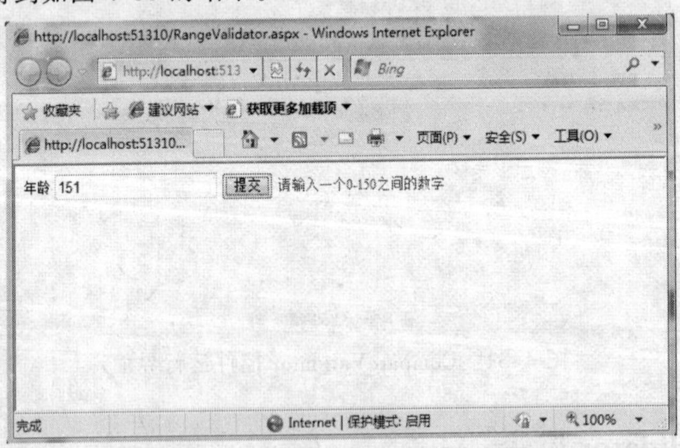

图 4-33 RangeValidator 控件运行界面

4.6.4 RegularExpressionValidator 控件

RegularExpressionValidator 控件又称做正则表达式验证控件，它具有较为灵活的验证方式，可以借助正则表达式的强大功能，实现对复杂字符串的验证功能。下面举例说明

RegularExpressionValidator 控件的使用。

① 向 4.6.1 节的例子中制作的界面再添加一个 RegularExpressionValidator 控件。

② 将 RegularExpressionValidator 控件的 ErrorMessage 属性设置为“请输入正确的手机号码!”，ControlToValidate 属性设置为 ID 为 tel 的 TextBox 控件，ValidationExpression 属性设置为“(13|15)\d{9}”，该正则表达式定义了手机号码的书写规则，如图 4-34 所示。

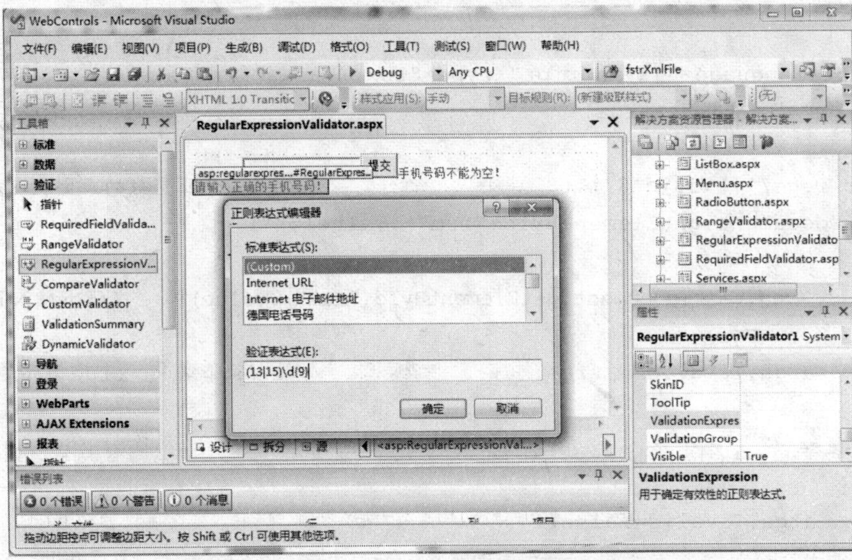

图 4-34　RegularExpressionValidator 控件窗体界面

程序的运行结果如图 4-35 所示。如果输入格式不正确的手机号码，单击“提交”按钮，会显示“请输入正确的手机号码!”提示信息。

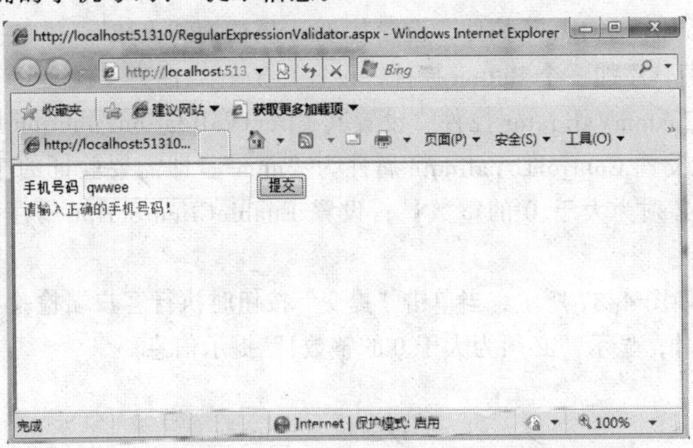

图 4-35　RegularExpressionValidator 控件运行界面

4.6.5 CustomValidator 控件

CustomValidator 控件是一种提供灵活验证方式的控件，它既可以在服务器端验证，也可以在客户端验证。下面举例说明 CustomValidator 控件客户端验证的使用。

① 新建 CustomValidator.aspx 文件，并在其 HTML 代码中添加客户端验证函数，如下所示：

```
<script language="javascript" type="text/javascript">
function click(src,args)
{
  var reg=/^[1-9]\d*$/;                     //定义验证正整数的正则表达式
  if (document.getElementById("num").value!="")
  {
    if (reg.test(document.getElementById("num").value))    //验证输入值
    {
      args.IsValid = true;                  //返回验证结果，true 表示通过验证
    }
    else
    {
      args.IsValid=false;
    }
  }
}
</script>
```

② 在程序中添加一个 Label 控件，设置其 Text 属性为“人数”，添加一个 TextBox 控件，设置其 ID 为“num”，添加一个 Button 控件，设置其 Text 属性为“提交”。

③ 添加一个 CustomValidator 控件，设置其 ClientValidationFunction 属性为“click”，即客户端的函数名；设置 ControlToValidate 属性为“num”，即需要验证的 TextBox 控件；设置 ErrorMessage 为“必须为大于 0 的整数!”；设置 EnableClientScript 属性为 true，如图 4-36 所示。

程序运行界面如图 4-37 所示，当单击“提交”按钮时执行客户端检验。当 TextBox 中输入的内容不是正整数时，显示“必须为大于 0 的整数!”提示信息。

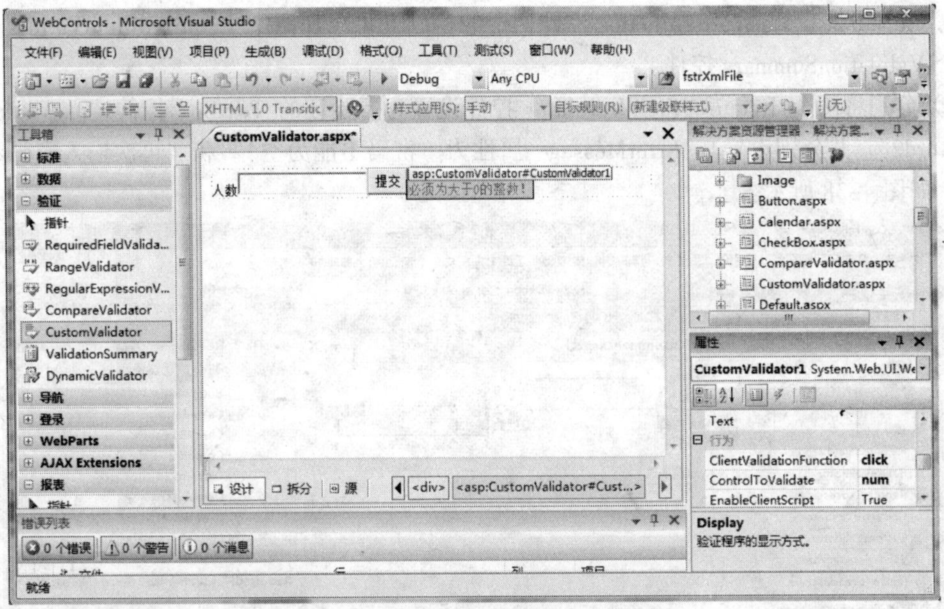

图 4-36　CustomValidator 控件窗体界面

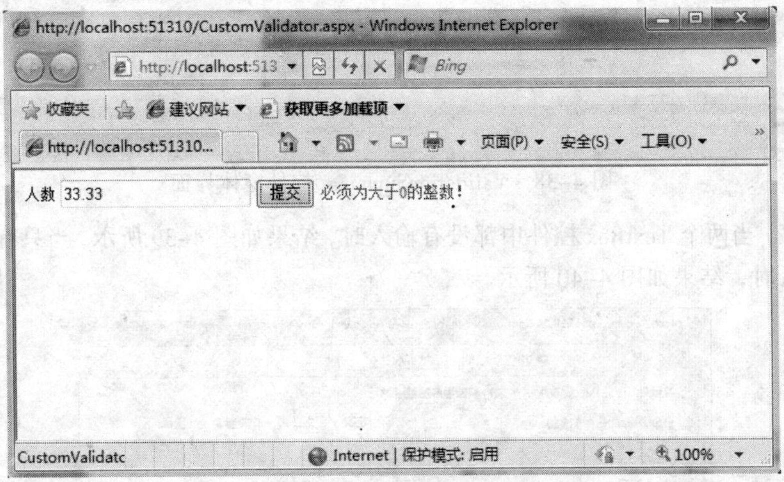

图 4-37　CustomValidator 控件运行界面

4.6.6　ValidationSummary 控件

ValidationSummary 控件又称做验证总结控件，它本身不参与用户输入的验证，只负责收集当前页面的验证错误信息，并进行总结和显示。下面举例说明 ValidationSummary 控件的使用。

① 在 4.6.2 节 CompareValidator 控件例子的基础上再添加两个 RequiredFieldValidator 控件和一个 ValidationSummary 控件。

② 分别将两个 RequiredFieldValidator 控件设置为要验证的 TextBox 控件“password1”和“password2”，并分别设置其 ErrorMessage 属性为“密码不能为空！”和“再次输入密码不能为空！”，如图 4-38 所示。

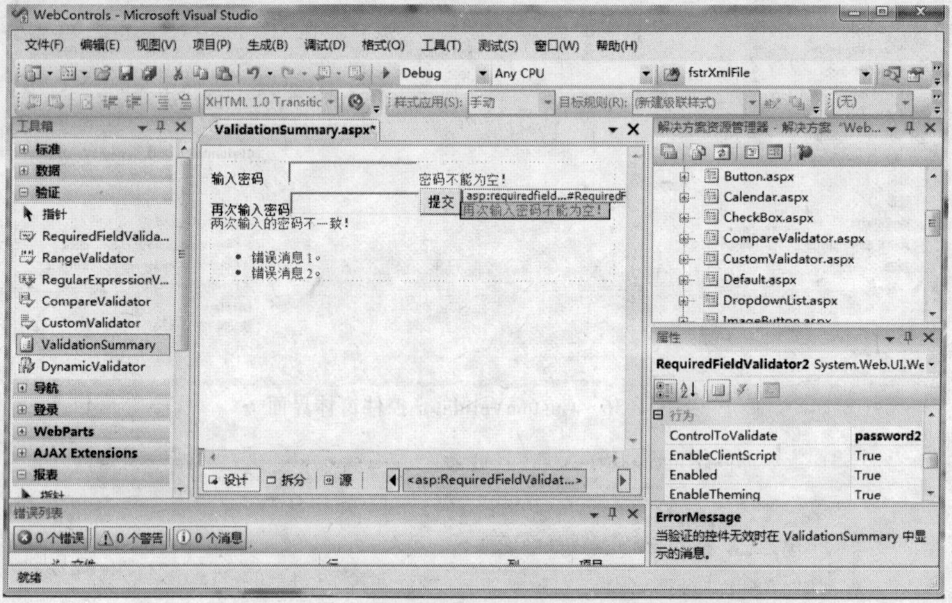

图 4-38 ValidationSummary 控件窗体界面

运行程序，当两个 TextBox 控件中都没有输入时，结果如图 4-39 所示，当只有一个 TextBox 控件中有输入时，结果如图 4-40 所示。

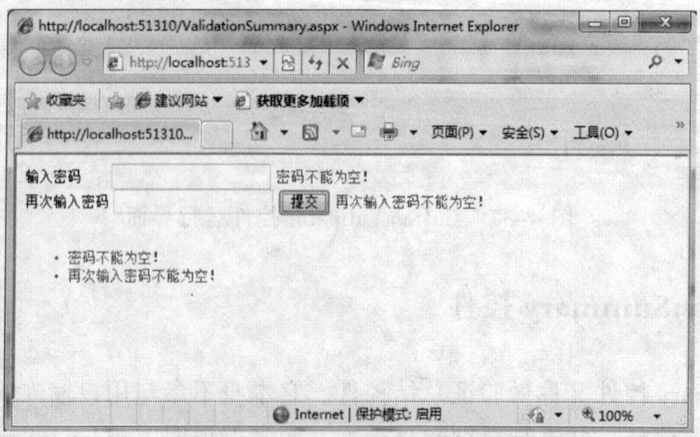

图 4-39 ValidationSummary 控件运行界面

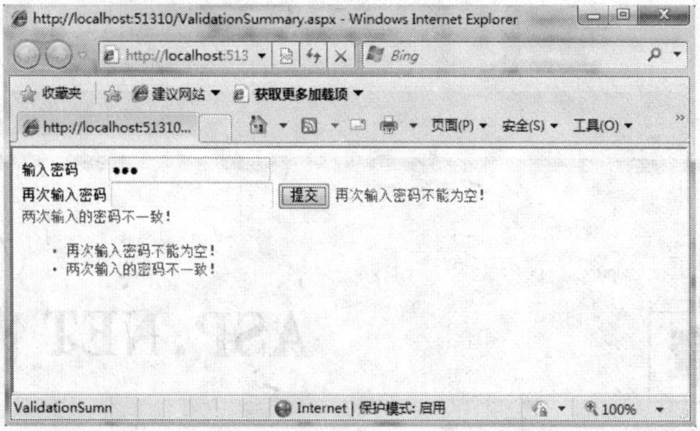

图 4-40　ValidationSummary 控件运行界面

小　结

本章对 ASP.NET 服务器控件进行了详细介绍，这些控件为开发 ASP.NET 应用程序提供了丰富的功能封装，用户可以方便快速地实现 Web 应用程序的开发。在第 7 章中，读者将会综合使用上述控件设计程序界面。除了 ASP.NET 服务器控件外，ASP.NET 还提供了大量的内置对象来实现 Web 应用程序的常用功能，ASP.NET 内置对象将在第 5 章中介绍。

习　题

1. 简述服务器控件的特点。

2. 对于下面的用户输入信息，应该使用什么类型的验证控件？

（1）用户的身份证号码。

（2）用户出生日期格式是否正确。

（3）用户的年龄。

3. 使用服务器控件设计一个增加用户信息页面，对相应的用户信息要用验证控件进行相应的验证，具体的用户信息包括：用户中文姓名、英文姓名、密码、性别、身份证号码、籍贯、入职日期、手机号码、个人简介。

第5章 ASP.NET内置对象

在开发 ASP.NET 应用程序时，有时只依靠服务器控件是不够的，还必须使用 ASP.NET 内置对象。内置对象可以在 ASP.NET 页面上以及页面之间方便地实现获取、输出、传递、保留各种信息的操作，以完成各种复杂的功能，它们是对服务器控件的很好的补充。学习完本章之后，读者就完成了对开发 ASP.NET 应用程序所用到的基本元素的学习。

学习目标

- 理解内置对象的含义。
- 掌握各种内置对象的使用方法。

5.1 ASP.NET 内置对象概述

ASP.NET 提供了七个主要的内置对象，这些对象无须使用关键字 new 来创建，可以在页面中直接使用。通过 ASP.NET 内置对象，在 ASP.NET 页面上以及页面之间可以方便地实现获取、输出、传递、保留各种信息的操作，以完成各种复杂的功能。ASP.NET 内置对象大多都封装在.NET Framework 中，在 ASP.NET 页面初始化时可以自动加载，无须用户自己建立。表 5-1 给出了七种内置对象及其功能说明。

表 5-1 ASP.NET 内置对象及其功能

内置对象名称	功 能 说 明
Page	对 ASP.NET 页面的内容进行处理
Request	获取客户端及服务器端的相关信息
Response	将 HTTP 相应数据及其有关信息发送到客户端
Server	提供一系列与 Web 相关的程序

续表

内置对象名称	功 能 说 明
Session	在服务器的内存中存储客户会话的信息
Cookie	在客户端存储与客户和网站相关的信息
Application	在服务器端存储应用程序须多次访问的信息

5.2 Page 对象

Page 对象由 System.Web.UI.Page 类实现，扩展名为.aspx 的文件在应用程序运行时被编译为 Page 对象并缓存在服务器内存中。表 5-2 和表 5-3 列举了 Page 对象常用的属性和事件。

表 5-2 Page 对象的常用属性

属性名称	功 能 说 明
IsPostBack	获取一个布尔类型的值，该值指示页面是否首次加载和访问，或者该页是否正在为响应客户端回发而加载。第一次加载页面时，该值为 false；再次加载时，该值为 true
Form	获取页的 HTML 窗体
Validator	获取请求的页上包含的全部验证控件的集合

表 5-3 Page 对象的常用事件

事件名称	功 能 说 明
PreInit	在页面初始化开始时发生
Init	当服务器控件初始化时发生；初始化是控件生存期的第一步
InitComplete	在页初始化完成时发生
PreLoad	在页 Load 事件之前发生
Load	当服务器控件加载到 Page 对象中时发生
LoadComplete	在页生命周期的加载阶段结束时发生
PreRender	在加载 Control 对象之后、呈现之前发生
PreRenderComplete	在呈现页内容之前发生
Unload	在服务器控件从内存中卸载时发生
Dispose	在从内存释放服务器控件时发生
DataBinding	当服务器控件绑定到数据源时发生

ASP.NET 页面的执行顺序大致如下：

① 页面初始化，触发 Page_Init()事件。

② 加载页面视图状态 viewstate。viewstate 用来维护控件自身的状态，它是不能被用户访问的。

③ 加载页面，触发 Page_Load()事件。

④ 页面运行时服务器控件引发的事件，如 Button 控件的 Button_Click()事件。

⑤ 页面从内存中卸载，触发 Page_UnLoad()事件。

Page_Init()事件和 Page_Load()事件的区别在于：只有触发 Page_Load()事件才能完全加载控件并进行数据绑定。虽然也可以在 Page_Init()事件中访问控件，但由于此时 viewstate 没有加载，所以此时控件只拥有默认值。对于初学者而言，Page_Init()事件和 Page_UnLoad()事件较少用到，最常用的是 IsPostBack 属性和 Page_Load()事件。

IsPostBack 属性返回一个布尔类型的值（true/false），它表明页面是否首次加载，或者是否为响应客户端回发而加载。当页面是首次加载时，IsPostBack 的值为 true，反之为 false。每当单击 ASP.NET 页面上的 Button 等控件时，表单（Form）就会被发送到服务器上。另外，如果某些控件（如 Dropdownlist）的 AutoPostBack 属性被设置为 true，那么当这些控件的状态改变时，也会将表单传送至服务器（如果 AutoPostBack 属性被设置为 false，则控件状态改变后不会被立刻传送至服务器）。

每次当表单被发送回服务器时，页面会被重新加载并执行 Page_Load()事件。很显然，把页面的初始化代码放在 Page_Load()事件中处理最为合适，如一些控件的数据绑定等工作。当然，有时候我们也希望只在页面第一次加载的时候执行某一些代码（如数据的默认绑定），或者在除首次加载之外的每次加载时来执行，这时就用到了 IsPostBack 属性。下面举例说明 IsPostBack 属性和 Page_Load()事件的应用。

【例 5.1】当页面初次加载时，只显示两个选项：篮球和排球。之后每次在 TextBox 控件中输入内容并按【Enter】键（回车）后，用户把在文本框中输入的内容一起添加为新的复选项。程序运行结果如图 5-1 所示。

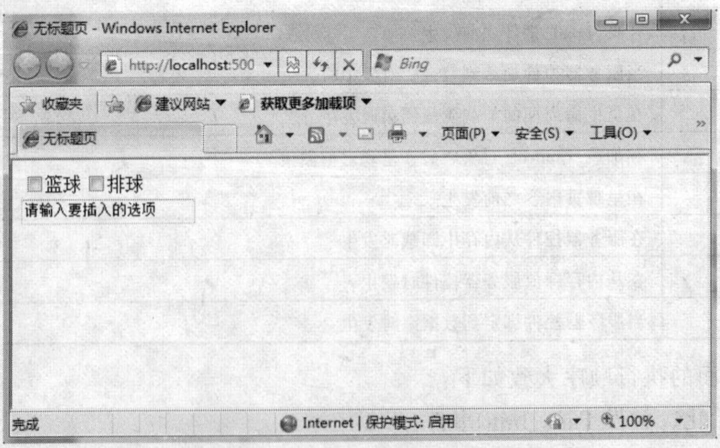

图 5-1　页面第一次加载时的界面

实现步骤如下：

① 在 Visual Stuaio .NET 2008 中新建“ASP.NET Web 应用程序”。

② 在 Web 应用程序的 Web 窗体页（扩展名为.aspx 的页面）中添加一个 CheckBoxList 控件（ID 为 CheckBoxList1）和一个 TextBox 控件（ID 为 TextBox1）。

③ 在窗体页面对应的后台程序的 Page_Load()事件中添加如下代码：

```
protected void Page_Load(object sender,EventArgs e)
{
  if(!Page.IsPostBack)
  {
    TextBox1.Text="请输入要插入的选项";
    CheckBoxList1.Items.Add("篮球");
    CheckBoxList1.Items.Add("排球");
  }
  else
  {
    CheckBoxList1.Items.Add(TextBox1.Text);
  }
}
```

当页面第一次加载时，Page.IsPostBack 属性为 false，所以会执行 if 条件的代码块，此时分别对 TextBox 控件和 CheckBoxList 控件进行初始化，程序运行结果如图 5-1 所示。当在文本框中输入“羽毛球”并回车之后，页面再次加载（需要先设置 TextBox1 的 AutoPostBack 属性为 true），此时执行 else 代码块中的语句。由于服务器控件具有保存视图状态的特性，所以页面第一次加载时添加的数据也会随新输入的数据一起显示，效果如图 5-2 所示。

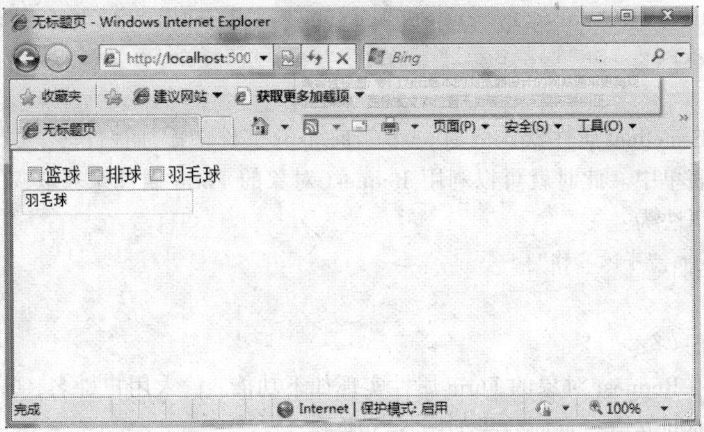

图 5-2　在 TextBox 中输入“羽毛球”回车后加载的界面

5.3 Request 对象

Request 对象是由 System.Web.HttpRequest 类实现的，它常用来获取客户端信息。Request 对象的常用属性如表 5-4 所示。

表 5-4 Request 对象的常用属性

属性名称	功能说明
Form	获取窗体变量的集合
QueryString	获取 HTTP 查询字符串变量集合
ServerVariables	获取 Web 服务器变量的集合
Cookie	获取客户端发送的 Cookie 的集合
Browser	获取或设置有关正在请求的客户端浏览器功能的信息
ClientCertificate	获取当前请求的客户端安全证书

5.3.1 Form 属性

利用 Request 对象的 Form 属性可以获取窗体中的变量。Web 窗体对应的 aspx 文件用来保存诸如 HTML 等页面信息，这里的表单是指 HTML 代码中<form>标记内的内容，格式如下：

```
<form id="form1" runat="server" method="post">
   …
   <asp:Label ID="Label1" runat="server" Text="用户名"></asp:Label>
   <asp:TextBox ID="TextBox1" runat="server"></asp:TextBox>
</form>
```

<form>表单的 method 属性默认值为 post。当向.aspx 文件中添加控件时，大多数控件的 HTML 代码都会显示在表单中。此时就可以利用 Request 对象的 Form 属性来获取 Web 窗体中这些控件或变量的值。语法为：

```
Request.Form["字段名称"];
```

或直接写为：

```
Request["字段名称"];
```

【例 5.2】利用 Request 对象的 Form 属性实现如下功能：输入用户姓名，单击“确定”按钮，显示含有用户名的问候语。页面效果如图 5-3 所示。

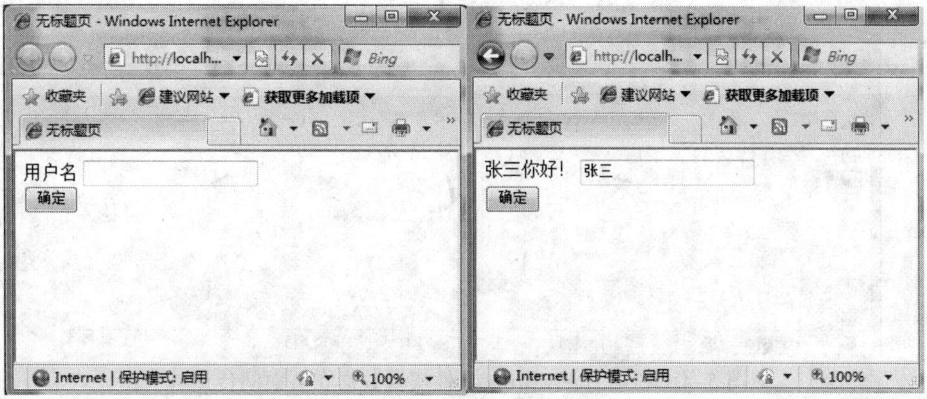

图 5-3　使用 Form 属性传递数据

实现步骤如下：

① 在 Visual Studio .NET 2008 中新建 ASP.NET Web 应用程序。

② 在 Web 应用程序的 Web 窗体页（扩展名为.aspx 的页面）中添加一个 Label 控件（ID 为 Label1）、一个 TextBox 控件（ID 为 TextBox1）和一个 Button 控件（ID 为 Button1）。

③ 在“确定”按钮的 Click 事件中添加如下代码：

```
protected void Button1_Click(object sender,EventArgs e)
{
  Label1.Text=Request.Form["TextBox1"]+"你好！";
}
```

例 5-2 演示了如何使用表单传递数据。当在文本框中输入用户名信息后，单击“确定”按钮，执行 Button1_Click()事件，获取控件 TextBox1 的数据后显示在 Label 控件中。

5.3.2　QueryString 属性

例 5.2 演示的是如何利用表单传递数据，也就是 post 方法。除此之外，还可以利用 UML 来传递数据，即 get 方法。使用 get 方法在页面间传递数据，需要用到 Request 对象的 QueryString 属性。QueryString 属性的使用方法如下：

```
Request.QueryString["字段名称"];
```

【例 5.3】 把页面 request1.aspx 中 TextBox 的内容传递到页面 request2.aspx 中。具体操作如下：当在 request1.aspx 的文本框中输入用户名之后，单击“确定”按钮，弹出页面 request2.aspx，并在页面上显示对输入用户名的问候语。运行界面如图 5-4 所示。

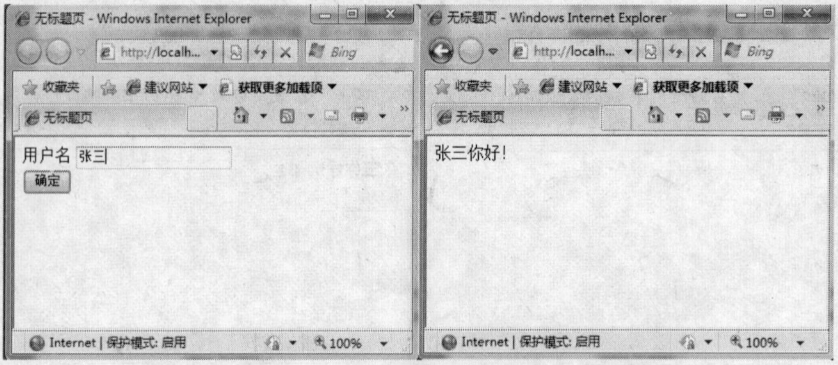

图 5-4 利用 QueryString 属性实现数据在页面间传递

实现步骤如下:

① 在 Visual Studio .NET 2008 中新建“ASP.NET Web 应用程序”。

② 在 Web 应用程序中分别创建 Web 窗体 request1.aspx 和 request2.aspx。在 request1.aspx 中添加一个 Label 控件(ID 为 Label1)、一个 TextBox 控件(ID 为 TextBox1)和一个 Button 控件(ID 为 Button1)。在 request2.aspx 中添加一个 Label 控件(ID 为 Label1)。

③ 在 request1.aspx 中的“确定”按钮的 Click 事件中添加如下代码:

```
protected void Button1_Click(object sender,EventArgs e)
{
   string strurl="request2.aspx?username="+TextBox1.Text;
   Response.Redirect(strurl);
}
```

在 request2.aspx 的 Page_Load 事件中添加如下代码:

```
protected void Page_Load(object sender, EventArgs e)
{
   Label1.Text=Request.QueryString["username"]+"你好! ";
}
```

在 request1.aspx 的页面中输入用户名“张三”并单击“确定”按钮之后(如图 5-4 左半部分所示),将触发 request1.aspx.cs 文件中的 Button1_Click 事件。在该事件中获取了文本框的内容并定义了 URL 字符串。通过该 URL 字符串,并利用 Response.Redirect()方法跳转到页面 request2.aspx。当页面 request2.aspx 加载时,在 Page_Load()事件中通过 QueryString 属性获取 URL 字符串中的“username”值并显示在 Label 控件中,如图 5-4 右半部分所示。

5.3.3 ServerVariables 属性

Request 对象的 ServerVariables 属性用于获取服务器环境变量等内容。服务器环境变量提供了很多服务器和客户端的重要信息。使用 ServerVariables 属性的语法格式如下：

```
Request.ServerVariables["环境变量名称"];
```

常用的环境变量如表 5-5 所示。

表 5-5 常用的服务器环境变量

环境变量名称	含 义 说 明
ALL_HTTP	传送给客户端浏览器的 HTTP 标题内容
APPL_RAW	所有传送给客户端浏览器的原始信息
APPL_MD_PATH	Web 应用程序的相对路径
APPL_PHYSICAL_PATH	Web 应用程序的物理路径
AUTH_PASSWORD	客户认证信息的密码
CONTENT_LENGTH	发送到客户端的文件长度
AUTH_USER	客户认证的用户账号信息
AUTH_TYPE	用户是否有权访问被保护脚本的标识
CONTENT_TYPE	发送到客户端的文件类型
GATEWAY_INTERFACE	服务器端的 CGI 版本
HTTP_ACCEPT_LANGUAGE	服务器端允许使用的语系
HTTP_CONNECTION	服务器端的联机状态
HTTP_HOST	服务器的主机名称
HTTP_USER_AGENT	服务器端使用的 Cookie
HTTP_ACCEPT_ENCODING	服务器端允许使用的编码方式
LOCAL_ADDR	服务器端的 IP 地址
LOGON_USER	当用户在 Windows NT 系统中登录时所记录的客户端信息
QUERY_STRING	使用 URL 传递的数据
REMOTE_ADDR	客户端的 IP 地址
REMOTE_HOST	客户端的主机名称
REQUEST_METHOD	传送 Web 表单数据的方式，可以是 get 或 post
SCRIPT_NAME	当前 ASP.NET 文件的相对路径与文件名称
SERVER_NAME	服务器端的 IP 地址或名称
SERVER_PORT	用 HTTP 进行数据请求时，所用到的服务器端的端口号
SERVER_PROTOCOL	服务器端使用的通信协议
SERVER_SOFTWARE	服务器端使用的软件、版木和名称
URL	URL 的相对网址

【例 5.4】使用 Request 对象的 ServerVariables 属性获取服务器环境变量并显示在浏览器中。页面效果如图 5-5 所示。

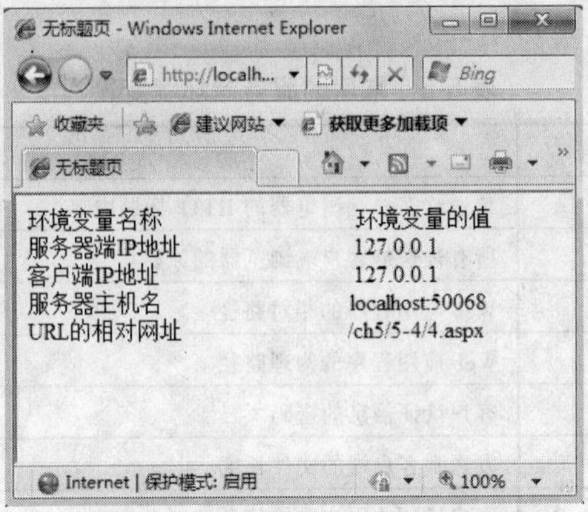

图 5-5　获取服务器环境变量

实现步骤如下：

① 在 Visual Studio .NET 2008 中新建 ASP.NET Web 应用程序。

② 在 Web 应用程序中创建 Web 窗体，并添加四个 Label 控件（ID 为 Label1~Label4）。

③ 在程序的 Page_Load 事件中添加如下代码：

```
protected void Page_Load(object sender,EventArgs e)
{
   Label1.Text=Request.ServerVariables["LOCAL_ADDR"];
   Label2.Text=Request.ServerVariables["REMOTE_ADDR"];
   Label3.Text=Request.ServerVariables["HTTP_HOST"];
   Label4.Text=Request.ServerVariables["URL"];
}
```

5.3.4　Browser 属性

不同的浏览器对同一网页进行浏览时可能会得到不同的浏览效果。因此在编写 Web 应用程序时需要针对不同的浏览器分别进行不同的处理。对浏览器进行分别处理的前提是先要获取客户端浏览器的信息，Request 对象的 Browser 属性可以完成这一功能。语法格式如下：

```
Request.Browser["浏览器属性名称"];
```

常用的浏览器属性如表 5-6 所示。

表 5-6　常用的浏览器属性

属性名称	含 义 说 明
Type	客户端浏览器的名称和主版本号（整数）
BackgroundSounds	客户端浏览器是否支持背景声音
Browser	客户端浏览器的名称
Version	客户端浏览器的完整版本号（整数和小数）
MajorVersion	客户端浏览器的主版本号（整数）
MinorVersion	客户端浏览器的次版本号（小数）
Platform	客户端使用平台的名称
Frames	客户端浏览器是否支持 HTML 框架
Tables	客户端浏览器是否支持表格功能
Cookies	客户端浏览器是否支持 Cookies
ClrVersion	客户端安装的.NET 公共语言运行库的版本号
JavaApplets	客户端浏览器是否支持 Java 小程序
JavaScript	客户端浏览器是否支持 JavaScript
ActiveXControls	客户端浏览器是否支持 ActiveX 控件
Win16	客户端是否为基于 16 位 Windows 的计算机
Win32	客户端是否为基于 32 位 Windows 的计算机

【例 5.5】使用 Request 对象的 Browser 属性获取客户端浏览器的信息。页面效果如图 5-6 所示。

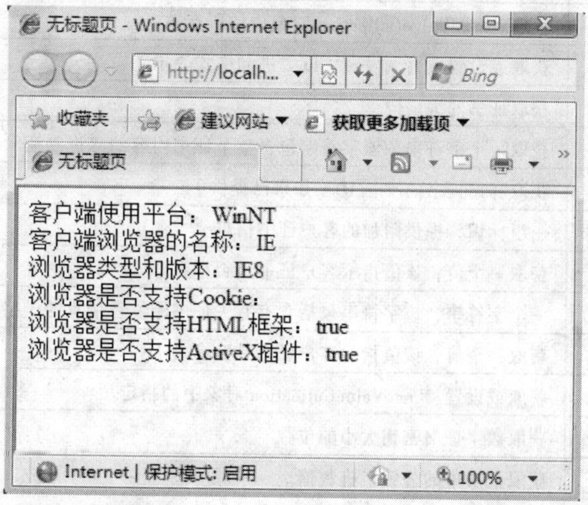

图 5-6　利用 Browser 属性获取客户端浏览器信息

实现步骤如下：

① 在Visual Studio .NET 2008中新建ASP.NET Web应用程序。

② 在Web应用程序中创建Web窗体并添加六个Label控件（ID为Label1~Label6）。

③ 在程序的Page_Load事件中添加如下代码：

```
protected void Page_Load(object sender,EventArgs e)
{
   Label1.Text=Request.Browser["platform"];
   Label2.Text=Request.Browser["Browser"];
   Label3.Text=Request.Browser["Type"];
   Label4.Text=Request.Browser["Cookie"];
   Label5.Text=Request.Browser["Frames"];
   Label6.Text=Request.Browser["ActiveXControls"];
}
```

5.3.5 ClientCertificate属性

安全证书是网上交易时的身份证，具有唯一性。网上交易的指令通过安全证书进行高强度的加密，以防止交易信息的泄漏。服务器必须判断客户端是否已安装了安全证书时，Request对象的ClientCertificate属性可以用于达到这一目的。常用的客户端安全证书信息属性如表5-7所示。

表5-7 常用的客户端安全证书信息属性

属性名称	含义说明
AllKeys	获取 NameValueCollection对象中的所有键
BinaryIssuer	获取或设置证书颁发者（以二进制格式表示）
CertEncoding	获取证书的编码
Certificate	获取一个字符串，该字符串包含整个证书内容的二进制流
Cookie	获取客户证书的唯一ID（如果已提供）
Flags	一组标识，提供附加的客户证书信息
IsPresent	获取一个值，该值指示客户证书是否存在
Issuer	一个字符串，该字符串包括含有有关证书颁发者信息的子字段值的列表
IsValid	获取一个值，该值指示客户证书是否有效
Item	获取或设置 NameValueCollection对象中的指定项
KeySize	获取数字证书密钥大小的位数
PublicKey	获取证书中的公钥二进制值
SecretKeySize	获取服务器证书私钥的位数

续表

属性名称	含义说明
SerialNumber	将证书序列号表示为以连字符分隔的十六进制 ASCII 字符形式
ServerIssuer	获取服务器证书的颁发者
ServerSubject	获取服务器证书的接收方
Subject	获取客户证书的接收方
ValidFrom	获取证书生效的日期，此日期随区域设置的不同而不同
ValidUntil	获取证书到期日期

【例 5.6】利用 Request 对象的 ClientCertificate 属性获取客户端安全证书信息。页面效果如图 5-7 所示。

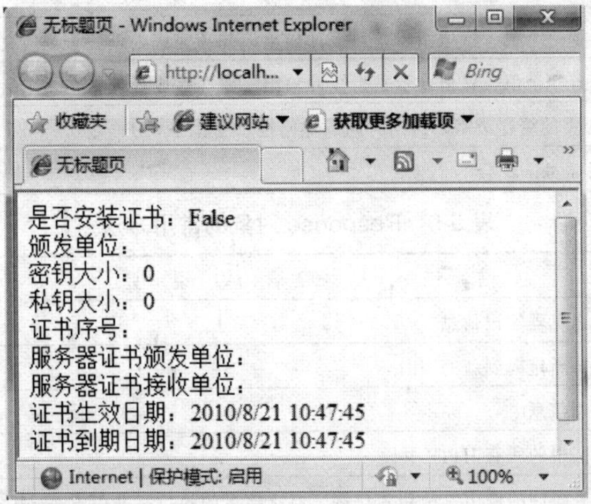

图 5-7　利用 ClientCertificate 属性获取客户端安全证书信息

实现步骤如下：

① 在 Visual Studio .NET 2008 中新建 ASP.NET Web 应用程序。

② 在 Web 应用程序中创建 Web 窗体并添加九个 Label 控件（ID 为 Label1~Label9）。

③ 在程序的 Page_Load 事件中添加如下代码：

```
protected void Page_Load(object sender,EventArgs e)
{
   System.Web.HttpClientCertificate HDC=Request.ClientCertificate;
   Label1.Text=HDC.IsPresent.ToString();
   Label2.Text=HDC.Issuer;
   Label3.Text=HDC.KeySize.ToString();
   Label4.Text=HDC.SecretKeySize.ToString();
```

```
    Label5.Text=HDC.SerialNumber.ToString();
    Label6.Text=HDC.ServerIssuer;
    Label7.Text=HDC.ServerSubject;
    Label8.Text=HDC.ValidFrom.ToString();
    Label9.Text=HDC.ValidUntil.ToString();
}
```

5.4 Response 对象

Response 对象主要用于控制对浏览器的输出。常用的属性和方法如表 5-8 和表 5-9 所示。

表 5-8 Response 对象的常用属性

属 性 名 称	含 义 说 明
Buffer	获取或设置一个值，该值指示是否缓冲输出，并在完成处理整个响应之后将其发送
BufferOutput	获取或设置一个值，该值指示是否缓冲输出，并在完成处理整个页之后将其发送
Cache	获取 Web 页的缓存策略（过期时间、保密性、变化子句）
Cookies	获取响应 Cookie 集合

表 5-9 Response 对象的常用方法

方 法 名 称	含 义 说 明
Write()	向客户端浏览器输出信息
Redirect()	将客户端重新定向到新的 URL
BinaryWrite()	输出二进制信息
Clear()	清除缓冲区中的所有 HTTP 页面
End()	将当前所有缓冲的输出发送到客户端，停止该页的执行，并引发 Application_EndRequest 事件
Flush()	向客户端发送当前所有缓冲输出

5.4.1 Write 方法和 Redirect 方法

利用 Response.Write 方法可以向客户端输出信息。而 Response.Redirect 方法的作用是可以引导用户由一个页面跳转至另一个页面。需要说明的是，当编译器执行到 Response.Redirect 时，会立刻打开该方法中所指定的页面，而 Response.Redirect 方法之后的语句完全没有执行的机会。Response.Write 和 Response.Redirect 的语法如下：

```
Response.Write(变量数据或字符串);
Response.Redirect("URL");
```

【例 5.7】当在下拉列表框中选择“搜狐”网站时，页面自动切换至 www.sohu.com；如果选择“XX.”网站（不存在的网站），在页面上显示“您选择的网站不存在”。运行界面如图 5-8 所示。

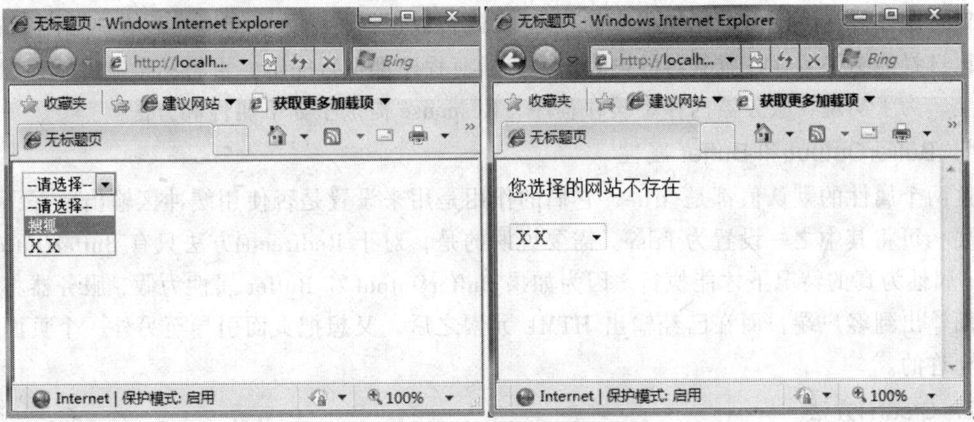

图 5-8 Write()方法和 Redirect()方法演示界面

实现步骤如下：

① 在 Visual Studio .NET 2008 中新建 ASP.NET Web 应用程序。

② 在 Web 应用程序中创建 Web 窗体并添加一个 DropDownList 控件（ID 为 DropDownList1）。

③ 在 DropDownList 控件的 SelectedIndexChanged 事件中添加如下代码：

```
protected void DropDownList1_SelectedIndexChanged(object sender,EventArgs e)
{
   if(DropDownList1.SelectedItem.Value=="搜狐")
   {
      Response.Redirect("http://www.sohu.com");
      Response.Write("欢迎来到搜狐");
   }
   else if(DropDownList1.SelectedItem.Value=="XX")
   {
      Response.Write("您选择的网站不存在");
   }
}
```

当在下拉列表框中选择“搜狐”选项时，程序会执行语句 Response.Redirect ("http://www.sohu.com")，将页面直接转至搜狐网站，且下一条语句 Response.Write("欢迎来到搜狐") 不会被执行；当在下拉列表框中选择“XX”选项时，程序会执行语句 Response.Write("您选择的网站不存在")，向客户端浏览器中输出“您选择的网站不存在”，如图 5-8 所示，程序中需要设置 DropDownList1 的 AutoPostBack 属性为 true。

5.4.2 与缓冲区有关的属性和方法

Web服务器在编译ASP.NET程序的过程中，既可以选择将结果立即输出到客户端浏览器上，也可以选择将结果暂存在服务器的内存中，等所有程序都执行完毕，再将结果输出至客户端浏览器上。为了实现在服务器内存中缓存程序，Response 提供了如下属性和方法。

1. BufferOutput 和 Buffer 属性

这两个属性的默认值都是 true，它们的作用是用来设置是否使用缓冲区输出数据，如果不需要，可将其中之一设置为 false。需要说明的是，对于 Redirect()方法只有 BufferOutput 和 Buffer 属性为真的情况下才能执行。因为如果 BufferOutput 和 Buffer 属性为假，服务器将直接把页面输出到客户端，而在已经输出 HTML 元素之后，又想把页面引导至另外一个页面显示是不允许的。

2. Clear()方法

当执行到 Response.Clear()方法时，服务器缓冲区的内容将全部被清除，在客户端浏览器中只能看到该语句之后的执行结果。

3. End()方法

当执行到 Response.End()方法时，程序的执行会终止，缓冲区中的现有内容会全部输出到浏览器上，且 End 方法后的语句不会被执行。

4. Flush()方法

当执行到 Response.Flush()方法时，会将缓冲区中的全部内容都输出到浏览器中，同时将缓冲区清空，且 Flush 方法后的语句可以继续执行。

【例 5.8】从 DropDownList1 控件中分别选择“Clear 方法”、“Flush 方法”和“End 方法”，查看程序执行效果，如图 5-9 所示。

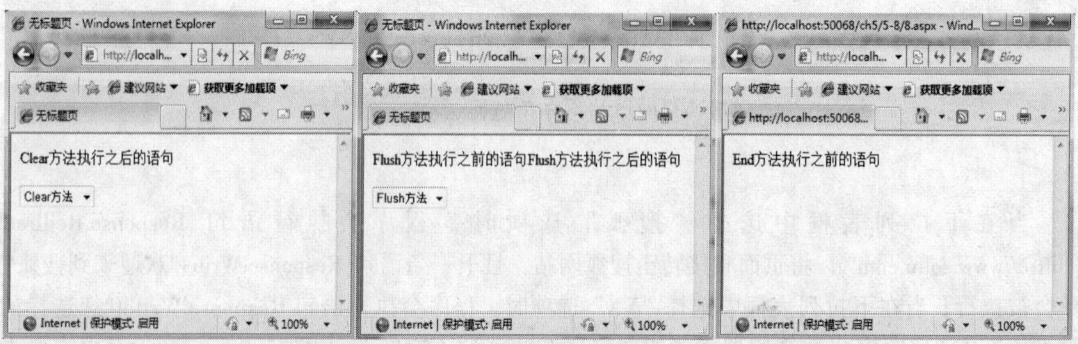

图 5-9 Response 对象中与缓冲区有关的方法执行效果图

实现步骤如下：

① 在 Visual Studio .NET 2008 中新建 ASP.NET Web 应用程序。

② 在 Web 应用程序中创建 Web 窗体并添加一个 DropDownList 控件（ID 为 DropDownList1）。

③ 在 DropDownList 控件的 SelectedIndexChanged 事件中添加如下代码：

```
protected void DropDownList1_SelectedIndexChanged(object sender,EventArgs e)
{
  if (DropDownList1.SelectedItem.Value=="Clear 方法")
  {
    Response.Write("Clear 方法执行之前的语句");
    Response.Clear();
    Response.Write("Clear 方法执行之后的语句");
  }else if(DropDownList1.SelectedItem.Value=="End 方法")
  {
    Response.Write("End 方法执行之前的语句");
    Response.End();
    Response.Write("End 方法执行之后的语句");
  }else if (DropDownList1.SelectedItem.Value=="Flush 方法")
  {
    Response.Write("Flush 方法执行之前的语句");
    Response.Flush();
    Response.Write("Flush 方法执行之后的语句");
  }
}
```

从上述程序执行的效果中可以看出，Response.Clear()之前的内容没有输出，Response.End()之后的语句没有得到执行，而 Response.Flush()前后的语句都得到了执行并输出在页面中。

5.5 Server 对象

Server 对象由 System.Web.HttpServerUtility 类实现，该对象提供一些类与 Web 相关的操作方法。Server 对象的常用方法如表 5-10 所示。

表 5-10 Server 对象的常用方法

成员名称		含义说明
属性	ScriptTimeout	获取或设置请求超时值（单位为 s）
方法	Execute()	在当前请求的上下文中执行指定虚拟路径的处理程序
	Transfer()	终止当前页的执行，并为当前请求开始执行新页
	MapPath()	返回 Web 服务器上执行虚拟路径对象的物理路径

5.5.1 ScriptTimeout 属性

ScriptTimeout 属性用来限制脚本的执行时间，其默认值为 90s，超过 90s 页面将显示“该页无法显示”。修改 ScriptTimeout 属性的语法为：

```
Server.ScriptTimeout=时间;
```

例如 Server.ScriptTimeout=100 表示脚本的执行时间最长 100s。超过这个时间，页面将显示“该页无法显示”。

5.5.2 Execute 方法和 Transfer 方法

Execute 方法首先中断执行当前页面，然后转到新的页面执行相应的程序，执行完毕后再返回当前页面继续执行 Execute 方法后面的语句。Execute 方法的语法如下：

```
Server.Execute("目标页面");
```

Transfer 方法与 Execute 方法较为类似，区别在于 Transfer 方法执行完新的页面程序后并不返回到当前页，而是终止程序的执行。Transfer 方法的语法如下：

```
Server.Transfer("变量或者字符串");
```

5.5.3 MapPath 方法

MapPath 方法的作用是将虚拟路径转换为物理路径。所谓虚拟路径就是相对路径，而物理路径就是绝对路径。MapPath 方法的语法如下：

```
Server.MapPath("文件的虚拟路径");
```

【例 5.9】综合演示 Execute 方法、Transfer 方法和 MapPath 方法的使用。程序界面如图 5-10 所示。

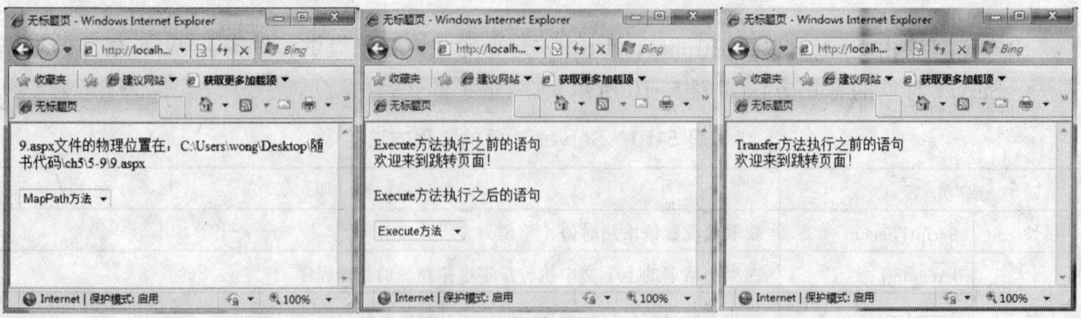

图 5-10 Execute 方法、Transfer 方法和 MapPath 方法演示界面

实现步骤如下：

① 在 Visual Studio .NET 2008 中新建 ASP.NET Web 应用程序。

② 在 Web 应用程序中创建两个 Web 窗体文件：9.aspx 和 tiaozhuan.aspx。在 9.aspx 中添加一个 DropDownList 控件（ID 为 DropDownList1）。在 tiaozhuan.aspx 页面中添加一段文本“欢迎来到跳转页面！”。

③ 在 DropDownList 控件的 SelectedIndexChanged 事件中添加如下代码：

```
protected void DropDownList1_SelectedIndexChanged(object sender, EventArgs e)
{
   if(DropDownList1.SelectedItem.Value=="MapPath 方法")
   {
      Response.Write("9.aspx 文件的物理位置在: "+Server.MapPath("9.aspx"));
   }else if(DropDownList1.SelectedItem.Value=="Execute 方法")
   {
      Response.Write("Execute 方法执行之前的语句<br>");
      Server.Execute("tiaozhuan.aspx");
      Response.Write("Execute 方法执行之后的语句<br>");
   }
   else if(DropDownList1.SelectedItem.Value=="Transfer 方法")
   {
      Response.Write("Transfer 方法执行之前的语句<br>");
      Server.Transfer("tiaozhuan.aspx");
      Response.Write("Transfer 方法执行之后的语句<br>");
   }
}
```

从程序的运行结果可以看出，MapPath 方法将相对路径转换为绝对路径加以显示；Execute 方法执行完 tiaozhuan.aspx 页面的内容后还会返回主页面继续执行，而 Transfer 方法则不会继续执行返回页面的代码。

5.6 Session 对象

Session 对象由 System.Web.SessionState.HttpSessionState 类实现。它的作用是记载一次会话中的用户信息。所谓会话就是指用户对 Web 应用程序的一次访问，ASP.NET 应用程序为每个用户都维护一个 Session 对象。Session 对象常常被用来存储需要跨页面使用的信息。Session 对象的常用属性和方法如表 5-11 所示。

Session 对象中存放的是 Object 类型的数据，当进行读取操作时需要进行类型转换。另外，由于 Object 类型是所有类型的基类，所以 Session 中可以存放各种变量或字符串。

表 5-11 Session 对象的常用属性和方法

成员名称		含义说明
属性	Timeout	获取并设置在会话状态提供程序终止会话之前各请求之间所允许的时间（以 min 为单位），默认为 20min
方法	Abandon()	清除 Session 对象

【例 5.10】使用 Session 实现一个简单的购物车程序。购物信息存放在 Session 对象中，该程序包含三个页面：一个主页和两个购物页面。用户在主页上可以选择购买的商品种类，然后跳转到相应的购物页面进行购物，最后回到主页面显示客户所有采购的商品信息。主页面如图 5-11 所示。购物页面如图 5-12 和图 5-13 所示，购物完毕返回的主页面如图 5-14 所示。

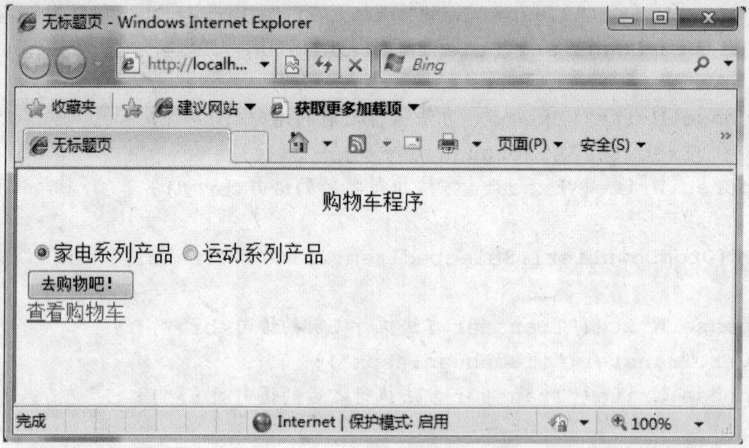

图 5-11 购物车主页面

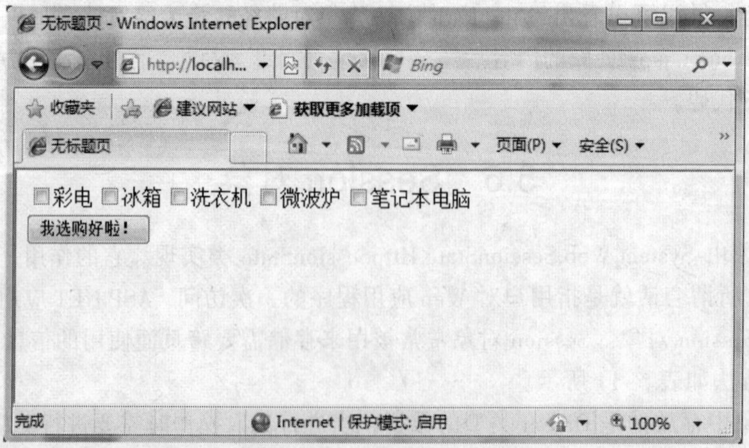

图 5-12 家电购物页面

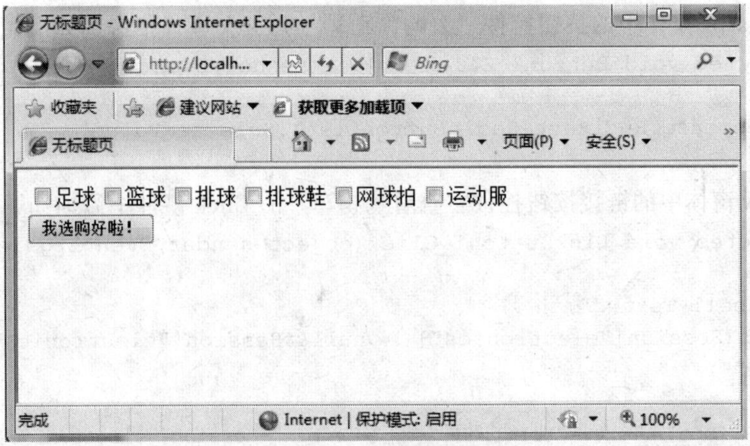

图 5-13　运动系列购物页面

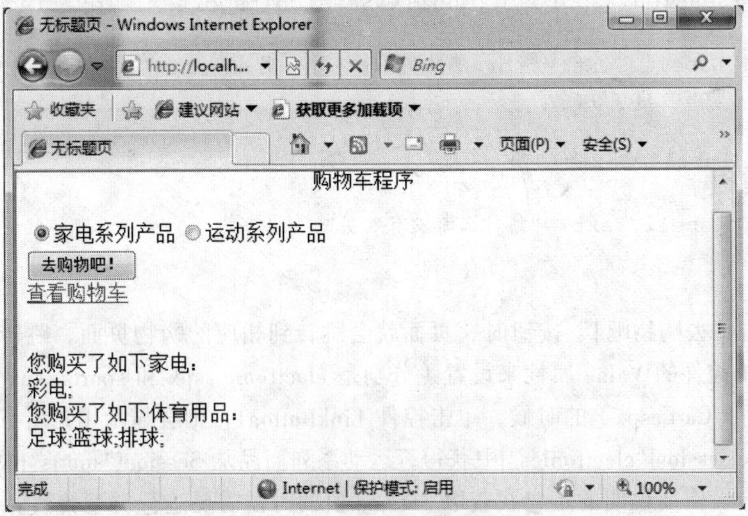

图 5-14　购物完毕显示购物信息的主页面

实现步骤如下：

① 在 Visual Studio .NET 2008 中新建 ASP.NET Web 应用程序。

② 在 Web 应用程序中创建三个 Web 窗体文件：cart.aspx、electronic.aspx 和 sports.aspx。在 cart.aspx 窗体中添加一个 RadioButtonList 控件（ID 为 RadioButtonList1）、一个 Button 控件（ID 为 Button1）、一个 LinkButton 控件（ID 为 LinkButton1）和一个 Label 控件（ID 为 Label1）。在 electronic.aspx 和 sports.aspx 窗体中分别添加一个 CheckBoxList 控件（ID 为 CheckBoxList1）和一个 Button 控件（ID 为 Button1）。

③ 在cart.aspx窗体中的按钮控件“去购物吧！”的Click事件中添加如下代码：

```
protected void Button1_Click(object sender,EventArgs e)
{
    Response.Redirect(RadioButtonList1.SelectedValue);
}
```

在cart.aspx窗体中的链接按钮控件“查看购物车”的Click事件中添加如下代码：

```
protected void LinkButton1_Click(object sender,EventArgs e)
{
    Label1.Text="";
    if (Session["electronics"] != null&&Session["electronics"].ToString()
    !="")
    {
        Label1.Text+="<br>您购买了如下家电:<br>"+Session["electronics"].ToString();
    }
    if(Session["sports"]!=null&&Session["sports"].ToString()!="")
    {
        Label1.Text+="<br>您购买了如下体育用品: <br>"+Session["sports"].
        ToString();
    }
    if(Label1.Text=="")
    {
        Label1.Text+="您什么都没有购买";
    }
}
```

当用户单击“去购物吧！”按钮时，页面就会跳转到相应的购物页面，跳转页面通过编辑RadioButtonList1控件的Value属性来设置（分别是electronic.aspx和sports.aspx）。当用户购物完毕返回主页面（Cart.aspx）的时候，单击控件LinkButton1，则会显示用户所有购买的商品，家电系列商品从Session["electronics"]中获得，运动系列商品从Session["sports"]中获得，都显示在Label1控件中。需要说明的是，在获取Session值的时候需要进行类型转换。

选购家电系列产品的购物页面程序为electronic.aspx.cs，在页面上的按钮控件“我选购好啦！”的Click事件中添加如下代码：

```
protected void Button1_Click(object sender,EventArgs e)
{
    string s1="";
    for(int i=0;i<CheckBoxList1.Items.Count;i++)
    {
        if(CheckBoxList1.Items[i].Selected)
        {
            s1+=CheckBoxList1.Items[i].Text+";";
        }
```

```
        }
        Session["electronics"]=s1;
        Response.Redirect("cart.aspx");
    }
```

选购运动系列商品的购物页面程序为 sports.aspx.cs，在页面上的按钮控件“我选购好啦!”的 Click 事件中添加如下代码：

```
    protected void Button1_Click(object sender,EventArgs e)
    {
        string s1="";
        for(int i=0;i<CheckBoxList1.Items.Count;i++)
        {
            if(CheckBoxList1.Items[i].Selected)
            {
                s1+=CheckBoxList1.Items[i].Text+";";
            }
        }
        Session["sports"]=s1;
        Response.Redirect("cart.aspx");
    }
```

上面两段程序的处理流程是一样的，当用户选购完商品后单击“我选购好啦!”按钮，程序会将用户所有选购的信息记录在 Session 对象中并跳转回主页面。

关于 Session 对象还有一点需要说明，Session 对象存在于服务器的内存中，因此它不能无限期地占用服务器资源。默认情况下 Session 对象的有效期是 20min，这个时间可以通过 Session 对象的 Timeout 属性设置，语法如下：

```
Session.Timeout=整数(单位为 min);
```

例如：

```
Session.Timeout=100;
```

表示所设置的 Session 对象在服务器内存中可生存的有效期为 100min，之后.NET 会自动将该 Session 对象从服务器内存中清除。

5.7　Cookie 对象

Cookie 对象与 Session 对象相似，也用来存储用户信息。不同之处在于 Session 对象将信息存储在服务器的内存中，而 Cookie 将用户信息存储于客户端。例如，当用户访问一个网站的时候，常常会有这样的情况：用户在到访网站后，在并没有输入自己的用户名信息的时候，该网站页面上会显示出包含该用户名的欢迎信息。这种功能可以通过 Cookie 来实现。

Cookie 对象的常用属性和方法如表 5-12 和表 5-13 所示。

表 5-12 Cookie 对象的常用属性

属 性 名 称	含 义 说 明
Name	获取或设置 Cookie 的名称
Value	获取或设置 Cookie 的 Value
Expires	获取或设置 Cookie 的过期日期和时间

表 5-13 Cookie 对象的常用方法

方 法 名 称	含 义 说 明
Add	新增一个 Cookie 变量
Clear	清除 Cookie 集合内的变量
Get	通过变量名或索引得到 Cookie 的变量值
GetKey	以索引值来获取 Cookie 的变量名称

1. Cookie 对象的操作

一般来说，创建 Cookie 对象时需要指定三个值：Cookie 对象的名称、需要保存的值和该 Cookie 的有效期。Cookie 对象的名称具有唯一性，如果创建两个相同名称的 Cookie，则后者的值将覆盖前者。与 Session 对象不同，Cookie 中可以保存的数据类型有限，例如字符串，整型和布尔类型数据。Cookie 对象一般都存储在客户端用户的磁盘上，如果用户的账号为"Administrator"，则其对应的 Cookie 存放在 C:\Documents and Settings\Administrator\Cookies 目录下。对于指定了有效期的 Cookie，当用户访问某个网站时，浏览器会先检查该站点的 Cookie 集合，如果某个 Cookie 已经过期，则浏览器不会把该 Cookie 随页面请求一起发送给服务器，而是删除过期的 Cookie。如果没有指定 Cookie 的有效期，Cookie 仍然可以创建，但这种 Cookie 不会被保存在用户磁盘上，一旦用户关闭浏览器或会话超时，该 Cookie 会被删除，当用户使用公共计算机的时候可以使用这种非永久性 Cookie。

（1）创建 Cookie

创建 Cookie 有两种方法。可以按照如下方法创建：

```
Response.Cookies["userName"].Value="admin";
Response.Cookies["userName"].Expires=DateTime.Now.AddDays(1);
```

如果不设置失效时间，Cookie 信息不会被写到用户硬盘，浏览器关闭时将会丢弃。也可以按照如下方法创建 Cookie：

```
HttpCookie aCookie=new HttpCookie("userName");
aCookie.Value=DateTime.Now.ToString();
aCookie.Expires=DateTime.Now.AddDays(1);
Response.Cookies.Add(aCookie);
```

当然也可以创建多值 Cookie。例如：

```
Response.Cookies["userInfo"]["userName"]="admin";
Response.Cookies["userInfo"]["lastVisit"]=DateTime.Now.ToString();
Response.Cookies["userInfo"].Expires=DateTime.Now.AddDays(1);
```

（2）读取 Cookie

下面是一个读取 Cookie 的例子。

```
if(Request.Cookies["userName"]!=null)
Label1.Text=Server.HtmlEncode(Request.Cookies["userName"].Value);
```

下面是一个多值 Cookie 读取的例子：

```
HttpCookie aCookie=Request.Cookies["userInfo"];
string userName=aCookie.Values["userName"];
string lastVisit=aCookie.Values["lastVisit"];
```

（3）修改 Cookie

例如：

```
HttpCookie aCookie=Request.Cookies["userInfo"];
aCookie.Values["userName"]="one_user";
```

或者：

```
aCookie.Values.Set("userName","one_user");
Response.AppendCookie(aCookie);
```

（4）删除 Cookie

例如：

```
HttpCookie aCookie=Request.Cookies["userInfo"];
aCookie.Values.Remove("userName");
```

2．Cookie 对象的优点

- 可配置到期规则。Cookie 可以在浏览器会话结束时到期，或者可以在客户端计算机上无限期存在，这取决于客户端的到期规则。
- 不需要任何服务器资源。Cookie 存储在客户端并在发送后由服务器读取。
- 简单性。Cookie 是一种基于文本的轻量结构，包含简单的键值对。
- 数据持久性。虽然客户端计算机上 Cookie 的持续时间取决于客户端上的 Cookie 过期处理和用户干预，但是 Cookie 通常是客户端上持续时间最长的数据保留形式。

3．Cookie 对象的缺点

- 大小受到限制。大多数浏览器对 Cookie 的大小有 4096B 的限制，尽管在当今新的浏览器和客户端设备版本中，支持 8192B 的 Cookie 已越发常见。
- 用户配置为禁用。有些用户禁用了浏览器或客户端设备接收 Cookie 的能力，因此限制了这一功能。
- 潜在的安全风险。Cookie 可能会被操作和篡改，这意味着会对安全性造成潜在风险，或者导致依赖于 Cookie 的应用程序失败。

【例 5.11】下面的例子分别演示了如何创建、读取、修改和删除 Cookie。创建后直接读取 Cookie 的界面如图 5-15 所示，修改后读取 Cookie 的界面如图 5-16 所示。

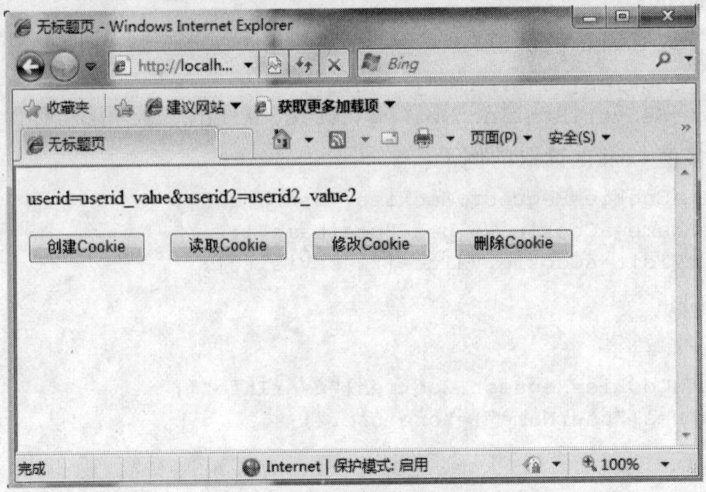

图 5-15　创建并读取 Cookie

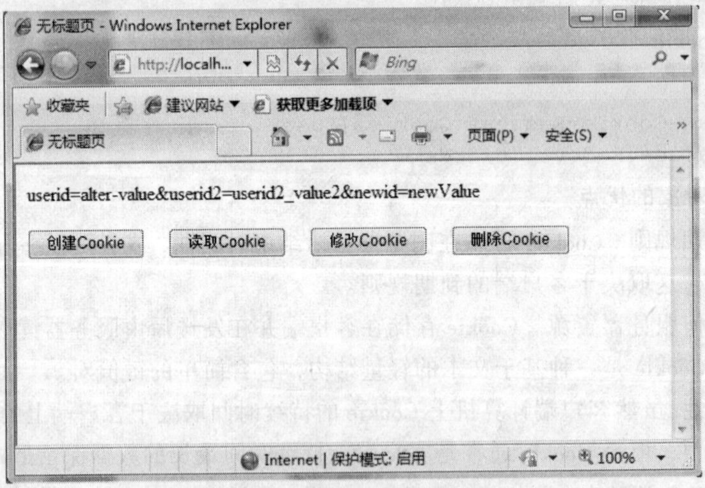

图 5-16　修改并读取 Cookie

实现步骤如下：

① 在 Visual Studio .NET 2008 中新建 ASP.NET Web 应用程序。

② 在 Web 应用程序中创建 Web 窗体，并添加四个 Button 控件（ID 为 Button1~ Button4）。

③ “创建 Cookie”按钮的 Click 事件代码如下：

```
protected void Button1_Click(object sender,EventArgs e)
{
HttpCookie cookie=new HttpCookie("MyCook");//初使化并设置 Cookie 的名称
   DateTime dt=DateTime.Now;
   TimeSpan ts=new TimeSpan(0,0,1,0,0);                        //过期时间为 1min
   cookie.Expires=dt.Add(ts);                                   //设置过期时间
   cookie.Values.Add("userid","userid_value");
   cookie.Values.Add("userid2","userid2_value2");
   Response.AppendCookie(cookie);
}
```

"读取 Cookie"按钮的 Click 事件代码如下：

```
protected void Button2_Click(object sender,EventArgs e)
{
   HttpCookie cokie=new HttpCookie("MyCook");                   //初始化
   if(Request.Cookies["MyCook"]!=null)
   {
      Response.Write(Request.Cookies["MyCook"].Value);          //输出全部的值
   }
}
```

"修改 Cookie"按钮的 Click 事件代码如下：

```
protected void Button3_Click(object sender,EventArgs e)
{
   //获取客户端的 Cookie 对象
   HttpCookie cok=Request.Cookies["MyCook"];
   if(cok!=null)
   {
      //修改 Cookie 的两种方法
      cok.Values["userid"]="alter-value";
      cok.Values.Set("userid","alter-value");
      //往 Cookie 里加入新的内容
      cok.Values.Set("newid","newValue");
      Response.AppendCookie(cok);
   }
}
```

"删除 Cookie"按钮的 Click 事件代码如下：

```
protected void Button4_Click(object sender,EventArgs e)
{
   HttpCookie cok=Request.Cookies["MyCook"];
   if (cok!=null)
   {
      TimeSpan ts=new TimeSpan(-1,0,0,0);
```

```
            //删除整个Cookie，只要把过期时间设置为现在即可
            cok.Expires=DateTime.Now.Add(ts);
            Response.AppendCookie(cok);
        }
    }
```

5.8 Application对象

与Session对象存储信息的方式类似，Application对象也是将用户信息存储在服务器中。二者的不同之处在于：Application对象是一个公有变量，允许多个用户对它进行访问，而Session对象只允许某个特定的用户对它进行访问。例如，有些网站有统计用户访问次数的功能，用Application对象可以轻松地实现。使用Application对象的语法为：

```
Application["ApplicationName"]=变量/常量/字符串/表达式;
```

由于允许多个用户对Application对象进行访问，所以要实现对公有资源的同步访问需要采用加锁和解锁的方法。例如：

```
Application.Lock();
Application["ApplicationName "]=App_Name;
Application.UnLock();
```

【例5.12】使用Application对象实现留言板的功能。该例子有两个页面：login.aspx和speak.aspx。当不同的用户通过login.aspx页面登录之后，就可以在speak.aspx页面发表留言，所有用户的留言都会存储在Application对象中，然后显示在浏览器上。图5-17所示为login.aspx页面，图5-18所示为speak.aspx页面。

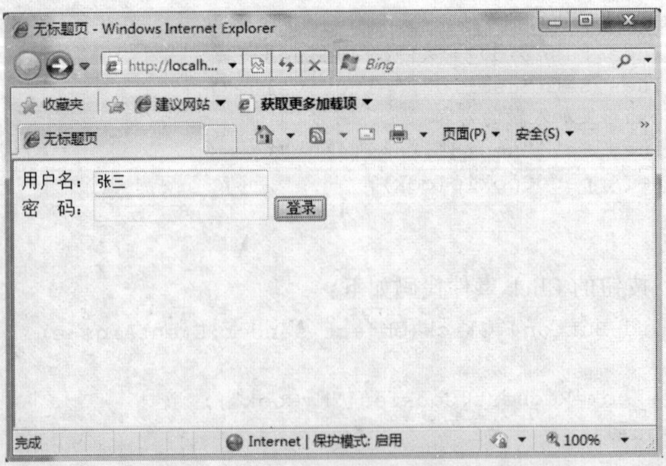

图5-17 留言板登录界面

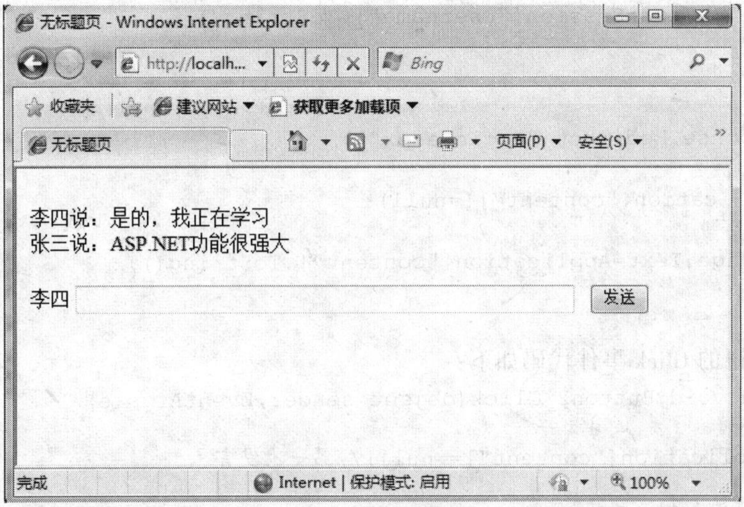

图 5-18 留言板留言界面

实现步骤如下：

① 在 Visual Studio .NET 2008 中新建 ASP.NET Web 应用程序。

② 在 Web 应用程序中创建两个 Web 窗体页面：login.aspx 和 speak.aspx。在 login.aspx 中添加两个 TextBox 控件（ID 为 TextBox1 和 TextBox2）、一个 Button 控件（ID 为 Button1）以及一个 RequiredFieldValidator 控件（ID 为 RequiredFieldValidator1），RequiredFieldValidator 控件用来检验所输入的用户名不能为空。在 speak.aspx 窗体中添加两个 Label 控件（ID 为 Label1 和 message）、一个 TextBox 控件（ID 为 TextBox1）、一个 Button 控件（ID 为 Button2）和一个 RequiredFieldValidator 控件（ID 为 RequiredFieldValidator1），RequiredFieldValidator 控件用来检验发言内容不能为空。

③ login.aspx 页面中“登录”按钮的 Click 事件代码如下：

```
protected void Button1_Click(object sender,EventArgs e)
{
  Session["username"]=TextBox1.Text;
  Response.Redirect("speak.aspx");
}
```

为方便起见，并未真正对用户信息进行验证，在 Session 对象中记录用户的用户名后，就跳转到留言板页面。

speak.aspx 页面的 Page_Load 事件代码如下：

```
protected void Page_Load(object sender,EventArgs e)
{
  if(Session["username"]!=null)
  {
```

```
        Label1.Text=Session["username"].ToString();
    }
    else
    {
        Response.Redirect("login.aspx");
    }
    if(Application["content"]!=null)
    {
        message.Text=Application["content"].ToString();
    }
}
```

“发送”按钮的Click事件代码如下：

```
protected void Button2_Click(object sender,EventArgs e)
{
    if (Application["content"]==null)//第一次发言
    {
        Application.Lock();
        Application["content"] = Label1.Text+"说: "+TextBox1.Text + "<br>";
        Application.UnLock();
        TextBox1.Text="";
        message.Text=Application["content"].ToString();
    }
    else
    {
        Application.Lock();
        Application["content"] =Label1.Text+"说: "+ TextBox1.Text + "<br>"
        + Application["content"];
        Application.UnLock();
        TextBox1.Text="";
        message.Text=Application["content"].ToString();
    }
}
```

在 Page_load()事件中，首先判断 Session 对象是否为空，如果为空则跳转到登录页面（login.aspx）进行登录，否则将Session对象的值赋给Label1控件。另外在Page_load()事件中要判断Application对象中是否有发言内容，如果有则在留言板中显示出来。当用户输入发言信息后，单击“发送”按钮。通过对Application对象的加锁和解锁可以实现在留言板发言的功能。

小　结

本章对 ASP.NET 的七种内置对象进行了详细介绍。通过 ASP.NET 内置对象，在 ASP.NET 页面上以及页面之间可以方便地实现获取、输出、传递、保留各种信息的操作，以完成各种复杂的功能。

习　　题

1. 说明 Response 对象的 Clear、End 和 Flush 方法的区别和联系。
2. 说明 Session 对象和 Application 对象的相同点和不同点。
3. 说明 Cookie 对象和 Session 对象的区别。

第6章 数据库知识简介

ASP.NET 应用程序往往要将所处理数据存储在数据库中，并按照业务需要对相关数据进行增加、删除、修改和查询的操作，以保持系统信息和当前业务状态的一致性。因此，在介绍了开发 ASP.NET 应用程序所需要的基本元素之外，本章将对数据库的相关知识进行简单介绍，以便为对第 7 章的学习打下基础。

学习目标

- 掌握使用 SQL 语句对数据库表的基本操作。
- 掌握使用 SQL 语句对视图的基本操作。
- 学会使用索引。
- 掌握存储过程的定义。

6.1 数据库知识概述

6.1.1 数据库管理系统

数据库是存储在一起的相关数据的集合。通俗地说，数据库就是“按照数据结构来组织、存储和管理数据的仓库”。对数据库中数据的存储独立于使用它的程序，对数据库插入新数据、修改和检索原有数据均按一种公用的和可控制的方式进行。数据库按照不同的方法分类如下所述：

- 按照所支持的数据模型来分类，数据库可以分为层次数据库、网状数据库、关系数据库、面向对象数据库和演绎数据库（知识库或逻辑数据库）等。
- 按照系统的体系结构来分类，数据库可以分为集中式数据库、分布式数据库、客户/服务器数据库、联邦数据库、并行数据库和移动数据库等。

- 按照处理的数据类型来分类，数据库可以分为传统事务处理数据库、统计数据库、工程数据库、时态数据库、模糊数据库、多媒体数据库等。

数据库管理系统（DataBase Management System，DBMS）是一种操纵和管理数据库的大型软件，用于建立、使用和维护数据库。它对数据库进行统一的管理和控制，以保证数据库的安全性和完整性。用户通过 DBMS 访问数据库中的数据，数据库管理员也通过 DBMS 进行数据库的维护工作。它提供多种功能，可以使多个应用程序和用户用不同的方法在同一时间或不同时刻去建立、修改和查询数据库。它使用户能方便地定义和操纵数据，维护数据的安全性和完整性，以及进行多用户下的并发控制和恢复数据库。一般来说，DBMS 提供如下功能：

① 数据定义功能。DBMS 提供相应的数据语言（DDL）来定义数据库结构，用于设计数据库框架，并被保存在数据字典中。

② 数据存取功能。DBMS 提供数据操纵语言（DML），实现对数据库数据的基本存取操作：检索、插入、修改和删除。

③ 数据库运行管理功能。DBMS 提供数据控制功能，即实现数据的安全性、完整性和并发控制等，对数据库运行进行有效的控制和管理，以确保数据正确有效。

④ 数据库的建立和维护功能。包括数据库初始数据的加载，数据库的转储、恢复、重组织，以及系统性能监视、分析等功能。

⑤ 数据库的传输。DBMS 提供数据的传输处理，实现用户程序与 DBMS 之间的通信，通常与操作系统协调完成。

目前常见的产品级 DBMS 有很多，例如 Oracle、Sybase、Informix、Microsoft SQL Server、Microsoft Access、Visual FoxPro 等，从所支持的数据模型来讲，它们是关系数据库。

6.1.2　数据库对象

数据库管理系统中常用的数据库对象有基本表、视图、索引、主键、外键和存储过程等。

（1）基本表（table）

在 SQL 中，每个表都是一个实际存在的关系，从用户的角度看是二维的。表用来存放用户的数据。

（2）视图（view）

视图是一个虚拟的表，它是由一个或几个基本表导出的。视图本身并不独立存在于数据库中，也就是说，数据库中只存放视图的定义而不存放视图对应的数据，这些数据存放在导出视图的基本表中。因此可以在基本表上定义视图，或者在视图上再定义视图。

（3）索引（index）

一个基本表可以有若干个索引。索引的作用是提供一种无须扫描整张表就能实现对数据快速访问的途径，用索引可以优化查询的效率。

（4）主键（primary key）

主键是能唯一标识基本表中一行记录的字段，它可以是表中的一列，也可以是多列的组合。在表中任意两行的主键不能有相同的值。

（5）外键（foreign key）

如果存在这样一个或多个字段，它存在于A表中，但不是A表的主键，但它同时也存在于B表中，且是B表的主键，那么称这一个或多个字段为A表对应于B表的外键。

（6）存储过程（stored procedure）

存储过程是一组用于完成特定功能的SQL语句集，经编译后存储在数据库中。用户通过指定存储过程的名称并给出参数（如果该存储过程带有参数）来执行它。

6.1.3 什么是SQL

SQL（structured query language）是关系型数据库的国际标准语言。各关系数据库生产商都要在各自开发的数据库管理系统（database management system，DBMS）中使用SQL语言来对数据库进行查询、录入、删除和修改的操作。SQL功能强大，大致可以分为三组。

1. 数据定义语言（data definition language，DDL）

用于定义和管理数据库中所有对象的语言。其中：

创建表格——CREATE TABLE；

修改表格——ALTER TABLE；

删除表格——DROP TABLE；

创建索引——CREATE INDEX；

删除索引——DROP INDEX。

2. 数据操作语言（data manipulation language，DML）

用于操作数据的语言，包括增加、删除、修改和查询等操作。其中：

检索数据——SELECT；

增加数据——INSERT；

更新数据——UPDATE；

删除数据——DELETE。

3. 数据控制语言（data control language，DCL）

用于定义数据库用户的权限、创建访问对象等。其中：

给用户分配表或视图的使用权限——GRANT；

撤销用户对表或视图的使用权限——REVOKE。

6.2　操作基本表

6.2.1　创建基本表

创建基本表的基本语法为：

```
CREATE TABLE <表名>(<列定义清单>[<,表的完整性约束>]);
```

说明：

- <>表示内容必选，[]表示内容可选。同一个数据库中，表不能重名。
- “列定义清单”的格式为：<列名><类型及长度>[<该列完整性约束>]。一个表中列不能重名。
- <表的完整性约束>是对整个表所规定的一些约束条件，如定义主键等。

例如，下面是在 SQL Server 2000 数据库中创建用户信息表(userinfo)的 SQL 语句：

```
create table userinfo
(
   userid  int  identity(1,1) not null primary key,
   username nvarchar(50),
   engname nvarchar(50),
   password nvarchar(10),
   sex char(2),
   identityid nvarchar(18),
   province nvarchar(10),
   hiredate datetime,
   mobiletel nvarchar(20),
   intro nvarchar(100),
   registertime datetime
)
```

其中，userid 为表的主键，不能为空（not null），并且 identity(1,1)表示该主键是从 1 开始自动增长的，每次增加 1。由于该表在后续章节中会用到，因此下面对该表的字段含义进行说明，如表 6-1 所示。

表 6-1　userinfo 表的字段含义

字　段　名	数据类型及长度	含　　义
userid	int	用户 ID，为 userinfo 表的主键
username	nvarchar(50)	用户中文名
engname	nvarchar(50)	用户英文名
password	nvarchar(10)	用户密码
sex	char(2)	用户性别

续表

字 段 名	数据类型及长度	含 义
identityid	nvarchar(18)	用户身份证号码
province	nvarchar(10)	用户籍贯
hiredate	datetime	用户入职日期
mobiletel	nvarchar(20)	用户手机号码
intro	nvarchar(100)	个人简介
registertime	datetime	该条用户信息插入数据库进行登记的时间

6.2.2 插入数据

向基本表中插入数据的基本语法为：

```
INSERT INTO <表名>[(列名列表)]VALUES(值列表);
```

说明：

- “值列表”中的值要和“列名列表”中的列名顺序一一对应，且数据类型一致。如果“列名列表”中有省略的列，则“值列表”中也应该省略该列。
- 如果“值列表”中的值为字符类型或日期类型，则需要将值用单引号引起，其他类型则不需要。

例如，下面的语句为向 userinfo 表中插入数据：

```
insert into userinfo
(username,engname,password,sex,identityid,province,hiredate,mobiletel,
intro,registertime)
values('张三','zhang','123','男','110101197303033456','北京','2008-01-01',
'13901012345','乐观快乐','2009-10-01')
```

6.2.3 修改数据

修改表中数据的基本语法为：

```
UPDATE 表名  SET 列名 1=值 1[,列名 2=值 2,…][WHERE 条件];
```

说明：

- “=”表示赋值，若需要将某列设置为空，可以写列明“=NULL”，但如果 WHERE 子句中须判断是否为空，则要用 IS 或 IS NOT 关键字。
- WHERE 子句中还可以包含子查询。

例如，如果想修改所有名字为“张三”的用户性别为“女”，则 SQL 语句如下所示：

```
update userinfo set sex='女' where username='张三'
```

6.2.4　查询数据

查询数据的基本格式为：

```
SELECT [DISTINCT][TOP N [PERCENT]]列名列表 FROM 表名
[WHERE 条件][GROUP BY 字段名][ORDER BY 列名 1[ASC|DESC],列名 2[ASC|DESC] …]
```

说明：

- DISTINCT 的作用是用来消除查询结果集合中重复的行。
- TOP N [PERCENT]的含义是限制查询结果中返回的行数。其中 TOP N 表示返回查询到的总记录集的前 N 行记录，而 TOP N PERCENT 表示返回的行数位于查询结果记录集总行数的 N%。
- WHERE 子句可以使用多种运算符，如：等于（=）、大于（>）、大于等于（>=）、小于等于（<=）、不等于（<>）。
- GROUP BY 子句表示对查询出的结果集进行分组，分组的依据是 GROUP BY 后面的字段名。
- ORDER BY 子句的作用是对查询的结果进行排序。ASC 表示按照某列对结果进行升序排序，而 DESC 表示降序排序，系统默认情况下为升序排序。可以指定多列作为排序依据，此时会先按照列名 1 进行排序,之后对列名 1 字段具有相同值的记录再按照列名 2 排序，依此类推。

例如，查询 userinfo 表中前 10 条记录的用户中文名和密码的 SQL 语句如下所示：

```
select top 10 username,password from userinfo
```

按照用户 ID 进行升序排序，并且用户英文名为"zhang"的 SQL 语句如下所示：

```
select * from userinfo where engname='zhang' order by  userid asc
```

6.2.5　删除数据

删除表中数据的基本格式为：

```
DELETE [FROM]表名[WHERE 条件];
```

说明：

- WHERE 子句根据条件确定需要删除的数据，如果 WHERE 子句缺省，则会将表中所有的数据删除。

例如，删除 userinfo 表中用户英文名为"zhang"的所有用户的 SQL 语句如下所示：

```
delete from userinfo where engname='zhang'
```

6.3 操作视图

视图是一个虚拟表，其内容由查询定义。同真实的表一样，视图包含一系列带有名称的列和行数据。但是，视图并不在数据库中以存储的数据值集形式存在。行和列数据来自由定义视图的查询所引用的表，并且在引用视图时动态生成。使用视图具有如下好处：

① 视图能够简化用户操作。可以将那些经常使用的查询定义为视图，从而使得用户不必每次都为以后的操作指定全部的条件。

② 视图可以提供较好的安全性。通过视图用户只能查询和修改他们所能见到的数据，而数据库中的其他数据则不可见。

③ 视图能够保持逻辑数据的独立性。有了视图之后，程序可以建立在视图之上，从而程序与数据库表被视图分割开来。

6.3.1 创建视图

创建视图的基本格式为：

```
CREATE VIEW <视图名>([列名列表]) AS <SELCET 查询语句>
```

说明：

- 从视图的创建语句可以看出，视图的内容是来自一个SQL查询的结果。列名列表选项如果存在，则视图中各列将由它来确定，否则由查询的结果所包括的列来确定。

例如，下面的语句创建了视图userview，它依据userinfo表中所有入职时间为2009-01-01的用户的中文名、密码和籍贯生成了视图。

```
create view userview as
select username,sex,province from userinfo where hiredate='2009-01-01'
```

6.3.2 删除视图

删除视图的基本格式为：

```
DROP VIEW <视图名>[CACADE|RESTRICT]
```

说明：

- 删除视图与基本表的删除的不同点在于：删除视图仅仅是删除了视图的组织结构，但组成视图内容的数据并没有删除，它们仍然保存在原来的基本表中。
- CACADE表示连锁删除，RESTRICT表示约束删除。

删除视图非常简单，例如下面的语句将视图userview删除了。

```
drop view userview
```

6.4 索　　引

查询操作是数据库管理系统中使用最频繁的操作之一。在查询数据的时候，数据库管理系统需要对整个表中的数据进行扫描，如果数据量很大，则查询的时间会很长。为了提高查询数据的速度，数据库管理系统引入了索引。数据库索引的作用和图书的目录非常相似，我们阅读图书时，利用目录可以快速定位到要阅读的内容，而无须从头到尾阅读整本书，索引用于提供数据库的“目录”。索引在提高检索速度的同时也引入了一些负面影响：

① 创建索引需要花费时间和存储空间。

② 创建索引后会降低添加、删除和更新数据行中数据的速度。因为当在包含索引的数据表中增加、修改或删除记录时，大多数数据库管理系统会同时修改和维护该索引。

但索引带来的数据检索速度上的优势要大大超过它的不足，建立索引应该把握以下几条原则：

① 如果应用程序非常频繁地更新数据，或磁盘空间有限，最好限制索引的数量。

② 对于那些在查询中很少使用的列不应该创建索引。

③ 对于那些只有很少数据值的列也不应该增加索引。这是因为，增加索引并不能明显加快检索速度，反而增加了系统开销。

④ 当修改性能远远大于检索性能时，不应该创建索引。这是因为修改性能和检索性能是互相矛盾的。当增加索引时，会提高检索性能，但是会降低修改性能；当减少索引时，会提高修改性能，降低检索性能。因此，当修改性能远远大于检索性能时，不应该创建索引。

索引可以分为以下四类：

- 唯一索引（UNIQUE）：不允许两行具有相同的索引值（创建了唯一约束，系统将自动创建唯一索引）。
- 主键索引：主键索引要求主键中的每个值是唯一的（创建主键自动创建主键索引）。
- 聚集索引（CLUSTERED）：表中各行的物理顺序与键值的逻辑（索引）顺序相同，表中只能包含一个聚集索引，主键列默认为聚集索引。
- 非聚集索引（NONCLUSTERED）：表中各行的物理顺序与键值的逻辑（索引）顺序不匹配，表中可以有 249 个非聚集索引。

6.4.1 创建索引

创建索引的格式为：

```
CREATE [索引类型] INDEX 索引名称
ON 表名(列名)
WITH  FILLFACTOR=填充因子值(0-100之间)
```

创建索引时，可以指定一个填充因子，以便在索引的每个叶级页上留出额外的间隙和保留一定百分比的空间，供将来表的数据存储容量进行扩充和减少页拆分的可能性。填充因子的值是从 0 到 100 的百分比数值，指定在创建索引后对数据页的填充比例。值为 100 时表示页将填满，所留出的存储空间量最小。只有当不会对数据进行更改时（例如在只读表中）才会使用此设置。值越小则数据页上的空闲空间越大，这样可以减少在索引增长过程中对数据页进行拆分的需要，但需要更多的存储空间。当表中数据会发生更改时，这种设置更为适当。

例如，下面的语句把 userinfo 表的 userid 设置为索引 userindex。

```
create index userindex on userinfo(userid)
```

6.4.2 删除索引

删除索引的语法格式为：

```
DROP INDEX <表或视图>.<索引名称>
```

删除索引也很简单，下面的语句把索引 userindex 删除了。

```
drop index userinfo.userindex
```

6.5 存储过程

6.5.1 什么是存储过程

存储过程是封装了可重用 SQL 代码的模块，它可以直接运行在数据库中。因此使用存储过程的缺点是如果想在以后移植数据库会麻烦一些。但使用存储过程也有很多优点：

① 存储过程只在创造时进行编译，以后每次执行存储过程都无须重新编译，而一般 SQL 语句每执行一次就编译一次，所以使用存储过程可以提高数据库运行速度。

② 当对数据库进行复杂操作（如对多个表进行增加、删除、修改、查询操作）时，可将此复杂操作用存储过程封装起来，与数据库提供的事务处理结合在一起使用。

③ 存储过程可以重复使用，可以减少数据库开发人员的工作量。

④ 安全性高，可以设定只有某些用户才具有对指定存储过程的使用权。

6.5.2 创建存储过程

创建存储过程的语法如下：

```
Create procedure procedue_name
[@parameter data_type][output]
```

```
[with]{recompile|encryption}
as
sql_statement
```

说明：

- output：表示此参数是可传回的。
- with {recompile|encryption}：recompile 表示每次执行此存储过程时都重新编译一次；encryption 表示所创建的存储过程的内容会被加密。
- recompile：表示每次执行此存储过程时都重新编译一次。
- encryption：所创建的存储过程的内容会被加密。

例如，下面存储过程的功能是向 userinfo 表中插入数据。

```
CREATE  PROCEDURE   UI_InsertUserinfo
(
    @Name nvarchar(50),
    @Engname nvarchar(100),
    @Password nvarchar(10),
    @Sex nvarchar(2),
    @identityid nvarchar(18),
    @province nvarchar(10),
    @hiredate datetime,
    @mobiletel nvarchar(20),
    @intro nvarchar(100),
    @RetVal int output  /*0 表示用户名已占用,1 表示添加成功,-1 表示添加失败*/
)
AS
  begin
    INSERT INTO  userinfo
    VALUES
    (
    @name,
    @engname,
    @password,
    @sex,
    @identityid,
    @province,
    @hiredate,
    @mobiletel,
    @intro,
    getdate()
```

```
    )
    set @Retval=1
  end
IF @@error<>0
   set @Retval=-1
GO
```

在上述存储过程中，用户输入的数据会作为存储过程的参数（以@开头）传递给存储过程，在存储过程中把传递进来的数据插入 userinfo 表中。如果插入成功则返回参数 Retval 为 1，否则 Retval 为-1，getdate()为 SQL 中获取当前日期的函数。在第 9 章中将介绍如何在程序中使用存储过程对数据库 userinfo 表进行增加、删除、修改和查询的操作。

小 结

本章对 SQL 语言进行了基本介绍。重点介绍了对数据库基本表的操作、视图的操作、索引的创建与删除以及存储过程的创建。这些内容为读者对第 7 章的学习打下了基础。

习 题

1. 在 SQL Server 2000 中创建数据库 TEST，在数据库中创建如本章所述的 userinfo 表。
2. 编写 SQL 语句，向 userinfo 表中插入数据。
3. 编写 SQL 语句，查询 userinfo 表中性别为“男”的所有用户的数据。
4. 编写 SQL 语句，把 userinfo 表中性别为“女”的用户的密码都修改为“123”。
5. 编写 SQL 语句，把入职日期为“2009-01-01”的用户都删除。
6. 编写根据用户 ID 查询用户信息的存储过程。

第7章 使用 ADO.NET 访问数据库

本章是承前启后的一章。第一，本章的内容是对前6章所有知识的综合运用，通过本章读者可以学会如何使用 C#语言（第2章和第3章的内容）；调用服务器控件或内置对象（第4章和第5章的内容）；对数据库进行增加、删除、修改和查询（第6章的内容）的操作。第二，本章是后续章节的基础，只有学好本章（对数据库的基本操作），才能学好后续章节（ASP.NET 高级应用）的内容。

学习目标

- 掌握 ADO.NET 中数据提供程序的使用。
- 掌握 ADO.NET 对数据库进行的各种操作。
- 掌握使用 GridView 控件操作数据库。

7.1 ADO.NET 简介

7.1.1 ADO.NET 概述

ADO.NET 是一组用于和数据源进行交互的类。ADO.NET 允许和不同类型的数据源以及数据库进行交互，它提供与数据源进行交互的相关的公共方法，但是对于不同的数据源采用一组不同的类。这些类称为数据提供者（DataProviders）。ADO.NET 的层次结构如图 7-1 所示。

总体来说，ADO.NET 提供了四个数据提供者类和一个 DataSet 类，如下所述：

1. Connection 类

Connection 类用于开启、关闭程序和数据库之间的连接。没有利用 Connection 类将数据库打开，是无法从数据库中取得数据的。

2. Command 类

在程序已经和数据库连接的基础上，Command 类可以对数据库执行一些操作，例如对数据库的增加、删除、修改和查询等操作。

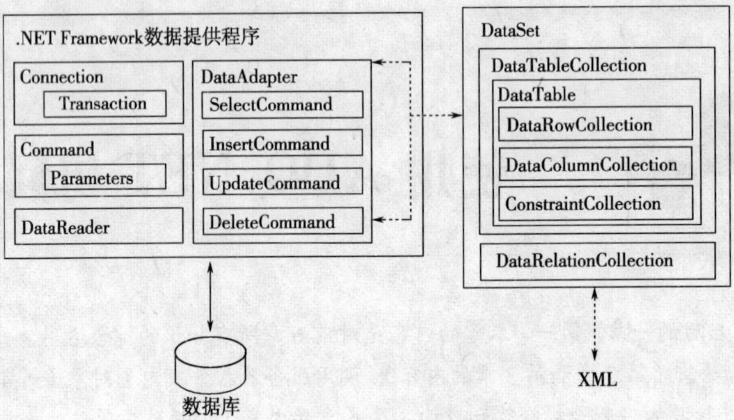

图 7-1　ADO.NET 的层次结构

3. DataReader 类

当只需从数据库中循序读取数据时，可以使用 DataReader 类。DataReader 类只是一次一笔向下循序地读取数据源中的数据，而且这些数据是只读的（不能执行其他操作），因此使用起来不但节省资源而且效率很好。

4. DataAdapter 类

DataAdapter 类主要用来在数据源和 DataSet 类之间传输数据，它将取得的数据放入 DataSet 对象中，因此 DataAdapter 类提供了许多配合 DataSet 类使用的功能。

5. DataSet 类

DataSet 类可以视为数据库在内存中的一个映射，它可以把从数据库中所查询到的数据保留起来，甚至可以将整个数据库显示出来。DataSet 类不仅可以存储多个数据库表（Table），还可以取得一些如主键等的数据表结构，并可以记录数据表间的关联。DataSet 类本身不具备和数据源沟通的能力，通常把 DataAdapter 类当做 DataSet 类和数据源之间传输数据的桥梁。

总之，ADO.NET 使用 Connection 类来连接数据库，使用 Command 或 DataAdapter 类来执行 SQL 语句，并将执行的结果返回给 DataReader 或 DataAdapter 类，然后再使用取得的 DataReader 或 DataAdapter 类操作数据结果。ADO.NET 提供的四个数据提供者类的名称取决于数据源的类型，表 7-1 列举了常用的数据源及其对应的数据提供者类。为了方便起见，在下面的章节中仅以 SQL Server 数据源为例讲解数据提供者类。

表 7-1　常用的数据源及其数据提供者类

数 据 源	Connection 类	Command 类	DataReader 类	DataAdapter 类
SQL Server	SqlConnection	SqlCommand	SqlDataReader	SqlDataAdapter
Oracle	OracleConnection	OracleCommand	OracleDataReader	OracleDataAdapter
OLEDB	OleDbConnection	OleDbCommand	OleDbDataReader	OleDbDataAdapter

7.1.2　Connection 类

在 ADO.NET 中通过在连接字符串中提供必要的身份验证信息，使用 Connection 对象连接到特定的数据源。通过 SqlConnection 类与数据库交互的基本流程如下：

① 创建 SqlConnection 类的实例。

② 设置连接字符串和其他属性（如连接超时等设置）。

③ 打开连接。

④ 执行数据操作。

⑤ 关闭连接。

表 7-2 和表 7-3 列举了 SqlConnection 类常用的属性和方法，读者如果想了解更详细的属性和方法，可参阅 MSDN 文档。

表 7-2　SqlConnection 类的常用属性

属　　性	说　　明
ConnectionString	连接字符串，用于连接 SQL Server 数据库
ConnectionTimeout	在抛出异常之前尝试的连接最大耗时
Database	连接的数据库名称
DataSource	连接的 SQL Server 实例名称
State	连接的当前状态，如 Open、Closed、Closing 等

表 7-3　SqlConnection 类的常用方法

方　　法	说　　明
BeginTransaction	启动数据库事务管理
ChangeDatabase	将连接动态地切换到指定的数据库
CreateCommand	创建与该连接关联的 SqlCommand 实例
Open	打开数据库连接
Close	关闭数据库连接，允许释放所占用资源
Dispose	释放当前连接

下面举例说明 SqlConnection 类的使用。

```
using System;
using System.Collections.Generic;
using System.Text;
using System.Data;
using System.Data.SqlClient;
namespace LoginInfo
{
   public class UserService
   {
      //基本流程第一、第二步：创建 SqlConnection 实例并设置连接字符串
      private static SqlConnection conn=new
      SqlConnection("Server=.; database=Northwind;Integrated Security=true");
      public static int login()
      {
         int i=0;
         string customerid=" ALFKI";
         string city=" Berlin";
         //基本流程第三步：打开连接
         conn.Open();
         //基本流程第四步：执行数据操作
         SqlCommand cmd=new SqlCommand("select * from Customers where
         CustomerID=@CID and City=@city",conn);
         cmd.Parameters.AddWithValue("@CID",customerid);
         cmd.Parameters.AddWithValue("@city",city);
         SqlDataReader dr=cmd.ExecuteReader();
         if(dr.Read())
         {
            i=1;
         }
         if(conn.State==ConnectionState.Open)
         {
           //基本流程第五步：关闭连接
            conn.Close();
         }
         return i;
      }
   }
}
```

类 UserService 的方法 login()实现了对数据库的查询操作，用户在其他的程序中可直接调用该方法来实现查询功能。

7.1.3 Command 类

Command 类主要可以用来对数据库发出一些命令。Command 类是架构在 Connection 类上的，所以 Command 类是通过连接到数据源的 Connection 类来下达命令的。表 7-4 和表 7-5 列举了 SqlCommand 类常用的属性和方法，读者如果想了解更详细的属性和方法，可参阅 MSDN 文档。

表 7-4 SqlCommand 类的常用属性

属 性	说 明
CommandText	用于获取或设置须对数据源执行的 SQL 语句或存储过程
CommandTimeout	获取或设置在终止执行命令的尝试并生成错误之前的等待时间。默认值为 30s
CommandType	用于获取或设置一个值，该值指示如何解释 CommandText 属性。如果将 CommandType 属性设置为 StoreProceduce，则应将 CommandText 属性设置为存储过程的名称

表 7-5 SqlCommand 类的 SQL 语句执行方法

方 法	说 明
ExecuteNonQuery	该方法用于执行连接数据源上的 SQL 语句。它用于一些 DDL 语句、活动查询（如增加、更新和删除操作）以及 ad hoc 查询。该方法返回受影响的行数，但并不输出所返回的参数或结果集
ExecuteReader	该方法用于执行数据源上的 SQL Select 语句。它返回一个快速只向前的结果集
ExecuteScalar	该方法用于执行一个返回单个标量值的存储过程或 SQL 语句。它将结果集中第一列的第一行返回到调用应用程序，并忽略其他所有返回值
ExecuteXMLReader	该方法用于执行返回数据源中某个 XML 数据流的 FOR XML SELECT 语句。ExecuteXMLReader 命令只与 SQL Server 2000 及更高版本兼容

7.1.4 DataReader 类

SqlDataReader 类的常用属性如表 7-6 所示。

表 7-6 SqlDataReader 类的常用属性

属 性	说 明
FieldCount	只读属性，获取当前行中的列数
IsClosed	只读属性，表示 SqlDataReader 对象是否关闭，布尔值
HasRows	获得一个值，该值表示 SqlDataReader 对象是否包含一行或多行

SqlDataReader类的常用方法如表7-7所示。

表7-7 SqlDataReader类的常用方法

方　法	说　明
Close	关闭SqlDataReader对象
GetName	获取指定列的名称
GetValue	获取指定列的值
GetValues	获得当前行中的所有列
Reader	使SqlDataReader对象前进到下一条记录
Dispose	释放SqlDataReader对象当前占用的所有资源

7.1.5 DataAdapter类

SqlDataAdapter类的常用属性如表7-8所示。

表7-8 SqlDataAdapter类的常用属性

属　性	说　明
DeleteCommand	获取或设置一个Transact-SQL语句或存储过程，以从数据集删除记录
InsertCommand	获取或设置一个Transact-SQL语句或存储过程，以在数据源中插入新记录
SelectCommand	获取或设置一个Transact-SQL语句或存储过程，用于在数据源中选择记录
UpdateCommand	获取或设置一个Transact-SQL语句或存储过程，用于更新数据源中的记录
TableMappings	SqlDataAdapter用来将查询的结果映射到DataSet的信息集合

SqlDataAdapter类的常用方法如表7-9所示。

表7-9 SqlDataAdapter类的常用方法

方　法	说　明
Fill	执行存储于SelectCommand中的查询，并将结果存储在DataTable中
GetFillParameters	为SelectCommand获取一个包含着参数的数组
Update	向数据库提交存储在DataSet（或DataTable、DataRows）中的更改。该方法会返回一个整数值，其中包含着在数据存储中成功更新的行数
FillSchema:	为存储在SelectCommand中的查询获取架构信息。获取查询中的各列名称和数据类型

7.1.6 DataSet类

DataSet对象表示数据库中信息在内存中的映射。可以在DataSet中修改这个本地副本，然后通过管理提供者对象 SqlDataAdapter 在数据集和数据库之间同步记录。DataSet 对象可以表示表格、行、列等数据结构。甚至可以在本地存储的表格中增加限制，执行唯一限制和外部键限制。下面显示了 DataSet 对象和可以在其中存放的一些对象之间的关系图，从图中可以看出 DataSet 对象中可以存储多个 DataTable 对象。

DataSet 类用于表示一个数据库的数据集，它缓存在会话状态和内存中，且不需要不间断的数据库。必须周期性地让 DataSet 重新连接数据库，这样才可以把 DataSet 的更新提交给数据库，同时也可以把由其他进程对数据库的更新放入 DataSet 中。

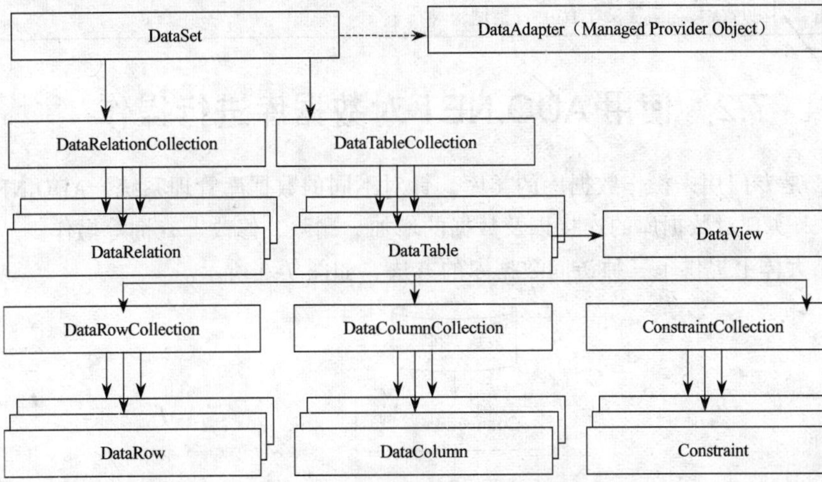

图 7-2　DataSet 对象关系图

DataSet 并非仅从单独的表中获得几行数据，而是表示一系列表，它使用必要的元数据来表示数据库表之间的关系和约束。DataSet 由 DataTable 对象和 DataRelation 对象组成。访问这些对象就可以获得 DataSet 对象的表和关系属性。表 7-10 和表 7-11 给出了 DataSet 类的常用属性和方法。

表 7-10　DataSet 类的常用属性

属　性	说　明
DataSetName	获取或设置 DataSet 对象的名称
Relations	获取 DataRelation 对象集合
Tables	获取 DataSet 对象中表的集合

表 7-11　DataSet 类的常用方法

方　法	说　明
Clear	清除 DataSet 的所有数据
GetXml	返回 DataSet 数据的 XML 表示

续表

方　法	说　明
GetXMLSchema	返回 DataSet 数据的 XML 表示的 XSD schema
Merge	将当前 DataSet 的数据和另一个 DataSet 合并
ReadXml	读取 XML schema 和数据到 DataSet 中
ReadXMLSchema	读取 XML schema 到 DataSet 中
WriteXml	从 DataSet 读出 XML schema 和数据
WriteXMLSchema	以 XML schema 保存 DataSet 的结构

7.2　使用 ADO.NET 对数据库进行操作

ADO.NET 是专门用来操作数据库的类库。针对不同的数据库管理系统，ADO.NET 分别提供了不同的类来实现对数据库的连接以及数据的增加、删除、修改、查询等操作。从使用上来讲，ADO.NET 大体上提供了三种访问数据库的方法，如图 7-3 所示。

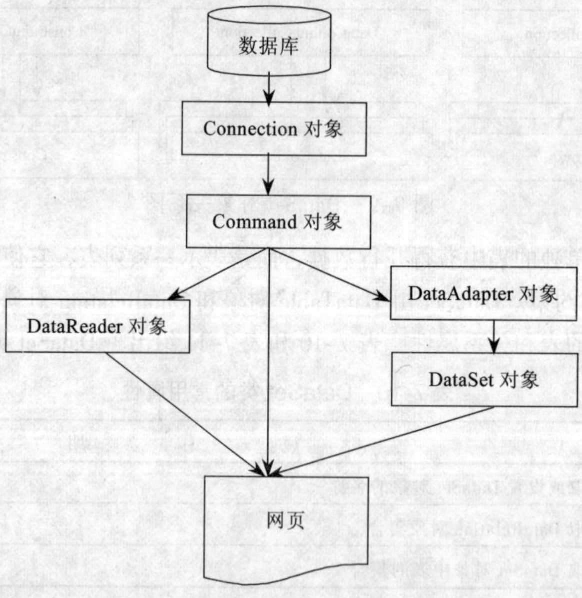

图 7-3　ADO.NET 访问数据库的方式

- 使用 Connection、Command 和 DataReader 对象组合实现对数据库的只读访问。这种方法只能对数据库进行查询操作，不能进行增加、删除和修改操作。如果只进行查询操作，该方法效率更高一些。

- 使用 Connection 和 Command 对象组合实现对数据库的操作。该组合可以实现对数据库记录的增加、修改、删除和查询操作。
- 使用 Connection、Command、DataAdapter 和 DataSet 对象组合实现对数据库的操作。该组合功能更加强大，不但可以实现对数据库记录的增加、删除、修改和查询操作，而且可以将查询出的数据存储到 DataSet 对象中进行进一步的处理。

ADO.NET 可以实现对多种数据库的访问，本章以 SQL Server 数据库为例来说明。访问 SQL Server 数据库的步骤如下（访问其他类型数据库的步骤类似）：

① 导入 System.Data 和 System.Data.SqlClient 命名空间：

```
using System.Data;
using System.Data.SqlClient;
```

② 创建连接字符串变量，用来保存连接数据库的必要信息，例如：

```
string strCon="server=localhost;uid=sa;pwd=sa;database=TEST";
```

字符串中的 server 表示数据库服务器的名称或 IP 地址，如果 Web 应用程序和数据库位于同一服务器，则 server=localhost 或 127.0.0.1；uid 和 pwd 表示连接 SQL Server 数据库的用户名和密码，database 表示要连接的数据库，此处为数据库 TEST。

③ 使用连接字符串，实例化 SqlConnection 对象，例如：

```
SqlConnection con=new SqlConnection(strCon);
```

④ 打开数据库并对数据库进行操作，操作完毕后关闭数据库连接。例如：

```
con.Open();
```

使用 Command、DataReader、DataAdapter 和 DataSet 等对象对数据库进行操作。

```
con.Close();
```

第 6 章以 userinfo 表为例，讲解了对数据库进行操作的 SQL 语句。本章仍然以 userinfo 表为例，讲解如何利用 ADO.NET 实现对该表的增加、删除、修改和查询等操作。在 SQL Server 2000 中建立数据库 TEST，在 TEST 中创建 userinfo 表，如图 7-4 所示。

	列名	数据类型	长度	允许空
🔑	userid	int	4	
	username	nvarchar	50	✓
	engname	nvarchar	50	✓
	password	nvarchar	10	✓
	sex	char	2	✓
	identityid	nvarchar	18	✓
	province	nvarchar	10	✓
	hiredate	datetime	8	✓
	mobiletel	nvarchar	20	✓
	intro	nvarchar	100	✓
	registertime	datetime	8	✓

图 7-4　userinfo 表结构

7.2.1 利用 insert 语句插入记录

如果想向 userinfo 表中插入数据，就要用到 SQL 中的 insert 语句。下面举例说明如何实现对数据表的插入功能。

【例 7.1】向数据库中插入一条新记录，添加用户信息的界面如图 7-5 所示，用户在界面中输入信息后单击“保存”按钮，数据会插入到表 userinfo 中，同时页面上显示“已经添加成功，请自己打开数据库 TEST 查看结果”。单击“重置”按钮，数据将被清空，等待再次添加信息。

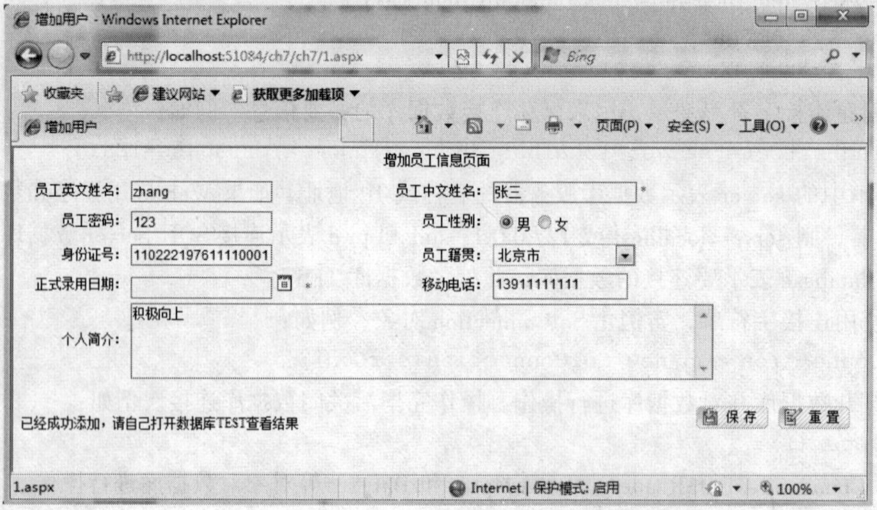

图 7-5　利用 Command 对象向 userinfo 表中插入记录

操作步骤如下：

① 在 Visual Studio .NET 2008 中创建 ASP.NET Web 应用程序。

② 添加 Web 窗体并按照图 7-5 所示在窗体中添加相应的服务器控件。“员工中文姓名”要求不能为空，“正式录用日期”格式要正确。“正式录用日期”使用 Calendar 控件来录入，具体操作为：单击“正式录用日期”文本框右侧的 ImageButton 控件（ ）时，会弹出 Calendar 控件（开始是隐藏的）。在 Calendar 控件上选择日期之后，该日期会显示在“正式录用日期”对应的 TextBox 控件（ID 为 TxtHireTime）中，同时 Calendar 控件隐藏。为实现上述功能，需要进行如下操作：将 Calendar 控件的 Visible 属性设置为 false，同时为 SelectionChanged 事件添加如下代码：

```
protected void Calendar1_SelectionChanged(object sender,EventArgs e)
  {
      TxtHireTime.Text=Calendar1.SelectedDate.ToString("yyyy-MM-dd");
      Calendar1.Visible=false;
  }
```

将ImageButton控件的CausesValidation属性设置为false，同时在Click事件中添加如下代码：

```
protected void ImageButton1_Click(object sender,ImageClickEventArgs e)
    {
        Calendar1.Visible=true;
    }
```

③ 在Web窗体中引入如下命名空间：

```
using System.Data;
using System.Data.SqlClient;
```

④ 在图7-5所示的“保存”按钮的Click事件中添加如下代码：

```
protected void ImgBtnSave_Click(object sender,ImageClickEventArgs e)
    { //创建Connection对象，使用连接字符串连接数据源
        string strCon="server=localhost;uid=sa;pwd=sa;database=TEST";
        SqlConnection con=new SqlConnection(strCon);
        //提供SQL语句，创建Command命令
        //建立Command对象
        string ts=TxtHireTime.Text;
        String strsql="Insert Into userinfo(username,engname,password, sex,
identityid,province,hiredate,mobiletel,intro,registertime) Values('" + TxtEmpName.
Text+"','" + TxtEmpEngname.Text+"','"+TxtEmpPassword.Text +"','" +
sex.SelectedItem.Text+"','"+TxtIdentityId.Text +
"','"+DDLEmpProv.SelectedItem.Text+"','"+TxtHireTime.Text+"','"+TxtMobil
ePhone.Text + "','" + TxtEmpIntro.Text + "','" + System.DateTime.Now+"')";
        SqlCommand cmd=new SqlCommand(strsql,con);
        //执行操作，插入记录
        con.Open();                                  //打开数据库
        cmd.ExecuteNonQuery();
        con.Close();                                 //关闭数据库
        message.Text="已经成功添加，请自己打开数据库TEST查看结果";
    }
```

⑤ 在图7-5所示的“重置”按钮的Click事件中添加如下代码：

```
protected void ImgBtnOpReset_Click(object sender,ImageClickEventArgs e)
{
    TxtEmpName.Text="";
    TxtEmpEngname.Text="";
    TxtEmpPassword.Text="";
    TxtIdentityId.Text="";
    TxtHireTime.Text="";
    TxtMobilePhone.Text="";
    TxtEmpIntro.Text="";
}
```

对上面的程序，需要进行如下几点说明：

① 向 userinfo 表中插入记录的思路为：首先创建连接字符串以及 Connection 对象 con，然后定义 insert 语句并创建 Command 对象 cmd。在创建 cmd 时将 insert 语句和 con 作为参数，创建完毕后打开数据库连接，执行 cmd 对象的 ExecuteNonQuery 方法执行插入操作，最后关闭数据库的连接。

② 单击"重置"按钮，页面中的数据将被清空，以等待再次录入数据。在增加记录的时候，没有对 userid 字段进行录入，因为在设计 userinfo 表时对 userid 字段进行了自动增长处理，即该字段由数据库按照递增方式自动生成。

7.2.2 利用 select 语句查询记录

ADO.NET 有多种方式可以对数据库实现查询功能。下面以 Connection、Command 和 DataReader 对象组合为例，说明如何实现对数据库的查询操作。

【例 7.2】利用 DataReader 对象查询 userinfo 表的员工信息。查询条件为员工英文姓名、中文姓名以及雇佣时间。当输入上述查询条件之一或任意组合时，程序会将满足条件的所有记录都显示出来，查询条件之间是"或者"的关系。查询界面如图 7-6 所示。

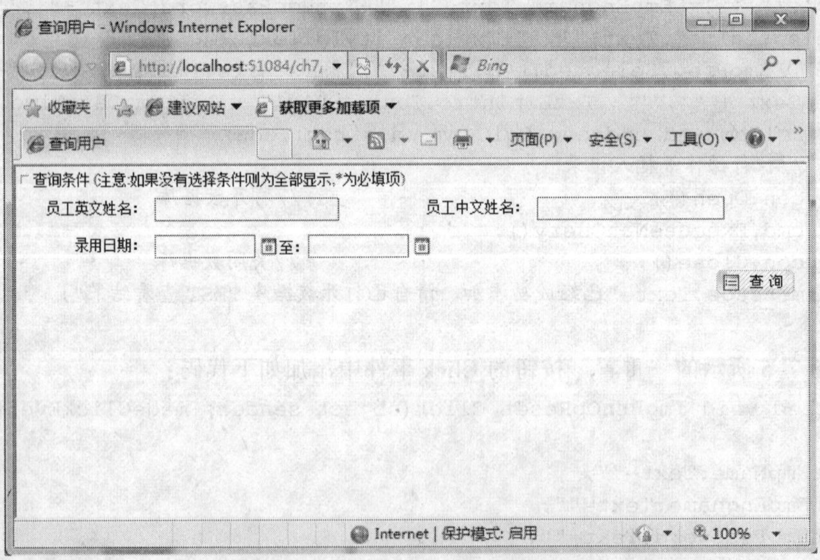

图 7-6 userinfo 表的查询页面

操作步骤如下：

① 在 Visual Studio .NET 2008 中创建 ASP.NET Web 应用程序。

② 添加 Web 窗体并按照图 7-6 所示在窗体中添加相应的服务器控件。“录用日期”使用 Calendar 控件进行录入，具体实现方式与【例 7.1】相同。

③ 在 Web 窗体中引入如下命名空间：

```
using System.Data;
using System.Data.SqlClient;
```

④ 在“查询”按钮的 Click 事件中添加如下代码：

```
protected void ImgBtnSelect_Click(object sender,ImageClickEventArgs e)
    {
        //创建 Connection 对象，使用连接字符串连接数据源
        string strCon="server=localhost;uid=sa;pwd=sa;database=TEST";
        SqlConnection con=new SqlConnection(strCon);
        //提供 SQL 语句，创建 Command 命令
        string strsql="select * from userinfo";
        if(TxtEmpEngname.Text!="" || TxtSeName.Text!=""||TxtStTime.
        Text!=""|| TxtEndTime.Text!="")
        {
           strsql=strsql+" where";
           if(TxtEmpEngname.Text!="")
           {
              strsql=strsql+" engname='"+TxtEmpEngname.Text+"'";
           }
           if(TxtSeName.Text!="")
           {
              if(TxtEmpEngname.Text!="") strsql=strsql+" or";
              strsql=strsql+"  username='"+TxtSeName.Text+"'";
           }
           if(TxtStTime.Text!=""&&TxtEndTime.Text!="")
           {
              if(TxtEmpEngname.Text!="" || TxtSeName.Text!="") strsql
              =strsql+" or";
              strsql=strsql+"  hiredate>'"+TxtStTime.Text+"' and
              hiredate<'"+TxtEndTime.Text+"'";
           }else if(TxtStTime.Text!=""&& TxtEndTime.Text=="")
           {
              if(TxtEmpEngname.Text!="" || TxtSeName.Text!="") strsql
              =strsql+" or";
              strsql=strsql+"  hiredate>'"+TxtStTime.Text+"'";
           }
           else if(TxtStTime.Text==""&&TxtEndTime.Text!="")
```

```
        {
            if(TxtEmpEngname.Text!="" || TxtSeName.Text!="") strsql
            =strsql+" or";
            strsql=strsql+"hiredate<'"+TxtEndTime.Text+"'";
        }
    }
    SqlCommand cmd=con.CreateCommand();
    cmd.CommandText=strsql;
    //打开连接对象，建立到数据库的连接
    con.Open();
    //建立 DataReader 对象迅速获取查询结果
    SqlDataReader dr=cmd.ExecuteReader();
    //显示标题
    message.Text="<table border='1'><tr  bgcolor='#ABCDEF'><td>
    员工ID</td><td>员工姓名</td><td>员工性别</td><td>身份证号码</td><td>
    所在省份</td><td>手机号码</td><td>入职日期</td><td>个人介绍</td></tr>";
    //使用循环注意显示所有记录
    while (dr.Read())
    {
        message.Text+="<tr>";
        message.Text+="<td>"+dr["userid"]+"</td>";
        message.Text+="<td>"+dr["username"]+"</td>";
        message.Text+="<td>"+dr["sex"]+"</td>";
        message.Text+="<td>"+dr["identityid"]+"</td>";
        message.Text+="<td>"+dr["province"]+"</td>";
        message.Text+="<td>"+dr["mobiletel"]+"</td>";
        message.Text+="<td>"+dr["hiredate"]+"</td>";
        message.Text+="<td>"+dr["intro"]+"</td>";
        message.Text+="</tr>";
    }
    message.Text+="</table>";
    //关闭数据库
    con.Close();
}
```

执行完查询后，查询结果如图 7-7 所示。

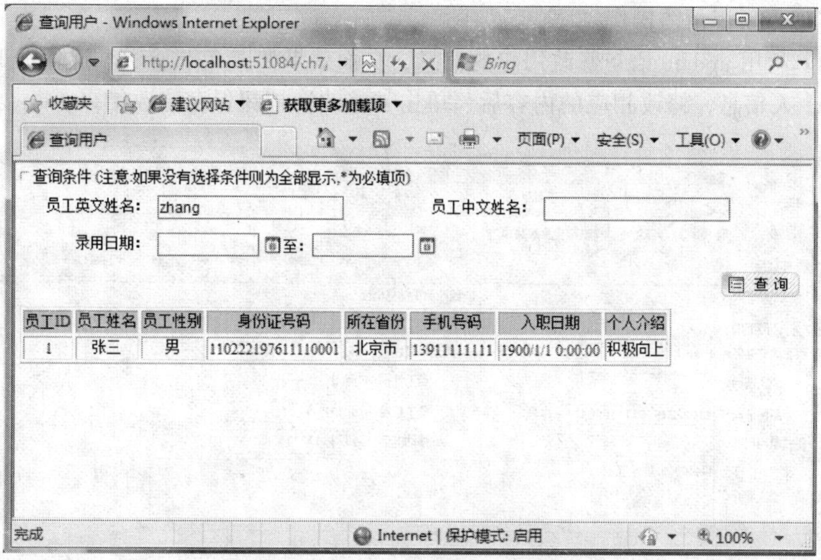

图 7-7　userinfo 表的查询结果

在本例中，有以下几点需要说明：

① 本例采用的是第一种数据库访问方式，即使用 DataReader 对象实现对数据库的只读和只向前的访问。程序中将查询出来的数据通过 Label 对象来显示，显得有点烦琐，在 7.3 节中读者会看到 GridView 控件可以轻松地实现显示功能。

② 上述方法的思路是：首先使用连接字符串创建 Connection 对象实例 strCon，接着调用 strCon 的 CreateCommand()方法返回 SqlCommand 对象 cmd，然后对 cmd 对象的 CommandText 属性赋予 SQL 语句。准备工作做完之后，调用 con.Open()方法打开数据库连接，接着执行 cmd 对象的 ExecuteReader()方法实现对数据库的查询操作，该方法返回 SqlDataReader 对象 dr，最后使用 while (dr.Read())语句循环输出查询的每条记录，查询结束后调用 con.Close()方法关闭对数据库的连接。

③ 程序中根据查询条件的情况，对 SQL 语句进行了相应处理，能够实现不同查询条件的组合查询。

④ 在上述方法中，对数据库的打开和关闭应遵循在具体操作语句之前打开，操作完毕后立刻关闭的原则。另外 dr.Read()方法的执行原理是：当数据读取器指向某条记录并正确读取后，dr.Read()的返回值为 true，然后指针指向下一条记录；如果指针指向结果集的结尾，则 dr.Read()的返回值为 false。

7.2.3　利用 update 语句更新记录

更新操作也是数据库中常用的操作之一，它用 update 语句来实现。下面举例说明如何利用

ADO.NET 实现更新记录的操作。

【例 7.3】利用 update 语句修改用户的信息，页面效果如图 7-8 所示。选择员工 ID 后，显示该员工的个人信息，修改相应的内容后，单击“修改”按钮保存修改结果。

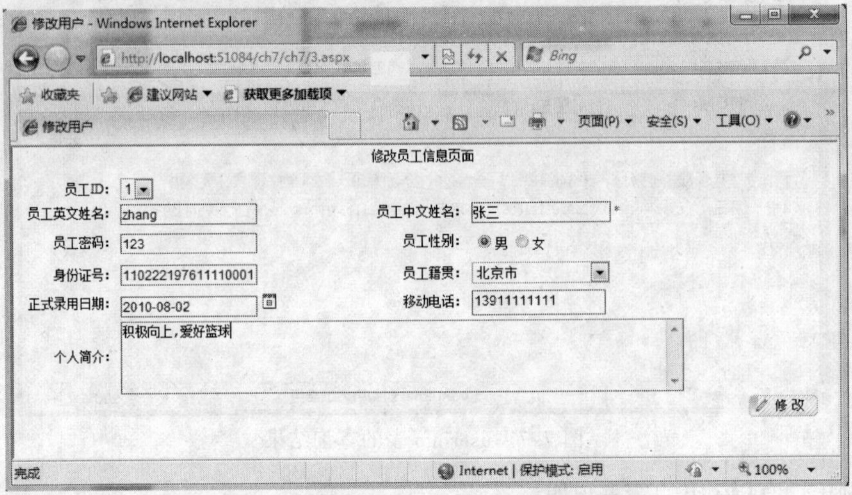

图 7-8　利用 update 语句修改用户记录

操作步骤如下：

① 在 Visual Studio .NET 2008 中创建 ASP.NET Web 应用程序。

② 添加 Web 窗体并按照图 7-8 所示的窗体添加相应的服务器控件。“正式录用日期”使用 Calendar 控件进行录入，具体实现方式与【例 7.1】相同。

③ 在 Web 窗体中引入如下命名空间：

```
using System.Data;
using System.Data.SqlClient;
```

④ 在程序的 Page_Load 事件中添加如下代码：

```
protected void Page_Load(object sender,EventArgs e)
    {
        if (!Page.IsPostBack)
        {
            //创建 Connection 对象，使用连接字符串连接数据源
            string strCon="server=localhost;uid=sa;pwd=sa;database=TEST";
            SqlConnection con=new SqlConnection(strCon);
            SqlCommand cmd=con.CreateCommand();
            cmd.CommandText="select userid from userinfo order by userid asc";
            con.Open();
            SqlDataReader dr=cmd.ExecuteReader();
            //将查询到的数据库 userid 字段的集合绑定到下拉列表框 userid 上
```

```
            userid.DataSource=dr;              //指定数据源
            userid.DataTextField="userid";     //指定需要绑定的数据源中的字段名
            userid.DataBind();                 //执行绑定
            con.Close();
        }
    }
```

在“修改”按钮的 Click 事件中添加如下代码：

```
protected void ImgBtnSave_Click(object sender,ImageClickEventArgs e)
    {
        //创建 Connection 对象，使用连接字符串连接数据源
        string strCon="server=localhost;uid=sa;pwd=sa;database=TEST";
        SqlConnection con=new SqlConnection(strCon);
        //建立 Command 对象
        SqlCommand cmd=con.CreateCommand();
        cmd.CommandText="update  userinfo  set  username='"+TxtEmpName.
Text + "',engname='"+TxtEmpEngname.Text+"',sex='"+sex.SelectedItem.Text +
"',password = '" + TxtEmpPassword.Text + "',hiredate = " + TxtHireTime.Text
+"',mobiletel='"+TxtMobilePhone.Text+"',province='"+DDLEmpProv.SelectedItem.
Text+"',intro='"+TxtEmpIntro.Text+"' where userid="+Convert.ToInt16(userid.
SelectedItem.Text);
        con.Open();                              //打开数据库
        cmd.ExecuteNonQuery();
        message.Text="更新成功";
        con.Close();                             //关闭数据库
    }
```

在“员工 ID”对应的 DropDownList 控件的 SelectedIndexChanged 事件中添加如下代码：

```
protected void userid_SelectedIndexChanged1(object sender,EventArgs e)
    {
        //创建 Connection 对象，使用连接字符串连接数据源
        string strCon="server=localhost;uid=sa;pwd=sa;database=TEST";
        SqlConnection con=new SqlConnection(strCon);
        SqlCommand cmd=con.CreateCommand();
        cmd.CommandText="select * from userinfo where userid="+Convert.
        ToInt16(userid.SelectedItem.Text);
        con.Open();
        SqlDataReader dr=cmd.ExecuteReader();
        //读取记录
        while (dr.Read())
        {
            TxtEmpEngname.Text=dr["engname"].ToString();
            TxtEmpName.Text=dr["username"].ToString();
            //显示记录中的 sex 字段内容
            if(dr["sex"].ToString()=="男")
            {
                sex.SelectedIndex = 0;        //sex 单选按钮列表中第 0 项被选中
            }
```

```
                else
                {
                  sex.SelectedIndex=1;//sex 单选按钮列表中第 1 项被选中
                }
                TxtEmpPassword.Text=dr["password"].ToString();
                TxtIdentityId.Text=dr["identityid"].ToString();
                DDLEmpProv.SelectedItem.Text = dr["province"].ToString();
                TxtHireTime.Text=dr["hiredate"].ToString();
                TxtMobilePhone.Text=dr["mobiletel"].ToString();
                TxtEmpIntro.Text=dr["intro"].ToString();
            }
        }
```

对上述代码，当图 7-7 所示的页面加载时，在 Page_Load()方法中从数据库 userinfo 表中读取所有用户的 ID（userid）并绑定到 DropDownList 控件 userid 中；当用户选择某个用户 ID 的时候，会触发下拉列表控件的 userid_SelectedIndexChanged1()事件，在该事件中，根据用户选择的用户 ID，从数据库中读取相应用户的信息并实现在页面上；当用户修改完毕后单击“修改”按钮时，会执行 ImgBtnSave_Click()方法，将修改后的数据存储到数据库中。

7.2.4 利用 delete 语句删除记录

如果员工离职或者由于某种原因不再需要某员工信息时，为了节省服务器空间，需要删除此类员工信息。删除记录要用到 delete 语句，下面举例说明如何使用 ADO.NET 删除数据库记录。

【例 7.4】删除用户信息的页面如图 7-9 所示。在下拉列表框中选择要删除的用户 ID，然后单击“删除”按钮即可删除该用户信息。

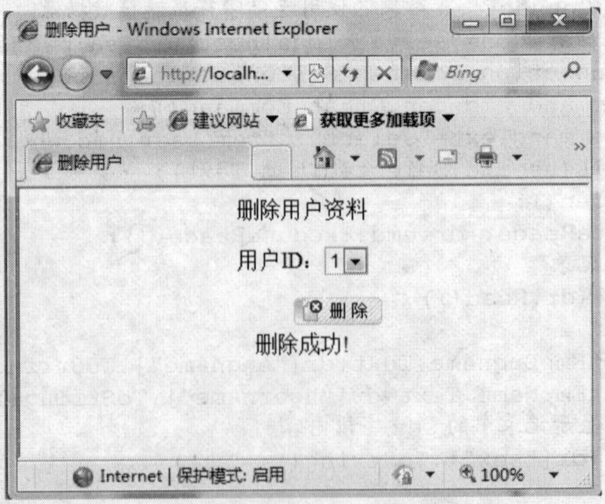

图 7-9 利用 delete 语句删除用户信息

操作步骤如下：

① 在 Visual Studio .NET 2008 中创建 ASP.NET Web 应用程序。

② 添加 Web 窗体并按照图 7-9 所示在窗体中添加相应的服务器控件。

③ 在 Web 窗体中引入如下命名空间：

```
using System.Data;
using System.Data.SqlClient;
```

④ 在程序的 Page_Load 事件中添加如下代码：

```
protected void Page_Load(object sender, EventArgs e)
{
   if(!Page.IsPostBack)
   {
      MyBind();
   }
}
private void MyBind()
{
   //创建Connection对象，使用连接字符串连接数据源
   string strCon="server=localhost;uid=sa;pwd=sa;database=TEST";
   SqlConnection con=new SqlConnection(strCon);
   SqlCommand cmd=con.CreateCommand();
   cmd.CommandText="select userid from userinfo order by userid asc";
   con.Open();
   SqlDataReader dr=cmd.ExecuteReader();
   //将查询到的数据库userid字段的集合绑定到下拉列表框userid上
   userid.DataSource=dr;
   userid.DataTextField="userid";
   userid.DataBind();
   con.Close();
}
```

在“删除”按钮的 Click 事件中添加如下代码：

```
protected void ImgBtnSave_Click(object sender,ImageClickEventArgs e)
{
   //建立Connection对象
   //创建Connection对象，使用连接字符串连接数据源
   string strCon="server=localhost;uid=sa;pwd=sa;database=TEST";
   SqlConnection con=new SqlConnection(strCon);
   //建立Command对象
   SqlCommand cmd=con.CreateCommand();
   cmd.CommandText="delete  from userinfo where userid="+Convert.
   ToInt16(userid.SelectedItem.Text);
```

```
    con.Open();                              //打开数据库
    cmd.ExecuteNonQuery();
    message.Text="删除成功!";
    con.Close();                             //关闭数据库
    MyBind();
}
```

在上述代码中，在页面加载时会执行 Page_Load()事件来调用 MyBind()方法，从数据库读取用户 ID 并填充到下拉列表框中；当选择了某个用户 ID 并单击“删除”按钮时，会执行 ImgBtnSave_Click()方法，从数据库中把该用户删除。

7.3 使用 GridView 控件操作数据库

【例 7.5】用 Label 控件来显示用户信息，显得十分麻烦，如果用 GridView 控件来实现该功能将十分简单。GridView 控件不但可以方便地实现绑定查询结果的功能，而且还可以实现对记录的更新、删除，以及对查询结果进行分页、排序等功能，下面分别进行介绍。

7.3.1 绑定查询结果功能

【例 7.6】将查询结果显示在 Label 控件中，操作较为烦琐。使用 GridView 控件可以方便地对数据进行显示。下面举例说明如何使用 GridView 控件来实现查询结果绑定功能。

【例 7.7】使用 GridView 控件实现绑定查询结果功能，运行界面如图 7-10 所示。

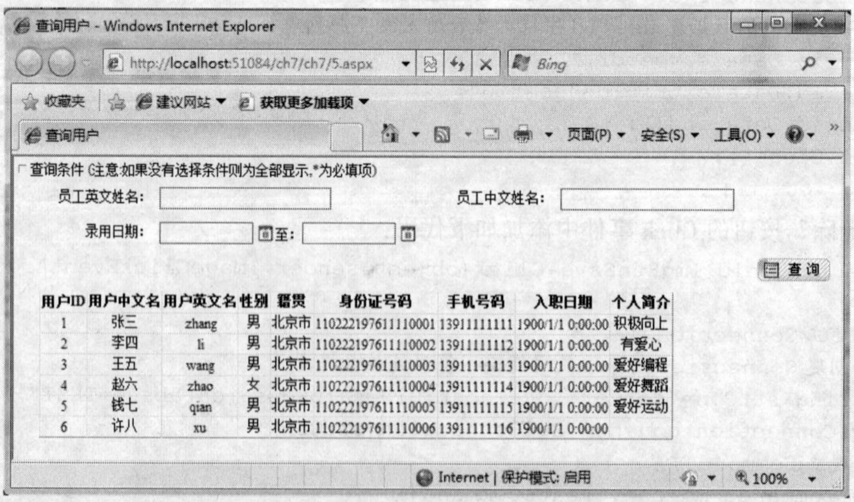

图 7-10 使用 GridView 控件显示用户信息

在默认情况下，GridView 控件会以 userinfo 表的字段名作为自己的表头名，为了显示中文名称，需要对 GridView 控件进行相应的设置。修改的步骤为：选中绑定的 Gridview 控件，单击“编辑列”选项，在弹出的对话框中进行修改，如图 7-11 所示。在修改的过程中，DataField 是需要绑定的 userinfo 表的字段，HeaderText 是希望显示的中文名，同时需要把自动生成字段的对钩取消，否则 GridView 控件还会自动生成以字段名为表名的列。

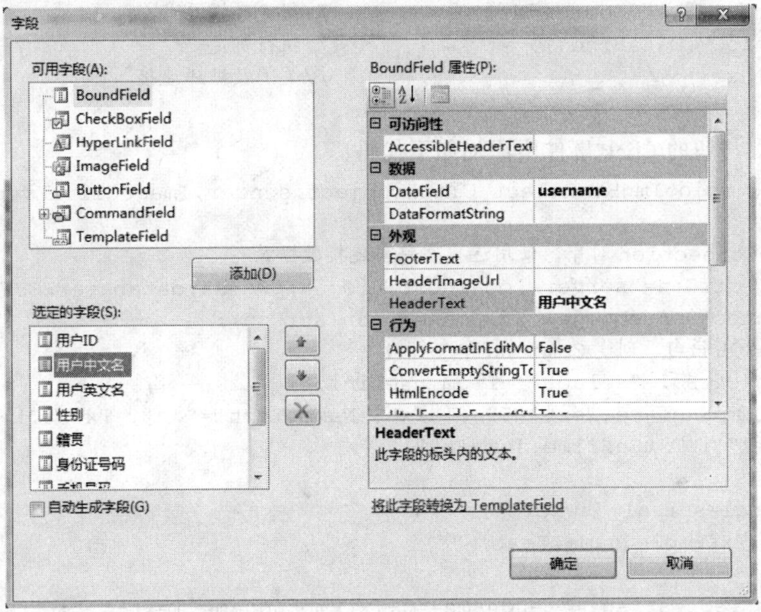

图 7-11　修改 GridView 控件表头

操作步骤如下：

① 在 Visual Studio .NET 2008 中创建 ASP.NET Web 应用程序。

② 添加 Web 窗体并按照图 7-10 所示在窗体中添加相应的服务器控件。“正式录用日期”使用 Calendar 控件进行录入，具体实现方式与【例 7.1】相同。

③ 在 Web 窗体中引入如下命名空间：

```
using System.Data;
using System.Data.SqlClient;
```

④ 在程序的 Page_Load 事件中添加如下代码：

```
protected void Page_Load(object sender,EventArgs e)
{
    //创建 Connection 对象，使用连接字符串连接数据源
    string strCon="server=localhost;uid=sa;pwd=sa;database=TEST";
    SqlConnection con=new SqlConnection(strCon);
```

```
    //建立 Command 对象
    SqlCommand cmd=con.CreateCommand();
    cmd.CommandText="select * from userinfo";
    con.Open();                             //打开数据库连接
    //建立 DataReader 对象
    SqlDataReader dr=cmd.ExecuteReader();
    //下面将 DataReader 对象绑定到 DataGrid 控件
    UserinfoGV.DataSource=dr;               //指定数据源
    UserinfoGV.DataBind();                  //执行绑定
    con.Close();                            //关闭数据库连接
}
```

在"查询"按钮的 Click 事件中添加如下代码：

```
protected void ImgBtnSelect_Click(object sender,ImageClickEventArgs e)
{
    //创建 Connection 对象，使用连接字符串连接数据源
    string strCon="server=localhost;uid=sa;pwd=sa;database=TEST";
    SqlConnection con=new SqlConnection(strCon);
    //提供 SQL 语句，创建 Command 命令
    string strsql="select * from userinfo";
    if(TxtEmpEngname.Text!="" || TxtSeName.Text!="" || TxtStTime.
    Text!=""|| TxtEndTime.Text!="")
    {
        strsql=strsql+" where";
        if (TxtEmpEngname.Text!="")
        {
            strsql=strsql+" engname='"+TxtEmpEngname.Text+"'";
        }
        if(TxtSeName.Text!="")
        {
            if(TxtEmpEngname.Text!="") strsql=strsql+" or";
            strsql=strsql+"  username='"+TxtSeName.Text+"'";
        }
        if(TxtStTime.Text!=""&&TxtEndTime.Text!="")
        {
            if(TxtEmpEngname.Text!="" || TxtSeName.Text!="") strsql
            =strsql+" or";
            strsql=strsql+"  hiredate>'"+TxtStTime.Text+"' and
            hiredate<'"+TxtEndTime.Text+"'";
        }
        else if(TxtStTime.Text!=""&&TxtEndTime.Text=="")
        {
            if(TxtEmpEngname.Text!="" || TxtSeName.Text!="") strsql
            =strsql+" or";
```

```
            strsql=strsql+"  hiredate>'"+TxtStTime.Text+"'";
        }
        else if(TxtStTime.Text==""&&TxtEndTime.Text!="")
        {
            if(TxtEmpEngname.Text!="" || TxtSeName.Text!="") strsql
            =strsql+" or";
            strsql=strsql+"  hiredate<'"+TxtEndTime.Text+"'";
        }

    }
    SqlCommand cmd=con.CreateCommand();
    cmd.CommandText=strsql;
    //打开连接对象，建立到数据库的连接
    con.Open();
    //建立 DataReader 对象迅速获取查询结果
    SqlDataReader dr=cmd.ExecuteReader();
    //下面将 DataReader 对象绑定到 DataGrid 控件
    UserinfoGV.DataSource=dr;           //指定数据源
    UserinfoGV.DataBind();
    //关闭数据库
    con.Close();
}
```

在上面的代码中，当页面加载执行 Page_Load()事件的时候，会读取 userinfo 表的所有记录绑定到 GridView 控件中。绑定过程非常简单，只需如下两条语句：

```
UserinfoGV.DataSource=dr;
UserinfoGV.DataBind();
```

当输入查询条件并单击“查询”按钮后，GridView 控件 UserinfoGV 会绑定查询出的数据来显示。

7.3.2　更新和删除记录功能

利用 GirdView 控件也可以对显示的数据进行更新和删除。下面举例进行说明。

【例 7.8】使用 GridView 控件实现对数据的更新和删除功能，页面如图 7-12 所示。页面加载时 GridView 控件显示所有用户信息，当按照查询条件查询时，GridView 控件显示查询结果。当单击“删除”按钮时，该行数据即被删除；单击“编辑”按钮，打开如图 7-13 所示页面；修改完毕后单击“更新”按钮即可修改数据；如果不想修改可单击“取消”按钮来完成。

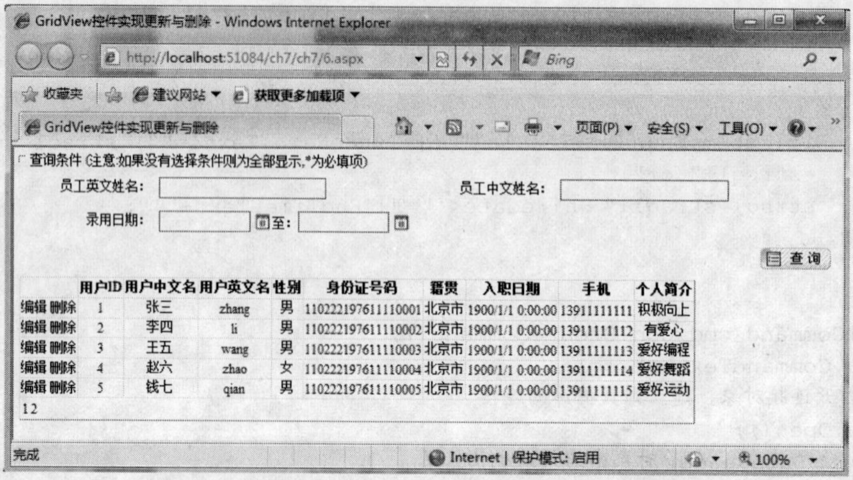

图 7-12　使用 GridView 控件对数据进行更新和删除

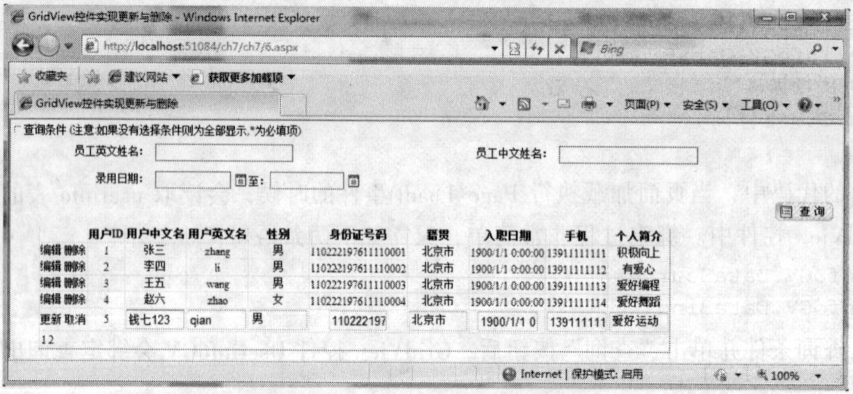

图 7-13　GridView 控件的编辑功能

GridView 控件左边的编辑和删除列是通过设置其属性实现的，如下所示：

```
AutoGenerateDeleteButton="True"
AutoGenerateEditButton="True"
```

为了实现编辑和删除功能，需要编写 GridView 控件的 RowCancelingEdit、RowDataBound、RowDeleting、RowEditing、RowUpdating 等事件。

操作步骤如下：

① 在 Visual Studio .NET 2008 中创建 ASP.NET Web 应用程序。

② 添加 Web 窗体并按照图 7-12 所示在窗体中添加相应的服务器控件。“录用日期”使用 Calendar 控件进行录入，具体实现方式与【例 7.1】相同。

③ 在 Web 窗体中引入如下命名空间：

```
using System.Data;
using System.Data.SqlClient;
```

④ 在程序的 Page_Load 事件中添加如下代码

```
protected void Page_Load(object sender,EventArgs e)
{
   if(!Page.IsPostBack)
   {
      MyBind();//页面启动时，调用 MyBind()数据绑定子程序
   }

}
void MyBind()
{
   //创建 Connection 对象，使用连接字符串连接数据源
   string strCon="server=localhost;uid=sa;pwd=sa;database=TEST";
   SqlConnection con=new SqlConnection(strCon);
   SqlDataAdapter da=new SqlDataAdapter("select * from userinfo",con);
   DataSet ds=new DataSet();
   GridView1.DataKeyNames=new string[] {"userid"};
   da.Fill(ds);
   GridView1.DataSource=ds;
   GridView1.DataBind();
}
```

在“查询”按钮的 Click 事件中添加如下代码：

```
protected void ImgBtnSelect_Click(object sender,ImageClickEventArgs e)
{
   //创建 Connection 对象，使用连接字符串连接数据源
   string strCon="server=localhost;uid=sa;pwd=sa;database=TEST";
   SqlConnection con=new SqlConnection(strCon);
   //提供 SQL 语句，创建 Command 命令
   string strsql = "select * from userinfo";
   if(TxtEmpEngname.Text!="" || TxtSeName.Text!="" || TxtStTime.
   Text!=""||TxtEndTime.Text!="")
   {
      strsql=strsql+" where";
      if(TxtEmpEngname.Text!="")
      {
         strsql=strsql+" engname= '"+TxtEmpEngname.Text+"'";
      }
      if(TxtSeName.Text!="")
      {
         if(TxtEmpEngname.Text!="") strsql=strsql+" or";
```

```
            strsql=strsql+"  username='"+TxtSeName.Text+"'";
        }
        if(TxtStTime.Text!=""&&TxtEndTime.Text!="")
        {
            if(TxtEmpEngname.Text!="" || TxtSeName.Text!="") strsql
            =strsql+" or";
            strsql=strsql+"  hiredate>'"+TxtStTime.Text+"' and
            hiredate<'"+TxtEndTime.Text+"'";
        }
        else if(TxtStTime.Text!=""&&TxtEndTime.Text=="")
        {
            if(TxtEmpEngname.Text!="" || TxtSeName.Text!="") strsql
            =strsql+" or";
            strsql=strsql+"  hiredate>'"+TxtStTime.Text+"'";
        }
        else if(TxtStTime.Text==""&&TxtEndTime.Text!="")
        {
            if(TxtEmpEngname.Text!=""||TxtSeName.Text!="") strsql
            =strsql+" or";
            strsql=strsql+"  hiredate < '"+TxtEndTime.Text+"'";
        }
    }
    SqlDataAdapter da=new SqlDataAdapter(strsql,con);
    DataSet ds=new DataSet();
    con.Open();
    da.Fill(ds);
    GridView1.DataSource=ds;
    GridView1.DataBind();
    //关闭数据库
    con.Close();
}
```

在GridView控件的RowEditing方法中添加如下代码：

```
protected void GridView1_RowEditing(object sender,GridViewEditEventArgs e)
{
    GridView1.EditIndex=e.NewEditIndex;
    MyBind();
}
```

在GridView控件的RowCancelingEdit方法中添加如下代码：

```
protected void GridView1_RowCancelingEdit(object sender,GridViewCancelEdit
EventArgs e)
{
    GridView1.EditIndex=-1;
```

```
    MyBind();
}
```

在GridView控件的RowUpdating方法中添加如下代码：

```
protected void GridView1_RowUpdating(object sender,GridViewUpdateEventArgs e)
{
    //创建Connection对象，使用连接字符串连接数据源
    string strCon="server=localhost;uid=sa;pwd=sa;database=TEST";
    SqlConnection con=new SqlConnection(strCon);
    TextBox name,engname,sex, identityid,prov,hiredate,mobile,intro;
    GridView1.Rows[e.RowIndex].Cells[2].Width=2;
    name=(TextBox)GridView1.Rows[e.RowIndex].Cells[2].Controls[0];
    engname=(TextBox)GridView1.Rows[e.RowIndex].Cells[3].Controls[0];
    sex=(TextBox)GridView1.Rows[e.RowIndex].Cells[4].Controls[0];
    identityid=(TextBox)GridView1.Rows[e.RowIndex].Cells[5].Controls[0];
    prov=(TextBox)GridView1.Rows[e.RowIndex].Cells[6].Controls[0];
    hiredate=(TextBox)GridView1.Rows[e.RowIndex].Cells[7].Controls[0];
    mobile=(TextBox)GridView1.Rows[e.RowIndex].Cells[8].Controls[0];
    intro=(TextBox)GridView1.Rows[e.RowIndex].Cells[9].Controls[0];
    string  sql="update  userinfo  set  username='"+name.Text+"',engname='"
+engname.Text+"',sex='"+sex.Text+"',identityid='"  +  identityid.Text+"',
province='"+prov.Text+"',hiredate='"+hiredate.Text+"',mobiletel='"+mobil
e.Text+"',intro='"+intro.Text+" 'where userid="+int.Parse(GridView1.DataKeys
[e.RowIndex].Value.ToString());//int.Parse (userid.Text);
    SqlCommand cmd=new SqlCommand(sql,con);
    //执行更新操作
    con.Open();
    cmd.ExecuteNonQuery();
    con.Close();

    GridView1.EditIndex=-1;
    MyBind();
}
```

在GridView控件的RowDeleting方法中添加如下代码：

```
protected void GridView1_RowDeleting(object sender,GridViewDeleteEventArgs e)
{
    //创建Connection对象，使用连接字符串连接数据源
    string strCon="server=localhost;uid=sa;pwd=sa;database=TEST";
    SqlConnection con=new SqlConnection(strCon);
    string ID=GridView1.DataKeys[e.RowIndex].Value.ToString();
    string sql="delete from userinfo where userid="+int.Parse(ID);
    SqlCommand cmd=new SqlCommand(sql,con);
    //执行删除操作
```

```
    con.Open();
    cmd.ExecuteNonQuery();
    con.Close();
    MyBind();//调用 MyBind()子程序
}
```

在 GridView 控件的 RowDataBound 方法中添加如下代码：

```
protected void GridView1_RowDataBound(object sender,GridViewRowEventArgs e)
{
    if((e.Row.RowState= =(DataControlRowState.Edit|DataControlRowState.
    Alternate))||(e.Row.RowState==DataControlRowState.Edit))
    {
        TextBox curText;
        for(int i=2;i<10;i++)
        {
            curText=(TextBox)e.Row.Cells[i].Controls[0];
            curText.Width=Unit.Pixel(60);
        }
    }
}
```

在上述代码中，GridView1_RowDataBound()事件的作用是控制编辑记录时，文本框长度的大小，如图 7-13 所示。如果不进行处理，文本框的长度将很长，页面难看。ImgBtnSelect_Click()方法的作用是根据查询条件将查询结果绑定到 GridView 控件中；当单击“删除”按钮删除记录时，将执行 GridView1_RowDeleting()方法；单击“编辑”按钮时，执行 GridView1_RowEditing()方法；单击“更新”按钮时，执行 GridView1_RowUpdating()方法；单击“取消”按钮时，执行 GridView1_RowCancelingEdit 方法。另外，在页面加载的时候，GridView1 将显示 userinfo 表中所有用户数据的信息。为了删除和更新 GridView 控件中的数据，要确定记录的主键，可以在 Page_Load()事件中写入下列语句来确定主键：

```
GridView1.DataKeyNames=new string[] { "userid" };
```

在更新和删除（GridView1_RowUpdating()）的时候，通过下列语句来获取主键：

```
GridView1.DataKeys[0].Value.ToString();
```

在该例中，同时也演示了 DataAdapter 对象的使用方法，该对象功能强大，能够实现更加复杂的功能。

7.3.3 分页与排序功能

GridView 控件不但可以实现查询结果的显示、对查询记录的修改和删除，还可以对查询结果加以分页和排序处理，下面举例说明。

【例 7.9】综合演示利用 GridView 控件实现查询结果的显示、对查询记录的修改和删除、查询结果的分页和排序功能，如图 7-14 所示。

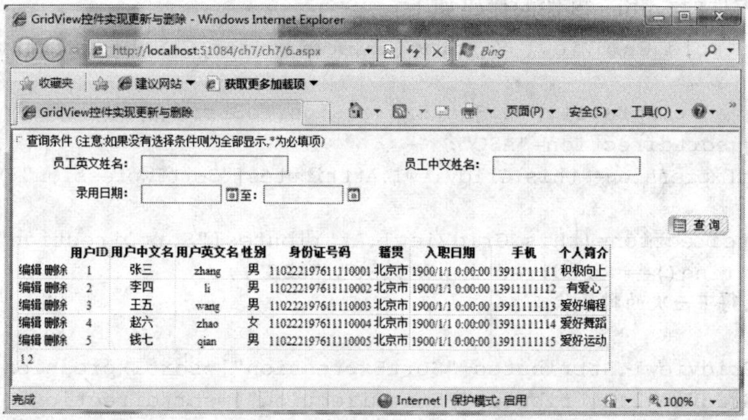

图 7-14　综合演示 GridView 控件的功能

该控件会自动对查询结果进行分页，可以通过设置 GridView 控件的 PageSize 属性来设置每页的记录数（本例中每页五条记录）。在 Visual Studio .NET 2008 中，当 GridView 控件的表头为自定义名称时，须设置每个自定义表头名称的 SortExpression 属性，如图 7-15 所示。本例中设置为主键 userid，表示该列按照 userid 进行排序。

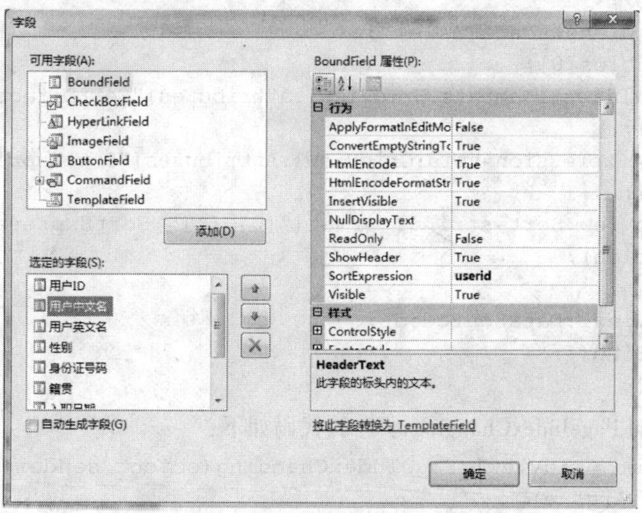

图 7-15　自定义字段排序表达式的设置

本例操作步骤与【例 7.8】类似，除了【例 7.8】的功能之外，还需要对 GridView 控件的 PageIndexChanging 和 Sorting 事件进行编程。

GridView 控件的 Sorting 事件的代码如下：

```
protected void GridView1_Sorting(object sender,GridViewSortEventArgs e)
{
   string sortExpression=e.SortExpression.ToString();
   string sortdirection="ASC";
   if(sortExpression==this.GridView1.Attributes["SortExpression"])
   {
      sortdirection=(this.GridView1.Attributes["SortDirection"].
      ToString()==sortdirection?"DESC":"ASC");
      //获得下一次的排序状态
   }
   this.GridView1.Attributes["SortExpression"]=sortExpression;
   this.GridView1.Attributes["SortDirection"]=sortdirection;
   //创建 Connection 对象，使用连接字符串连接数据源
   string strCon="server=localhost;uid=sa;pwd=sa;database=TEST";
   SqlConnection con=new SqlConnection(strCon);

   SqlDataAdapter da=new SqlDataAdapter("select * from userinfo",con);
   DataSet ds=new DataSet();

   da.Fill(ds);
   DataTable dt=new DataTable();
   dt = ds.Tables[0];
   string SortDirection=this.GridView1.Attributes["SortDirection"].
   ToString();
   string SortExpression=this.GridView1.Attributes["SortExpression"].
   ToString();
   dt.DefaultView.Sort=string.Format("{0} {1}",SortExpression,
   SortDirection);

   this.GridView1.DataSource=dt;
   this.DataBind();
}
```

GridView 控件的 PageIndexChanging 事件的代码如下：

```
protected void GridView1_PageIndexChanging(object sender,Grid
ViewPageEventArgs e)
{
   GridView1.PageIndex=e.NewPageIndex;
   MyBind();
}
```

小　结

本章详细讲解了如何利用 ADO.NET 访问数据库。ADO.NET 提供了四个数据提供者类和一个 DataSet 类，它们可以用来对数据库进行增加记录、修改记录、删除记录和查询记录的操作。GridView 控件功能强大，利用它可以更加轻松地实现对数据的综合处理。

习　题

1. 使用 ADO.NET 编写程序对数据库进行查询操作。
2. 使用 ADO.NET 编写程序对数据库进行插入数据操作。
3. 使用 ADO.NET 编写程序对数据库进行修改数据操作。
4. 使用 ADO.NET 编写程序对数据库进行删除数据操作。
5. 使用 GridView 控件编写程序实现绑定查询结果的功能。
6. 使用 GridView 控件编写程序实现更新和删除数据的功能。
7. 使用 GridView 控件编写程序实现对数据进行分页和排序的功能。

第8章

ASP.NET 应用程序配置

学习完前 7 章的内容,读者就可以使用 C#语言编写 ASP.NET 应用程序实现对数据库的基本操作了。通过对本章的学习,读者可以掌握如何更好地配置 ASP.NET 应用程序。要配置 ASP.NET 应用程序要用到 Global.asax 文件和 Web.config 文件,而 Web.config 文件的基础是 XML 语言。因此，本章首先对 XML 语言的基础知识进行介绍,然后介绍了 Web.config 文件和 Global.asax 文件的配置，以及如何使用 ASP.NET 缓存技术提高程序的性能。

学习目标

- 掌握对 XML 文档的读/写操作。
- 掌握 Global.asax 文件的配置。
- 掌握 Web.config 文件的配置。
- 掌握 ASP.NET 缓存技术。

8.1 XML 概述

8.1.1 什么是 XML

XML(extensible markup language)称为可扩展标记语言，是一种定义文档格式的语言。XML 主要用来创建结构化文本文档和数据文档，可以作为各种平台之间数据交换的中介，真正实现不同系统、不同平台数据接口的统一。与 HTML 一样，XML 也是由 SGML 发展而来的，是 SGML 的一个子集。

与 HTML 类似，XML 的格式也是通过标记来定义的。标记由包围在一个小于号（<）和一

个大于号(>)之间的文本组成，例如<name>。起始标记表示一个特定区域的开始，例如<name>，结束标记定义一个特定区域的结束，起始标记<name>对应的结束标记格式为</name>。与起始标记的不同之处在于，结束标记在小于号之后跟一个“/”。与 HTML 相比，XML 功能更加强大，两者的区别如表 8-1 所示。

表 8-1　XML 与 HTML 的区别

HTML	XML
标记是预先定义好的，不可扩展	标记可自定义，具有良好的可扩展性
标记主要用于浏览器的显示格式控制，标记本身没有语义信息	标记主要用于数据内容的描述与存储，且具有语义信息，标记本身不控制显示格式，显示格式由 XSL 控制
数据存储在 HTML 中，因此数据和显示格式混合在一起	数据保存在 XML 中，而显示格式由 XSL 控制，两者是分离的
HTML 不能和数据库交互，且不能作为不同数据源之间交互的中介	XML 可以与数据库直接交互，且可以作为一种交换数据信息的格式和标准
HTML 语法相对宽松，标记不区分大小写	XML 语法严格，标记区分大小写

8.1.2　XML 的语法结构

在讲述 XML 的语法结构之前，先在 Visual Studio .NET 2008 环境下创建一个 XML 文档。在 Visual Studio .NET 2008 下选择“文件”→“新建”→“文件”命令，在弹出的对话框中选择“XML 文件”选项，如图 8-1 所示。

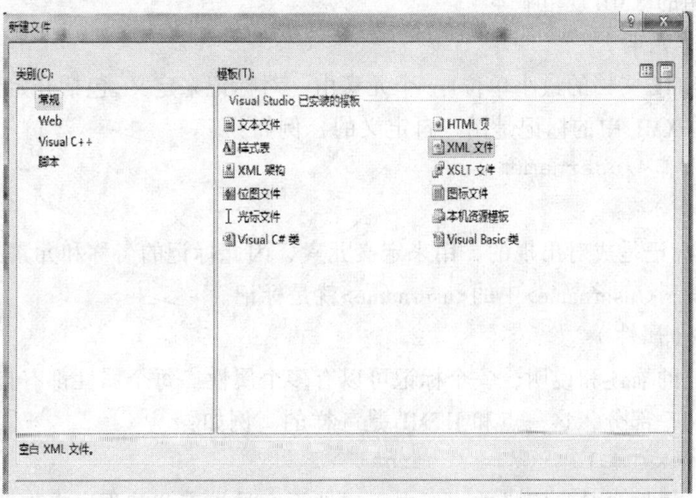

图 8-1　Visual Studio .NET 2008 下新建 XML 文件的窗口

我们创建名为 userinfo 的 XML 文档，用来保存如同第 6 章创建的 userinfo 数据库表一样的信息，如图 8-2 所示。

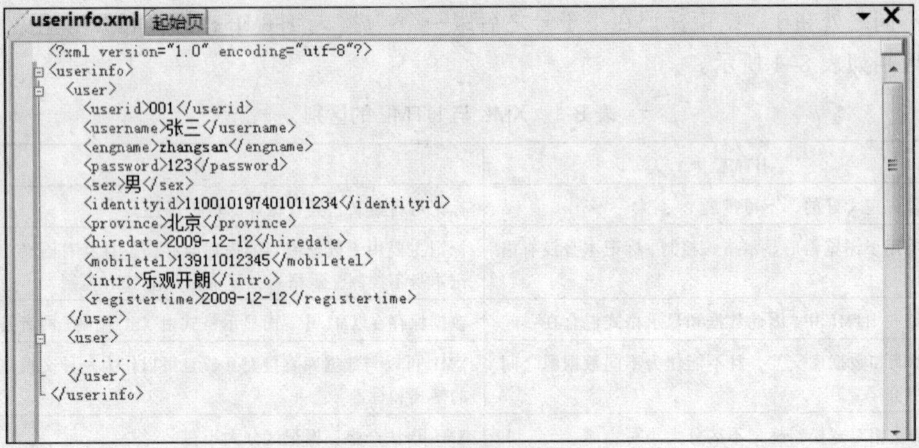

图 8-2 userinfo.xml 文档

针对 userinfo.xml 文档，下面介绍几个 XML 中的常用概念。

（1）Declaration（声明）

XML 声明的语句如下所示：

```
<?xml version="1.0" encoding="utf-8"?>
```

所有的 XML 文档的第一行都有这样一个 XML 声明，它表示该文档是一个 XML 文档，并指明了该文档要遵循的 XML 规范版本。

（2）Element（元素）

元素是组成 XML 文档的最小单位。一个元素由一对标记来定义，包括开始标记和结束标记，以及其中的内容。XML 中的标记是用户自定义的，例如：

```
<username>张三</username>
```

（3）Tag（标记）

在 XML 中，标记是成对出现的，用来定义元素，因此标记的名称和元素的名称是一样的。元素<username>张三</username>中的<username>就是标记。

（4）Attribute（属性）

属性是对标记的描述和说明，一个标记可以有多个属性。每个属性都有自己的名字和值，属性本身是标记的一部分，这一点和 HTML 是一样的。例如：

```
<username sex="male"> 张三</username>
```

与标记一样，属性也是自定义的。但由于属性不容易扩充和被程序操作，建议除非不得已时不要使用属性。上面的例子可以把属性改为子元素：

```
<username> 张三
    <sex>男</sex>
</username>
```

（5）DTD（文档类型定义）

DTD 是用来定义 XML 文档中元素、属性以及元素之间关系的文件。如果一个 XML 文件有相应的 DTD，那么它必须满足该 DTD 所规定的语义，因为 DTD 文件会检测 XML 文档的结构是否正确。建立 XML 文件时不一定需要 DTD 文件。

（6）注释

注释是 XML 文档中用于解释的字符数据，XML 处理器不会对它进行任何处理。注释可以出现在 XML 元素的任何位置，但注释不可嵌套定义。注释是用“<!--”和“-->”引起来的字符数据，例如：

```
<!--这是一个注释的例子-->
```

8.2 格式良好的 XML 和有效的 XML

8.2.1 格式良好的 XML

如果一个 XML 文档满足前面所述的基本语法，则称为格式良好的 XML 文档。在使用 XML 文件时，有几点要注意：

- XML 文档有且仅有一个根元素，例如上例中的<userinfo></userinfo>。
- XML 中标记和属性名称是大小写敏感的。元素的结束标记和开始标记在大小写上一定要保持一致，下面的元素就不是格式良好的：

```
<Username> 张三 </username>
```

- 所有的标记都必须有结束标记，且标记不允许交叉嵌套。
- 如果要为元素添加属性，则只能添加在开始标记中，不能添加到结束标记中。
- 属性必须包含在“< >”之中，且属性不能重复。

8.2.2 有效的 XML

为了使得 XML 的信息能够被用户正确理解，同一个行业内部可以定义一个行业内认可的 XML 标记集合，这种标记集合称为 XML 的语法（grammar）。例如，Open Financial Exchange（开放金融交换，OFX）规范就是金融行业定义的金融数据交换规范，它规定了金融数据交换过程中的信息，例如信用卡号的长度、有效期的格式等。

用户也可以自定义标记集。这种标记集目前有两种格式，一种是获得W3C认可的document type definition（文档类型定义，DTD），另一种是Microsoft公司的XML Schema。DTD和XML Schema的共同作用是定义XML中数据表示的语法格式。所谓有效的XML就是指格式良好且符合DTD或XML Schema规则定义的XML文档。

1. DTD的使用

DTD可以是一个完全独立的文件，也可以在XML文件中直接设定。所以，DTD分为外部DTD（在XML文件中调用另外已经编辑好的DTD）和内部DTD（在XML文件中直接设定DTD）两种。由于DTD较为复杂，此处不再赘述，DTD的语法格式大致如下：

```
<!DOCTYPE myDocType[
<! ELEMENT definitions…>
<! ATTLIST definitions…>
]>
```

（1）外部DTD

外部DTD是将DTD规则写在一个独立的文件中，然后在XML中引用该文件。假设定义的DTD文件名为userinfo.dtd，则在XML文档中可这样引用：

```
<?xml version="1.0" encoding="utf-8"?>
<!DOCTYPE userinfo SYSTEM "userinfo.dtd">
<userinfo>
  <user>
    …
  </user>
</userinfo>
```

（2）内部DTD

内部DTD是直接将DTD规则书写在XML文档的前部，例如：

```
<?xml version="1.0" encoding="utf-8"?>
<!DOCTYPE myDocType[
<! ELEMENT definitions…>
<! ATTLIST definitions…>
]>
<userinfo>
  <user>
    …
  </user>
</userinfo>
```

2. XML Schema的使用

DTD虽然可以定义标记集的格式，但它也具有格式复杂、对数据类型定义支持不够、扩展机制复杂等缺点。因此，Microsoft公司推出了自己的标记集表示规范——XML Schema。

XML Schema 本身也是 W3C 的标准，且得到了.NET 平台的良好支持，其本身的语法就是 XML 的语法，具有易学易用、数据类型丰富、扩展性强等优点。和 DTD 类似，XML Schema 对其对应的 XML 文档进行了如下规定：

- 定义了可以出现在 XML 文档中的元素。
- 定义了可以出现在 XML 文档中的属性。
- 定义了哪些元素是子元素以及子元素的顺序和数量。
- 定义了元素和属性的数据类型以及默认值或固定值等。

在 Visual Studio .NET 2008 下可以创建 XML Schema 文件。方法是在图 8-1 所示的窗口中选择“XML 架构”选项。XML Schema 语法的结构大致如下：

```
<Schema name="mySchema" …>
<ElementType…></ElementType>
<AttributeType…></AttributeType>
<description></description>
</Schema>
```

8.3　XML 与 DataSet 对象

前面已经介绍过，DataSet 表示一个数据的集合。DataSet 不仅可以保存数据库表的数据信息，而且可以与 XML 对象进行转换。因此，通过 XML 和 DataSet 对象可以方便地在不同数据源之间进行数据转换，如图 8-3 所示。

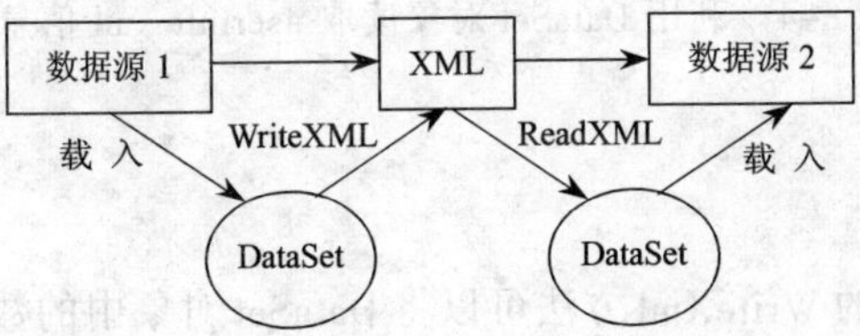

图 8-3　XML 作为数据源之间的交换中介

8.3.1　读取 XML 文档

利用 DataSet 对象的 ReadXml 方法可以方便地把一个 XML 文档的内容加载到 DataSet 对象中。当 XML 文档的内容加载到 DataSet 对象之后，可以将 DataSet 对象和数据显示控件进行绑定以显示 XML 文档的内容，也可以在 DataSet 对象中对 XML 文档的内容进行修改，也可以通过 DataSet 对象将 XML 的内容存入数据库表中。

【例 8.1】当单击页面上“读取 XML 信息到 DataSet 对象”按钮时，利用 DataSet 对象读取

userinfo.xml 的信息并显示在 GridView 控件中。代码如下：

```
protected void Button1_Click(object sender,EventArgs e)
{
    DataSet ds=new DataSet();
    ds.ReadXml(Server.MapPath("userinfo.xml"));
    GVUserinfo.DataSource=ds;
    GVUserinfo.DataBind();
    ds.Dispose();
}
```

运行结果如图 8-4 所示。

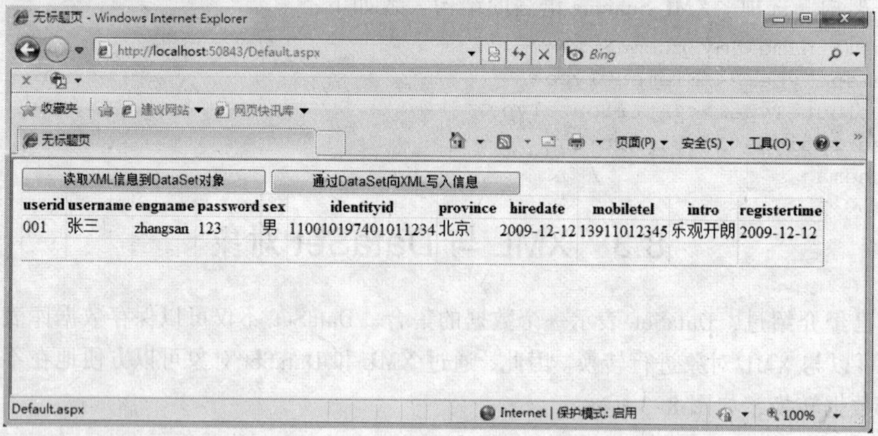

图 8-4　利用 DataSet 对象读取 userinfo.xml 信息

8.3.2　写入 XML 文档

通过调用 DataSet 对象的 WriteXml 方法可以将 DataSet 对象中的数据信息写入 XML 文档中。因此，我们可以将任何数据源的信息读入 DataSet 对象，然后写入 XML 文档中。

【例 8.2】当单击页面上“通过 DataSet 向 XML 写入信息”按钮时，将 DataSet 对象中的数据写入 userinfo.xml 中。代码如下：

```
protected void Button2_Click(object sender,EventArgs e)
{
    DataTable dt=new DataTable("user");
    DataColumn userid=new DataColumn("userid",typeof(int));
    userid.AutoIncrement=true;                    //主键自动增长
    userid.AutoIncrementStep=1;                   //递增量为 1
    userid.Unique=true;                           //主键
    dt.Columns.Add(userid);
```

```
        dt.Columns.Add(new DataColumn("username",typeof(string)));
        dt.Columns.Add(new DataColumn("engname",typeof(string)));
        dt.Columns.Add(new DataColumn("password",typeof(string)));
        dt.Columns.Add(new DataColumn("sex",typeof(string)));
        dt.Columns.Add(new DataColumn("identityid",typeof(string)));
        dt.Columns.Add(new DataColumn("province",typeof(string)));
        dt.Columns.Add(new DataColumn("hiredate",typeof(DateTime)));
        dt.Columns.Add(new DataColumn("mobiletel",typeof(string)));
        dt.Columns.Add(new DataColumn("intro",typeof(string)));
        dt.Columns.Add(new DataColumn("registertime",typeof(DateTime)));
        DataRow dr=dt.NewRow();
        dr["userid"]=2;
        dr["username"]="李四";
        dr["engname"]="lisi";
        dr["password"]="123";
        dr["sex"]="女";
        dr["identityid"]="370222196606061234";
        dr["province"]="上海";
        dr["hiredate"]="2009-1-1";
        dr["mobiletel"]="13901012345";
        dr["intro"]="勤奋认真";
        dr["registertime"]="2009-1-2";
        dt.Rows.Add(dr);
        DataSet ds=new DataSet("userinfo");
        ds.Tables.Add(dt);
        //GVUserinfo.DataSource=ds;
        //GVUserinfo.DataBind();
        if(ds!=null)
        {
          ds.WriteXml(Server.MapPath("userinfo.xml"),XmlWriteMode.IgnoreSchema);
          //Dispose of the original DataSet.
          ds.Dispose();
        }
    }
```

此时 userinfo.xml 内容被修改，以前的内容将被覆盖。如下所示：

```
<?xml version="1.0" standalone="yes"?>
<userinfo>
  <user>
    <userid>2</userid>
    <username>李四</username>
    <engname>lisi</engname>
    <password>123</password>
    <sex>女</sex>
    <identityid>370222196606061234</identityid>
```

```
    <province>上海</province>
    <hiredate>2009-01-01T00:00:00+08:00</hiredate>
    <mobiletel>13901012345</mobiletel>
    <intro>勤奋认真</intro>
    <registertime>2009-01-02T00:00:00+08:00</registertime>
  </user>
</userinfo>
```

上面的例子是在 DataSet 中动态生成了一组数据，其实可以把特定数据库表的内容读取到 DataSet 对象中，然后写入 XML 文档中，具体实现请读者思考。

8.4 Web.config 文件的配置

Web.config 文件是一个 XML 文本文件，它用来存储 ASP.NET Web 应用程序的配置信息。在一个应用程序中，Web.config 文件可以有多个，它可以出现在应用程序的每一个目录中。当新建一个 Web 应用程序时，会在根目录下创建一个默认的 Web.config 文件。

8.4.1 使用 Web.config 文件放置常量

在应用程序中常常会用到一些常量信息，例如连接数据库的字符串常量。在第 7 章中，连接数据库的字符串是写在程序中的。这样做的缺点是如果想要修改数据库连接字符串，就要到程序中找到所有的连接字符串进行修改，非常不方便。为了方便维护如数据库连接字符串等常量信息，可以将它们放置在 Web.config 文件中。当要改动这些常量时，只要修改 Web.config 文件即可，而无须改动程序。存放常量信息的语法格式为：

```
<appSettings>
  <add key="常量名称" value="常量的值" />
</appSettings>
```

当需要在某个文件中使用常量信息时，可以使用 ConfigurationSettings 类的 AppSettings 属性来读取 Web.config 文件中的自定义常量。例如：

```
ConfigurationSettings.AppSettings["常量名称"];
```

【例 8.3】利用 Web.config 文件存放连接数据库的字符串常量。

Web.config 中字符串常量的书写格式如下：

```
<appSettings>
  <add key="constr" value="server=localhost;uid=sa;pwd=sa;database=TEST"/>
</appSettings>
```

在应用程序中按照如下格式读取连接数据库字符串：

```
string strConn=ConfigurationSettings.AppSettings["constr "];
```

具体的代码参见【例 8.5】。

8.4.2 使用 Web.config 文件进行安全性配置

通常情况下，含有商业信息的 Web 应用程序只会让拥有一定身份的用户访问，而且不同的用户能够看到的页面或信息也会不同。这种功能可以通过对 Web.config 文件的配置来实现。ASP.NET Web 应用程序可以从三个方面实现对 Web 应用程序的保护：身份验证、授权和保护单个文件及文件夹。

1. 身份验证和授权

身份验证是指每个来访用户必须先通过用户和密码的验证才能浏览 Web 应用程序。在 Web.config 中通过如下元素实现验证功能：

```
<system.web>
  <authentication mode="验证方式" />
</system.web>
```

验证方式有三种：基于 Windows 的验证、基于 Forms 的验证和基于微软 Passport 的验证。

(1) Windows 身份验证

如果将 ASP.NET 应用程序配置为使用 Windows 身份验证，则 IIS 使用配置的 IIS 身份验证机制执行用户身份验证。具体步骤如下：

① 配置 Web.config 文件。

```
<authentication mode="Windows" />
```

② 启动系统的 Internet 信息服务器（IIS），右击 Web 应用程序根目录结点，在弹出的快捷菜单中选择“属性”命令，如图 8-5 所示。

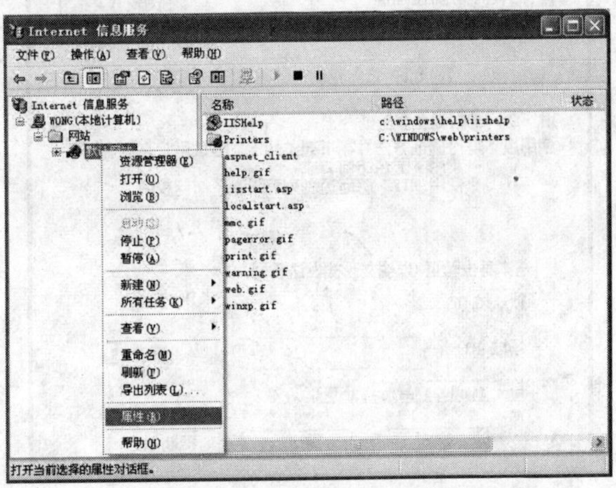

图 8-5 IIS 服务器属性菜单

③ 在打开的窗口中选择“目录安全性”选项卡，然后单击“匿名访问和身份验证控制”选项区域中的“编辑”按钮，如图 8-6 所示。

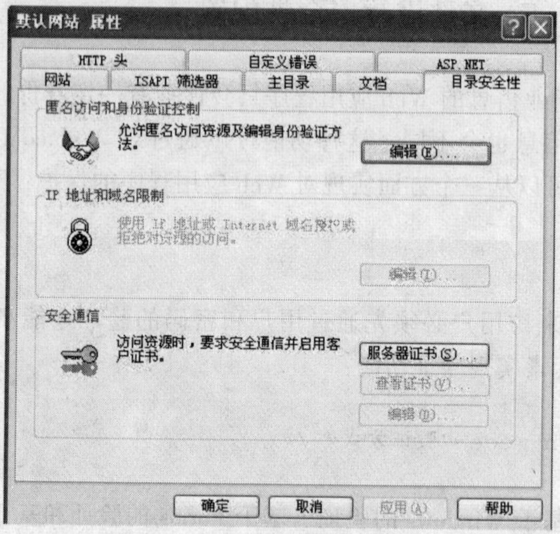

图 8-6 “目录安全性”选项卡

④ 在弹出的对话框中选中“匿名访问”复选框，即允许匿名访问。然后填写用户名和密码，并选中“集成 Widows 身份验证”复选框，如图 8-7 所示。

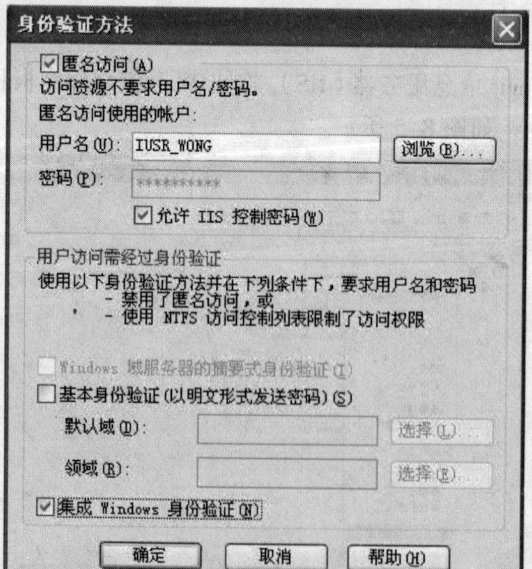

图 8-7 “身份验证方法”对话框

通过上面的设置就完成了基于 Windows 的身份验证。采用 Windows 身份验证的优点是操作简单，编写代码很少，通过 Window 操作系统的安全机制进行身份验证。该方式的缺点是访问者必须使用 Windows 操作系统，或者与服务器在同一个域内。在实际的应用中，该方法较少采用。

（2）Forms 身份验证

大多数 Web 应用程序通常采用 Forms 身份验证方式。这种验证方式将用户的登录信息（用户名和密码）存储在数据库文件或 XML 等格式的文件中，没有进行身份验证的用户都会被引导至一个登录页面进行登录。用户在登录页面输入登录信息后，该信息会被与文件中存放的相应信息进行比较，如果正确则在客户端计算机上创建一个验证 Cookie，同时使客户继续访问其他页面。使用 Forms 身份验证方式的步骤如下：

① 配置 Web.config 文件。

```
<authentication mode="Forms" >
<forms name="Cookie对象名称"  loginUrl="登录页面路径"  protection="保护方式"/>
</authentication>
```

其中，属性 loginUrl 的值为登录页面的 URL，没有通过身份验证的请求都会被引导至该页面；属性 name 的值表示在客户端上创建的 Cookie 的名称，只有用户的验证信息正确后才进行创建；属性 protection 的值表示对 Cookie 的保护方式，一共有四种：All，对 cookies 加密并验证；none，不加密也不验证；Encryption，只进行加密；Validation，只进行验证。

② 在 Web.config 文件中设置授权信息。

通过身份验证只是表明用户可以访问 Web 应用程序，但哪些用户可以访问程序中的哪些页面则由授权信息决定，因此身份验证通常是和授权一起来使用的。使用授权需要在 Web.config 文件中添加如下元素：

```
<authorization>
  <allow users="用户列表"/>
  <deny users="用户列表"/>
</authorization>
```

其中，<allow users="用户列表"/>指明允许哪些用户做什么，<deny users="用户列表"/>指明不允许哪些用户做什么。可以使用两个特殊的通配符："*" 代表所有的用户，包括通过和未通过身份验证的用户；"？" 代表所有的匿名用户。例如：

```
<allow users="admin"/>
<deny users="*"/>
```

这两个表达式的作用是只允许 admin 用户访问，其他用户全部禁止访问。

③ 创建登录页面。例如放置两个文本框让用户输入用户名和密码，以进行身份验证。

【例 8.4】模拟 Forms 验证和授权的运行情况。login.aspx 页面是登录页面。当用户试图访问程序中的任何页面时，程序会自动引导用户至登录页面进行登录（为简单起见，设置用户名和密码均为 admin），如果用户通过了验证和授权，则会进入首页面，在首页面中根据提示跳转到其他页面。

Web.config 文件需要进行如下配置：

```
<?xml version="1.0" encoding="utf-8"?>
<configuration>
  <system.web>
    <authentication mode="Forms">
      <forms name="auth" loginUrl="login.aspx"/>
    </authentication>
    <authorization>
      <deny users="?"/>
    </authorization>
  </system.web>
<configuration>
```

当用户试图访问首页时，会被引导至图 8-8 所示的登录页面。

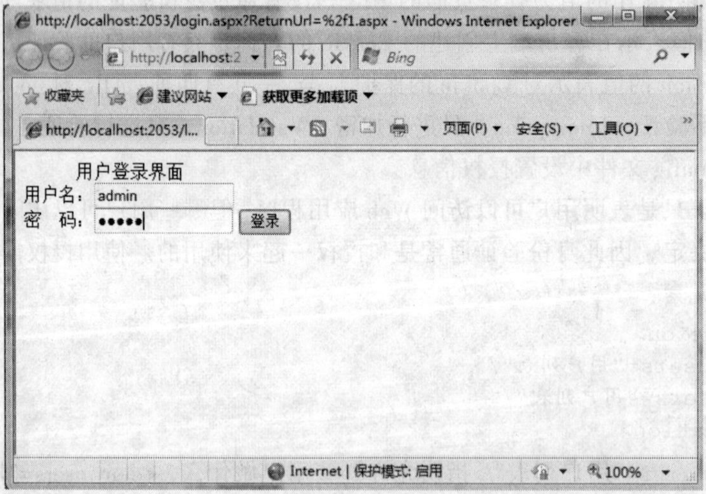

图 8-8　login.aspx 页面

Login.aspx.cs 代码如下：

```
using System;
using System.Collections.Generic;
using System.Linq;
using System.Web;
using System.Web.UI;
using System.Web.UI.WebControls;
```

```
using System.Web.Security;//新添加，FormsAuthentication 类所在的 namespace
namespace ch8
{
    public partial class login:System.Web.UI.Page
    {
        protected void Page_Load(object sender,EventArgs e)
        {
        }
        protected void Button1_Click(object sender,EventArgs e)
        {
            if(username.Text=="admin"&&pwd.Text=="admin")
            {
                FormsAuthentication.SetAuthCookie(username.Text,false);
                Response.Redirect("Default.aspx");
            }
            else
            {
                Label1.Text = "用户名/密码输入有误，请重新输入";
            }
        }
    }
}
```

当用户输入登录信息并验证正确后，应用程序会跳转至首页，如图 8-9 所示。单击“清除验证 Cookie”按钮，则验证 Cookie 将被清除。

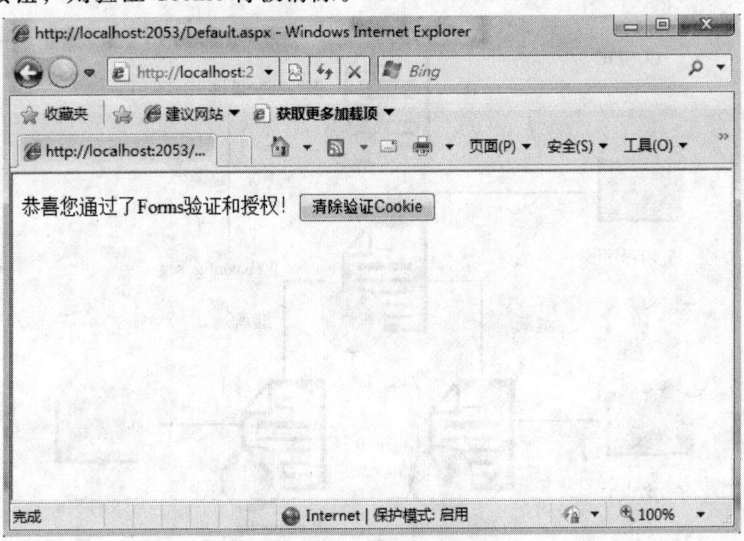

图 8-9　Default.aspx 页面

“清除验证 Cookie”按钮的 Click 事件如下所示：

```
protected void Button1_Click(object sender,EventArgs e)
  {
    //当用户退出网站的时候，清除客户端的身份验证 Cookie
    FormsAuthentication.SignOut();
  }
```

（3）Passport 身份验证

这种身份验证方式是微软提供的一项身份验证服务。使用这种身份验证方式必须给微软公司支付一定的费用，因此使用者较少。Passport 身份验证方式的步骤大致如下：

① 通过.NET Passport 网站，可以对.NET Passport SDK 进行下载、安装和配置。

② 配置 Web.config 文件。

```
<authentication mode=" Passport" />
```

③ 使用 Passport 文档和.NET Passport SDK 功能，实现 Passport 身份验证和授权。

2. 保护单个文件或文件夹

在 Web 应用程序中，Web.config 文件可以有多个。如果 Web.config 文件存在于应用程序的根目录下，那么其作用范围就是整个应用程序；如果它存在于某个文件夹下，那么其作用范围就是该文件夹。子文件夹中的 Web.config 文件可以继承父文件夹中 Web.config 文件的设置，并覆盖相同选项的配置。图 8-10 所示为应用程序中 Web.config 文件的继承关系。

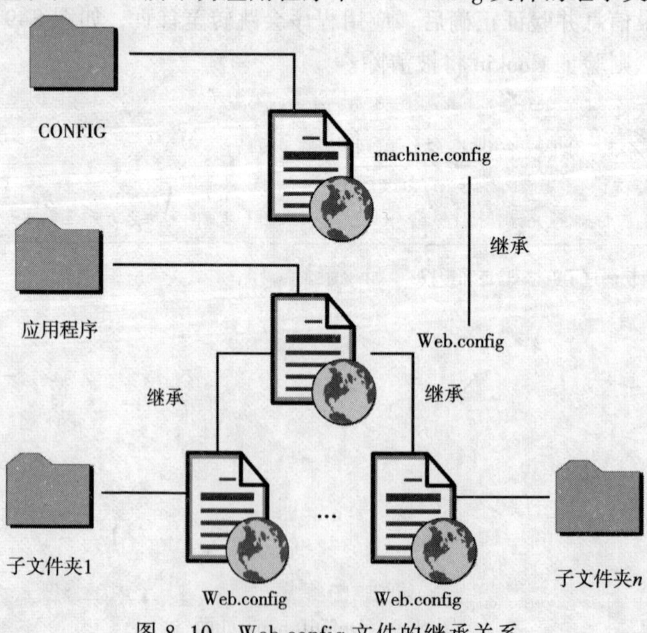

图 8-10　Web.config 文件的继承关系

此外，通过在 Web.config 文件中添加如下 XML 标记，也能实现保护特定文件夹或文件的目的。

```
<location path="文件或文件夹的路径">
  <system.web>
    <authorization>
      <allow users="用户列表"/>
      <deny users="用户列表"/>
    </authorization>
  </system.web>
</ location >
```

【例 8.5】综合示例。使用 Web.config 放置连接字符串常量、配置验证授权信息以及保护单个文件。程序目录如图 8-11 所示。

在程序根目录下有一个 Web.config 文件，在文件夹 protection 目录下也有一个 Web.config 文件。程序根目录下的 Web.config 文件放置了连接字符串以及验证授权信息，并且不接收匿名用户访问；而 protection 目录下的 Web.config 文件用来保护 protection.aspx 文件只接受用户名为“VIP”的用户访问。需要注意的是，本程序运行的前提是用户名为“VIP”的用户记录已在数据库表 userinfo 中存在，如果不存在可以利用第 7 章的内容往 userinfo 表中插入一条用户名为“VIP”的记录。

图 8-11　综合程序目录

程序根目录下的 Web.config 文件如下：

```
<?xml version="1.0" encoding="utf-8"?>
<configuration>
<appSettings>
  <add key="connectionString" value="server=localhost;uid=sa;pwd=sa;database=
  TEST" />
</appSettings>
<system.web>
  <authentication mode="Forms">
    <forms name="auth" loginUrl="login.aspx"/>
  </authentication>
  <authorization>
    <deny users="?"/>
  </authorization>
</system.web>
<configuration>
```

protection 文件夹下的 Web.config 内容如下：

```
<?xml version="1.0" encoding="utf-8"?>
<configuration>
    <appSettings/>
    <connectionStrings/>
    <system.web>
        <authorization>
            <allow users="张三"/>
            <deny users="*"/>
        </authorization>
    </system.web>
</configuration>
```

当用户访问 Default.aspx 时，页面被引导至登录页面 login.aspx（页面效果同【例 8.4】），当用户输入的用户名和密码与数据库 userinfo 表中存储的用户名和密码一致时，页面才会跳转至 Default.aspx。login.aspx.cs 的代码如下：

```
using System;
using System.Collections;
using System.Configuration;
using System.Data;
using System.Web;
using System.Web.Security;
using System.Web.UI;
using System.Web.UI.HtmlControls;
using System.Web.UI.WebControls;
using System.Web.UI.WebControls.WebParts;
using System.Data.SqlClient;//new added
public partial class login : System.Web.UI.Page
{
    protected void Page_Load(object sender, EventArgs e)
    {

    }
protected void Button1_Click(object sender, EventArgs e)
    {
        string constr=ConfigurationSettings.AppSettings["connectionString"];
        SqlConnection con=new SqlConnection(constr);
        string sql="select * from userinfo where username='"+username.Text+"' and
        password='"+pwd.Text+"'";
        SqlCommand cmd=new SqlCommand(sql,con);
        con.Open();
        SqlDataReader dr=cmd.ExecuteReader();
        if(dr.Read())
        {
            FormsAuthentication.RedirectFromLoginPage(username.Text,false);
```

```
        }
    }
}
```

当单击“登录”按钮时，首先从 web.config 文件获取“connectionString”对应的数据库连接字符串值，然后根据用户输入的用户名和密码到 userinfo 表中验证正确性，如果正确则跳转至 Default.aspx 页面。当用户试图访问 protection 文件夹下的 protection.aspx 文件时，页面也会跳转至 login.aspx 页面，但此时只有用户名为“张三”且存储于 userinfo 表中的用户才能访问 protection.aspx 文件，其他用户一概不能访问，即使用户名和密码验证正确也不能访问。protection.aspx 的运行页面如图 8-12 所示。

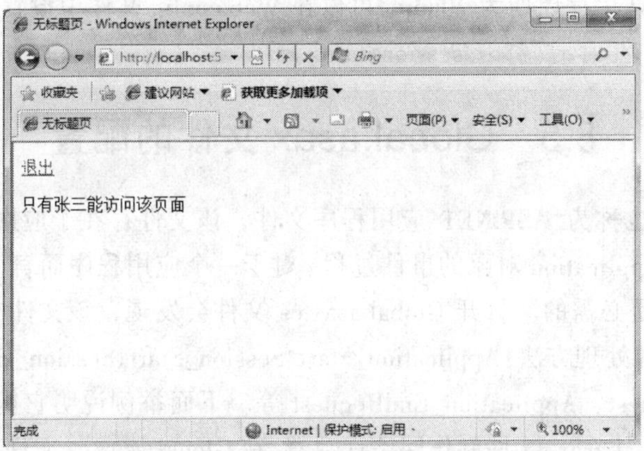

图 8-12　protection.aspx 的运行页面

8.4.3　使用 Web.config 文件配置其他内容

Web.config 文件除了可以放置常量、对应用程序进行安全性配置之外，还可以进行编译环境设置、自定义错误信息、设置 Session 对象的生存周期等。对应于这些内容，在 Web.config 中添加如下元素：

```
<?xml version="1.0" encoding="utf-8"?>
<configuration>
  <appSettings>
  </appSettings>
  <system.web>
    <compilation debug="false"> </compilation>
    <customErrors defaultRedirect="ErrorPage.aspx" mode="RemoteOnly"/>
    <sessionState timeout ="50"></sessionState>
  </system.web>
<configuration>
```

1. 设置编译环境

元素<compilation debug="false"> </compilation>用来配置 ASP.NET 所使用的所有编译设置。debug="true"可以启用对应用程序的调试，否则 debug="false"可以提高应用程序运行时的性能。

2. 自定义错误信息

元素<customErrors defaultRedirect="出错页面" mode="使用模式"/>用来定义错误信息。设置为 mode="RemoteOnly"或 mode="On"可以启用自定义错误信息，设置为 mode="Off"则禁用自定义错误信息。defaultRedirect 用来定义出错后跳转的页面。

3. 设置 Session 生存周期

Session 对象的默认生存周期为 20min，可以在 Web.config 文件中设置其生存周期。格式为：<sessionState timeout ="生存时间"></sessionState>。

8.5 Global.asax 文件的配置

Global.asax 文件也称为 ASP.NET 应用程序文件，该文件存在于应用程序根目录下，用来存放 Session 对象和 Application 对象的事件过程。对于一个应用程序而言，Global.asax 文件最多只能有一个，并且不是必需的。打开 Global.asax.cs 文件会发现，该文件中存在 Session 对象和 Application 对象的事件处理方法：Application_Start、Session_Start、Session_End、Application_End、Application_BeginRequest、Application_EndRequest 等。下面举例说明它们的用法。

【例 8.6】使用 Global.asax 文件制作网站计数器。在 Global.asax.cs 文件中的 Application_ Start 方法和 Session_Start 方法中编写处理代码。程序运行界面如图 8-13 所示。

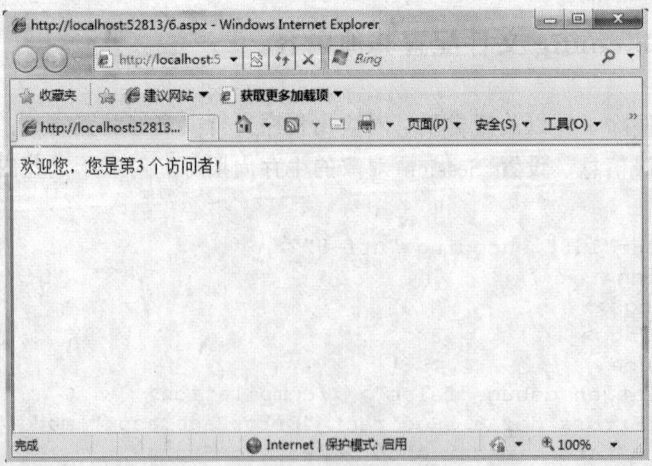

图 8-13 网站计数器运行界面

在相应的应用程序.aspx 文件中添加 Label 控件 count，在.aspx.cs 的 Page_load()事件中编写如下代码：

```
protected void Page_Load(object sender, EventArgs e)
{
  count.Text = Application["Site_Counter"].ToString();
}
```

Global.asax.cs 代码如下：

```
using System;
using System.Collections.Generic;
using System.Linq;
using System.Web;
using System.Web.Security;
using System.Web.SessionState;
using System.IO;
namespace ch8
{
 public class Global:System.Web.HttpApplication
 {
  protected void Application_Start(object sender,EventArgs e)
  {
   // 在应用程序启动时运行的代码
   StreamReader rd=new StreamReader(Server.MapPath("Site_Counter.txt"));
   Application.Lock();
   Application["Site_Counter"]=int.Parse(rd.ReadLine());
   Application.UnLock();
   rd.Close();
  }
  protected void Session_Start(object sender,EventArgs e)
   {
   // 在新会话启动时运行的代码
   Application.Lock();
   Application["Site_Counter"]=Convert.ToInt32(Application["Site_Counter"])+1;
   Application.UnLock();
   StreamWriter wt=new StreamWriter(Server.MapPath("Site_Counter.txt"),
   false);
   Application.Lock();
   wt.WriteLine(Application["Site_Counter"]);
   Application.UnLock();
   wt.Close();
  }
 }
}
```

8.6 ASP.NET缓存技术

对于Web应用程序而言，频繁地对数据库进行读取操作是造成性能下降的一个重要原因。为了提高应用程序的性能,可以对那些被频繁访问且又无须经常更新的数据进行缓存。ASP.NET提供了两种基本的缓存机制来提供缓存功能。一种是页输出缓存，利用它可以直接获取存放在缓存中的页面，而无须经过对该页面的繁杂的再次处理。另外一种缓存机制是应用程序缓存，允许开发者将程序生成的数据或报表业务对象放入缓存中。

8.6.1 页面输出缓存

页面输出缓存通过内存将处理后的 ASP.NET 页面存储起来，当客户端再一次访问该页面时，可以省去页面处理的过程，从而提高页面访问的性能以及Web服务器的吞吐量。例如，在一个电子商务网站里，用户要经常查询商品信息，这个过程会涉及数据库访问以及搜索条件的匹配，在数据量较大的情况下，这样的搜索过程是较为耗时的。此时，利用页输出缓存就可以将第一次搜索得到的查询结果页存储在缓存中。当用户第二次查询时，就可以省去数据查询的过程，减少页面的响应时间。

页输出缓存分为整页缓存和部分页缓存。可以通过@OutputCache指令完成对Web页面的输出缓存。@OutputCache指令通常在ASP.NET页或者页中包含的用户控件的头部声明。它主要包含两个参数：Duration和VaryByParam。Duration参数用于设置页面或控件进行缓存的时间，其单位为s。如下的设置表示缓存在60s内有效：

```
<%@ OutputCache Duration="60" VaryByParam="none" %>
```

只要没有超过Duration设置的期限值，当用户访问相同的页面或控件时，就可以直接在缓存中获取。使用VaryByParam参数可以根据设置的参数值建立不同的缓存。例如，在一个输出天气预报结果的页面中，如果需要为一个ID为tmptr的TextBox控件建立缓存，其值将显示某城市的气温，那么可以进行如下的设置：

```
<%@ OutputCache Duration="60" VaryByParam="tmptr" %>
```

这样，ASP.NET会对tmptr控件的值进行判断，只有输入值与缓存值相同时，才从缓存中取出相应的值。这就有效地避免了因为值的不同而导致输出错误的数据。

8.6.2 应用程序数据缓存

应用程序缓存的实现原理很简单，就是通过ASP.NET管理内存中的缓存空间。放入缓存中的应用程序数据对象以键/值对的方式存储，这便于用户在访问缓存中的数据项时，可以根据

key 值判断该项是否存在缓存中。放入缓存中的数据对象的生命周期是受到限制的，即使在整个应用程序的生命周期里，也不能保证该数据对象一直有效。ASP.NET 可以对应用程序缓存进行管理，例如当数据项无效、过期或内存不足时移除它们。

在.NET Framework 中，应用程序缓存通过 System.Web.Caching.Cache 类实现。它是一个密封类，不能被继承。对于每一个应用程序域，都要创建一个 Cache 类的实例，其生命周期与应用程序域的生命周期保持一致。可以利用 Add 或 Insert 方法将数据项添加到应用程序缓存中，如下所示：

```
Cache["First"]="First Item";
Cache.Insert("Second","Second Item");
```

与之对应的是缓存中数据项的移除。前面提到 ASP.NET 可以自动管理缓存中数据项的移除，但也可以通过代码编写的方式显式地移除相关的数据项：

```
Cache.Remove("First");
```

【例 8.7】从数据库读取 userinfo 表中的所有记录到 Cache 中，将 Cache 绑定到 GridView 控件中显示所有用户信息。

在 Cache.aspx 页面的 Page_Load 方法中添加如下代码：

```
protected void Page_Load(object sender,EventArgs e)
{
   DataSet ds=new DataSet();    //创建 DataSet 对象
   if(Cache["ds"]==null)        //如果缓存为空,表示为第一次请求,要生成 DataSet 对象
   {
      string strConn = ConfigurationSettings.AppSettings["connectionString"];
      SqlDataAdapter adp=new SqlDataAdapter("select * from userinfo",strConn);
      adp.Fill(ds,"userinfo");
      UserGridView.DataSource=ds.Tables[0].DefaultView;
      UserGridView.DataBind();
      Cache["ds"]=ds;
   }
   else
   {
      ds=(DataSet)Cache["ds"];
      UserGridView.DataSource=ds.Tables[0].DefaultView;
      UserGridView.DataBind();
   }
}
```

程序运行界面如图 8-14 所示。

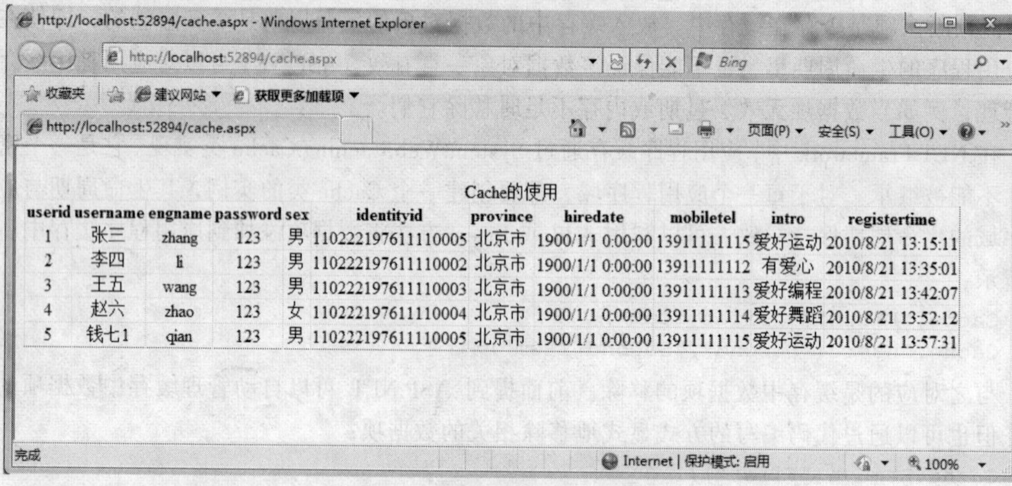

图 8-14　使用 Cache 存储数据

小　结

XML 是 Web.config 文档的描述语言。本章首先对 XML 语言进行了介绍，然后对 Global.asax 文件和 Web.config 文件的作用进行了详细讲述，它们为开发 Web 应用程序提供了方便。提高应用程序性能也是十分重要的问题，本章也对 ASP.NET 缓存技术进行了介绍。

习　题

1. XML 与 DataSet 对象的关系是什么？
2. 简述 Global.asax 和 Web.config 文件各自的作用和特点。
3. 简述页面输出缓存和应用程序数据缓存的使用方法。
4. 如何使用 Web.config 文件实现保护单个文件的作用？

第9章 MVC 及 ASP.NET 分层程序设计

学习完前8章的内容,读者可以开发简单的ASP.NET应用程序了。而对于大型的应用程序,为了提高程序的可扩展性和可维护性,需要对应用程序进行分层设计。本章将对设计模式的基本概念加以简单介绍,然后一步一步讲解如何开发三层架构的 ASP.NET 应用程序。通过对本章的学习,读者开发ASP.NET应用程序的技能将有进一步的提高,对ASP.NET应用程序的理解也将迈上一个新的台阶。

学习目标

- 理解设计模式的含义。
- 理解 MVC 模式的原理及优缺点。
- 了解 ASP.NET 中常用的 MVC 框架。
- 掌握如何利用 MVC 原理开发 ASP.NET 分层应用程序。

9.1 设计模式简介

在介绍设计模式之前，读者可以先回顾一下自己的编程历史。我们在最开始编程的时候，往往对很多东西都似懂非懂，于是照猫画虎，慢慢地学会了编程。当开发过一两个小项目并积累了一些经验之后，我们就开始思考：是否每次开发项目都要从头开始编写源代码呢？在之前开发的项目中，有没有一些可以复用的模块在新项目中拿来使用呢？于是我们再次审视自己的编程经验，希望自己编写的代码具有可复用性，在一次次的经验总结中把自己锻炼成了真正的编程高手。

真正内行的设计者都知道：不是解决任何问题都要从头做起的。他们更愿意复用以前使用过的解决方案。当找到一个好的解决方案时，他们会一遍又一遍地使用。这些经验是他们成为内行的部分原因。因此，大家会在许多面向对象系统中看到类和相互通信的对象（commuicating object）的重复模式。它们帮助设计者将新的设计建立在以往工作的基础上，复用以往成功的设计方案。

一个熟悉这些模式的设计者不需要再去发现它们，而能够立即将它们应用于设计问题中。

9.1.1 什么是设计模式

通俗地讲，设计模式（design pattern）就是一套被反复使用的代码设计经验的总结。使用设计模式是为了可重用代码、让代码更容易被他人理解、保证代码可靠性。一般而言，一个模式有四个基本要素：

- 模式名称（pattern name）：一个助记名，用一两个词来描述模式的问题、解决方案和效果。设计模式允许我们在较高的抽象层次上进行设计，模式名可以帮助我们思考，便于我们与其他人交流设计思想及设计结果。
- 问题（problem）：描述了应该在何时使用模式，解释了设计问题和问题存在的前因后果。它可能描述了特定的设计问题，如怎样用对象表示算法等；也可能描述了导致不灵活设计的类或对象结构。有时候，问题部分会包括使用模式必须满足的一系列先决条件。
- 解决方案（solution）：描述了设计的组成成分，以及它们之间的相互关系及各自的职责和协作方式。因为模式就像一个模板，可应用于多种不同场合，所以解决方案并不描述一个特定而具体的设计或实现，而是提供设计问题的抽象描述和怎样用一个具有一般意义的元素组合（类或对象组合）来解决这个问题。
- 效果（consequences）：描述了模式应用的效果及使用模式应权衡的问题。尽管我们描述设计决策时，并不总提到模式效果，但它们对于评价设计选择和理解使用模式的代价及好处具有重要意义。软件效果大多关注对时间和空间的衡量，它们也表述了语言和实现问题。因为复用是面向对象设计的要素之一，所以模式效果包括它对系统的灵活性、扩充性或可移植性的影响，显式地列出这些效果对理解和评价这些模式很有帮助。

9.1.2 为什么需要设计模式

在了解了什么是设计模式之后，可能读者还会问：为什么要学习和使用设计模式？

使用设计模式有以下几点好处：

① 复用解决方案。通过复用已经建立的设计，可以为自己要解决的问题找到更高的起点而无须再走弯路。因为设计模式都是前人对同一问题进行摸索之后沉淀下来的经验总结，这也是学习和使用设计模式最主要的原因。

② 建立通用的术语。交流和协作都需要一个共同的词汇基础、一个对问题的共同观点。设计模式在项目的分析和设计阶段为开发者提供了一个通用的参考点。

③ 模式给用户提供一个更高层次的视角。这个视角将用户从“过早处理细节”的烦琐中解放出来。

9.1.3　常见的设计模式

设计模式发展到现在有很多种，从对问题的抽象层次上划分，设计模式大致可以分为低级设计模式、中级设计模式和高级设计模式（架构模式）。最常见的中级模式是 GOF 提出的 23 种设计模式，如表 9-1 所示。关于这 23 种设计模式，有兴趣的读者可以参阅 GOF 编写的《设计模式——可复用面向对象软件的基础》一书。中级模式的组合可以产生高级模式，而 MVC 模式常常被认为是高级模式的一种，GOF 认为 MVC 模式大概等同于：合成模式+策略模式+观察者模式。

表 9-1　GOF 的 23 种设计模式

设计模式的分类	设计模式名称	
creational（创建型）设计模型（共 5 个）	单件模式（single pattern）	原型模式（protype pattern）
	建造者模式（builder pattern）	工厂方法（factory method）
	抽象工厂模式（abstract factory）	
structural（结构型）设计模式（共 7 个）	适配器模式（adapter pattern）	桥接模式（bridge pattern）
	组合模式（composite pattern）	装饰模式（decorator pattern）
	外观模式（facade pattern）	享元模式（flyweight pattern）
	代理模式（proxy pattern）	
behavioral（行为型）设计模式（共 11 个）	模板方法模式（template method）	备忘录模式（memento）
	命令模式（command）	状态模式（state）
	解释器模式（interpreter）	策略模式（strategy）
	中介者模式（mediator）	访问者模式（visitor）
	迭代器模式（iterator）	观察者模式（observer）
	职责链模式（chain of responsibility）	

9.2　MVC 设计模式简介

MVC 设计模式是 model-view-controller 的简称，即模型–视图–控制器。MVC 是 Xerox PARC 在 20 世纪 80 年代为编程语言 Smalltalk-80 发明的一种软件设计模式，至今已被广泛使用。MVC 强制性地把应用程序的输入、处理和输出分开，即把应用程序分成模型、视图、控制器这三个核心模块，它们分别担负着不同的任务。图 9-1 显示了这几个模块各自的功能以及它们的相互关系。

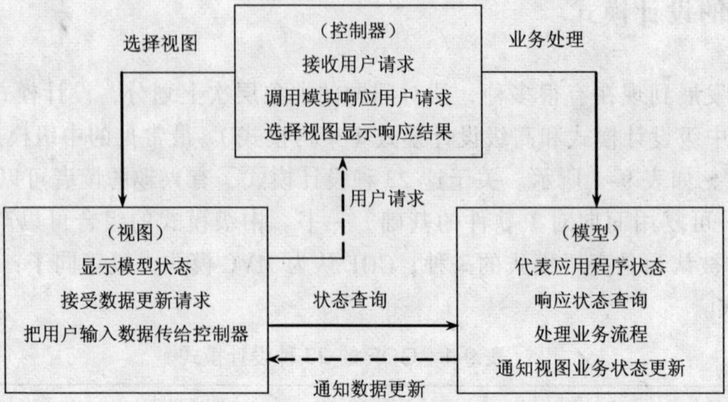

图 9-1　MVC 设计模式原理图

9.2.1　MVC 模式原理

1. 模型（model）

模型包含了应用程序的核心，它封装了应用程序的业务数据和事物逻辑，集中体现了应用程序的状态。换言之，模型就是业务流程的处理以及业务规则的制定。业务流程的处理过程对其他层来说是黑箱操作，模型接受视图请求的数据，并返回最终的处理结果。在 MVC 的三个核心模块中，模型拥有最多的处理任务。被模型返回的数据是中立的，也就是说，模型与数据格式无关。这样同一个模型可以被多个视图重用，从而提高了系统设计的可重用性。

2. 视图（view）

视图主要为浏览器客户端提供动态页面的显示，是模型的外在表现形式。当模型发生改变时，视图会得到通知。视图可以向模型查询业务状态，访问模型的数据，但不能改变这些数据。视图还能接受模型发出的数据更新事件，从而对用户界面进行同步更新。

3. 控制器（Controller）

控制器控制着模型和视图之间交互的过程。它接受用户的输入并调用模型和视图以满足用户的需求。当 Web 用户单击 Web 页面中的“提交”按钮来发送表单时，控制器接收请求并调用相应的模型组件去处理请求，然后调用相应的视图来显示模型返回的数据。也就是说，控制器决定着用户返回怎样的视图、检查通过界面输入的信息以及选择处理输入信息的模型。

9.2.2　ASP.NET Web 窗体与 MVC 模式

ASP.NET 的 Web 窗体为实现 MVC 模式提供了良好的基础。每个 Web 窗体都对应着一个.aspx 文件和一个类文件（如.cs 文件）。开发者可以在 aspx 页面中开发图形化的用户接口来实现视图功能，在类文件（例如.cs 文件）中实现控制器和模型的功能，如图 9-2 所示。控制器负责具体的业务逻辑处理以及任务的分发，模型则负责具体的业务数据的处理。根据 MVC 的思想，在 ASP.NET 中可以方便地实现一个多层系统，如何利用 ASP.NET 开发多层应用程序将在 9.4 节中进行介绍。将用户显示视图从动作控制器中分离出来，提高了代码的可重用性；将数据（模型）从对其操作的动作控制器分离出来，可以设计一个与后台存储数据无关的系统。就 MVC 的本质而言，它是一种对系统进行解耦的方法。

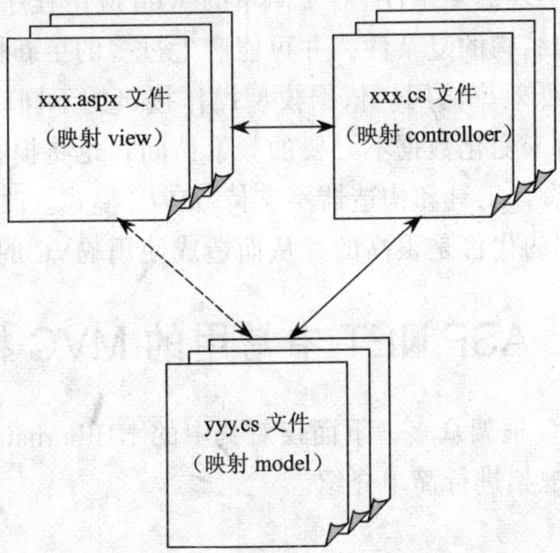

图 9-2　ASP.NET Web 窗体与 MVC 模式的对应关系

→ 表示直接调用；--→ 表示间接调用

9.2.3　MVC 模式的优点和缺点

分离稳定的代码和易变的代码是面向对象设计的一个基本原则。通常负责控制部分的对象要比负责表现部分的对象稳定，而负责业务逻辑和业务数据的对象比前两类对象更稳定。MVC 设计模式分离了程序的表现、控制和数据，具有设计清晰、易于扩展、运用可分布的特点。它可以很好地表达用户与系统的交互模式以及整个系统的程序架构模式。MVC 模式有如下优点：

① 将程序划分为模型、视图和控制器三部分，可以对程序进行合理解耦，从而提高了程序的可复用性。

② 将程序划分为模型、视图和控制器三部分，美工人员可以把精力集中于视图的设计上，程序开发人员可以专注于模型和控制器的设计，从而使得开发人员之间分工明确、互不影响，并且开发人员可以并行开发，从而提高了开发效率。

③ MVC 模式中各组件的分界线就是很自然的分发接口点，使得应用程序的发布更容易并且支持渐进式升级，而且对各部分的责任划分得很清楚，从而简化了测试工作，维护人员很容易了解程序的结构，便于维护工作的进行。

④ 将程序划分为模型、视图和控制器三部分，可以方便地用多个视图来显示多套数据，从而使系统能方便地支持其他新的客户端类型；而且可以把模型、视图和控制器部署在不同的服务器上，从而实现应用程序的分布式开发。

当然，任何事物都具有两面性。MVC 模式在带来上述好处的同时也带来了以下不足：

① 增加了系统结构和实现的复杂性。对于简单的 Web 应用程序，按照 MVC 的原理使模型、视图与控制器分离，会增加结构的复杂性，并可能产生过多的更新操作，降低运行效率。

② 视图对模型数据的低效率访问。依据模型操作接口的不同，视图可能需要多次调用才能获得足够的显示数据。对未变化数据不必要的频繁访问，也将损害操作性能。

③ 目前，高级的界面设计工具和构造器不支持 MVC 模式。改造这些工具以适应 MVC 模式的需要和建立分离的部件的代价是很高的，从而造成使用 MVC 的困难。

9.3 ASP.NET 中常用的 MVC 框架

ASP.NET 环境下的 MVC 框架众多，下面仅对其中的 NHibernate 框架、Spring.NET 框架和微软推出的 ASP.NET MVC 框架进行简单介绍。

9.3.1 NHibernate 框架

NHibernate 是一个面向.NET 环境的对象/关系数据库映射工具，它用来把对象模型表示的对象映射到基于 SQL 的关系模型数据结构中去。NHibernate 不仅仅管理.NET 类到数据库表的映射（包括.NET 数据类型到 SQL 数据类型的映射），还提供数据查询和获取数据的方法，可以大幅度减少开发时人工使用 SQL 和 ADO.NET 处理数据的时间。

9.3.2 Spring.NET 框架

Spring.NET 是一个关注于.NET 企业应用开发的应用程序框架。它移植自著名的 Java 开源项目——Spring，借助于.NET 强大的反射机制，Spring.NET 甚至拥有比原 Java 版本更强大的功能。它能够提供大范围的功能，例如依赖注入、面向方面编程（AOP）、数据访问抽象以及 ASP.NET 集成等。

9.3.3　ASP.NET MVC 框架

ASP.NET MVC 框架提供一种可以代替 ASP.NET Web Forms 模式来创建基于 MVC 的应用程序，ASP.NET MVC 是轻量级的、高可测试性的框架，并且可以结合现有的 ASP.NET 的特性，如母版、基于 membership 的身份验证。在 Visual Studio .NET 2008 中，MVC 框架基础定义在 System.Web.Mvc 命名空间中，成为 System.Web 命名空间的一部分。

9.4　ASP.NET 三层架构程序设计

在第 7 章中，针对 userinfo 表讲解了如何利用 ADO.NET 进行数据库访问。在第 7 章中，程序的业务逻辑代码和操作数据库的代码全部写在 Web 窗体的类文件（.cs 文件）中。本章我们仍然以第 6 章创建的 userinfo 表为例，讲解如何开发分层的 Web 应用程序。在 SQL Server 2000 中创建 TEST 数据库和 userinfo 表，表结构如图 9-3 所示。

列名	数据类型	长度	允许空
userid	int	4	
username	nvarchar	50	✓
engname	nvarchar	50	✓
password	nvarchar	10	✓
sex	char	2	✓
identityid	nvarchar	18	✓
province	nvarchar	10	✓
hiredate	datetime	8	✓
mobiletel	nvarchar	20	✓
intro	nvarchar	100	✓
registertime	datetime	8	✓

图 9-3　userinfo 表结构

应说明的是，针对单个数据表进行简单的增加、删除、修改和查询等操作，并不需要对应用程序进行分层处理，但本章为了讲解方便，以 userinfo 表为例，讲解如何在分层的应用程序中实现对它的增加、删除、修改和查询等基本操作，程序实例名称为 UserInfo。读者在以后设计更加复杂的 Web 应用程序时，只需按照本章对 userinfo 表的处理方法加以相应的扩充即可。因此，从这个角度来讲，本章的例子具有一定的通用性，项目 UscrInfo 的三层架构程序设计界面如图 9-4 所示。

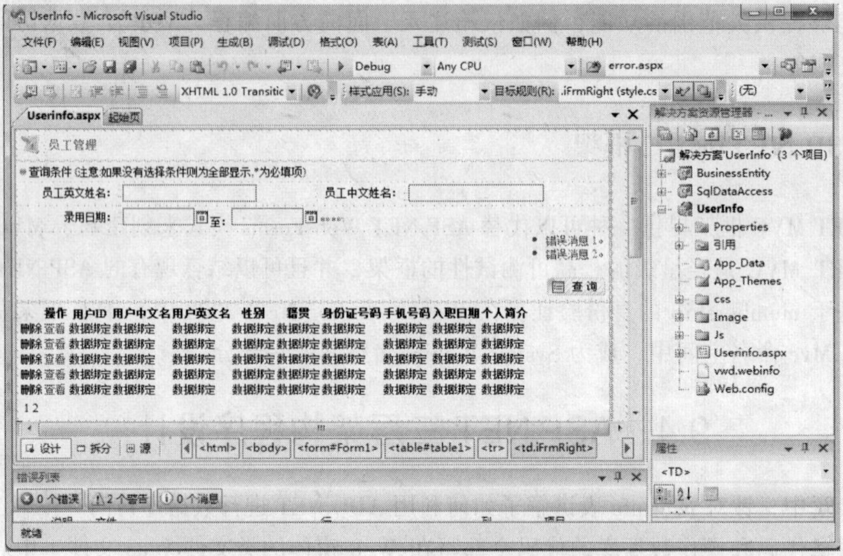

图 9-4　UserInfo 三层架构程序设计界面

在图 9-4 所示的解决方案中，共包含三个项目：UserInfo、BussinessEntity 和 SqlDataAccess。UserInfo 负责表示层的创建，BussinessEntity 负责对业务逻辑的处理，SqlDataAccess 负责封装对数据库的操作。把应用程序分为如上三层，有以下好处：

① 增加了程序的可复用性。例如 SqlDataAccess 项目中封装的对数据库操作的类可以在其他项目中不加修改地直接使用，它们具有最大的通用性。

② 可以让开发人员各司其职。美工人员可以更多地关注 UserInfo 项目，进行页面的美工设计；负责业务逻辑处理的开发人员可以更多地关注 BussinessEntity 项目中业务处理类的开发；负责数据库处理的开发人员可以更多地关注 SqlDataAccess 项目中对数据库操作的类的设计。

③ 程序可以分层部署在多个服务器上，实现分布式处理。

分层开发 Web 应用程序是大型软件开发的常用方式，具有很多优点，下面将分层介绍 UserInfo 实例的各层是如何实现的。

9.4.1 创建表示层

在 ASP.NET 应用程序中，表示层的主要作用是接受用户的处理请求以及呈现对请求的处理结果，为客户端提供应用程序的访问界面。表示层由项目 UserInfo 实现，在界面上可以对 userinfo 表进行增加、删除、修改和查询等操作。表示层界面（Userinfo.aspx）如图 9-5 所示。

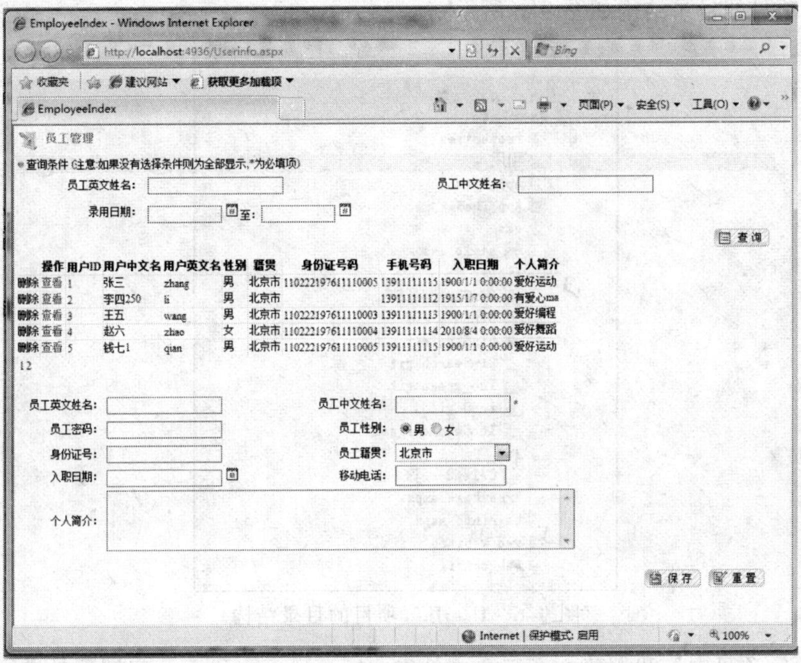

图 9-5　对 userinfo 表进行操作的表示层界面

该界面可以实现对用户信息的按条件查询、增加用户信息、修改用户信息、删除用户信息、对用户信息进行分页显示以及按照用户 ID 排序等功能。页面具体功能如下：

① 页面加载的时候，GridView 控件默认显示所有的用户信息，用户信息按照用户 ID 从小到大排序。

② 用户信息可以实现按条件的模糊查询。例如，当在“员工英文姓名”文本框中输入“Z”时，所有英文姓名以“Z”开头的用户都被查询出来并在 GridView 控件上显示。所有的查询条件采取“或”运算，例如，在“员工英文姓名”中输入“Z”，同时在“员工中文姓名”中输入“管理员”，则 GridView 控件上会显示所有英文姓名包含“Z”的用户和所有中文姓名包含“管理员”的用户，依此类推。

③ 当用户单击 GridView 控件中所显示的用户信息对应的“删除”按钮时，该条记录被删除。

④ 当用户单击 GridView 控件中所显示的用户信息对应的“查看”按钮时，该条记录所对应的信息将显示在 GridView 控件下方的录入界面中。这时可以对该条信息进行修改，修改完毕后单击“保存”按钮完成修改工作。当然，也可以直接在页面下方的录入界面中录入用户信息，单击“保存”按钮实现新增用户的功能。当单击“重置”按钮时，录入界面的信息将被清空或初始化。

UserInfo 项目的目录结构如图 9-6 所示。

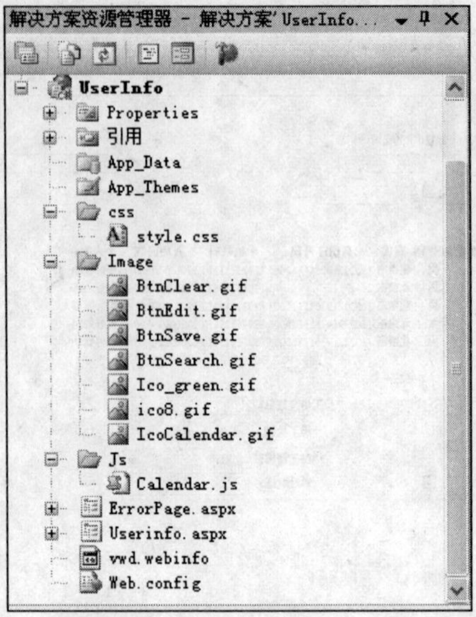

图 9-6　UserInfo 项目的目录结构

在 UserInfo 项目中，我们建立了三个文件夹：Image、css 和 Js。它们都是进行美工处理的常用元素。Image 文件夹下包含了表示层中的所有图片，在表示层的 Web 服务器控件上可以引用这些图片，例如：

```
<asp:ImageButton ID="ImgBtnSelect" runat="server" ImageUrl="Image/BtnSearch.gif"
OnClick="ImgBtnSelect_Click" CausesValidation="true"></asp:ImageButton>
```

这段代码表示的是“查询”按钮，在 ImageButton 控件中可以通过 ImageUrl 引用图片进行美工处理。CSS 可以有效地对页面的布局、字体、颜色、背景和其他效果实现更加精确的控制。为了便于维护，本书把 CSS 都定义在 style.css 文件中。在使用之前，需要在 HTML（Userinfo.aspx 文件）中引用，如下所示：

```
<link href="css/style.css" type="text/css" rel="stylesheet">
```

引用 CSS 之后，就可以使用它了。例如，下面的例子是“员工英文姓名”对应的 TextBox 控件使用 CSS 的情况：

```
<asp:TextBox ID="TxtEmpEngname" runat="server" CssClass="iTextBox"> </asp:TextBox>
```

通过 TextBox 控件的 CssClass 属性，可以引用 style.css 文件中定义的 iTextBox 来对 TextBox 的显示效果进行设置。iTextBox 的定义如下：

```
.iTextBox
{
    border: 1px solid #666666;
    font-size: 12px;
```

```
    font-weight: normal;
    line-height: 15px;
  }
```

JavaScript 是一种客户端脚本语言，它在客户端运行，可以执行输入检验等处理。与服务器端控件相比，JavaScript 的执行速度更快，可以为客户提供更流畅的浏览效果。本书为了演示 JavaScript 的效果，制作了一个 JavaScript 版本的日历，用来输入日期。虽然 ASP.NET 有日历控件，但 JavaScript 版本的日历在客户端执行，速度更快。为了便于维护，日历控件定义在 Js 文件夹下的 Calendar.js 文件中。在使用之前，需要在 HTML（Userinfo.aspx 文件）中进行引用，如下所示：

```
<script language="javascript" src="Js/Calendar.js"
type="text/javascript"> </script>
```

引用了 JavaScript 文件之后，就可以使用它了。在图 9-4 所示的界面中，每个日期对应的 TextBox 控件后都有一个图片按钮，单击按钮，可以出现 JavaScript 版本的日历。效果如图 9-7 所示。

按钮通过执行 onclick()事件调用 Calendar.js 文件中的 setday()方法来显示日历，如下所示：

```
<img onclick="setday(this,document.all.TxtStTime)"
height="17" src="image/ IcoCalendar.gif" width="17"
align="absMiddle" border="0" alt ="setday">
```

图 9-7　JavaScript 日历控件

9.4.2　创建业务逻辑层

表示层更多地关注对页面的显示效果以及输入/输出的处理，而应用程序的业务逻辑是每个应用程序的核心处理部分。就 UserInfo 实例而言，业务逻辑封装在 BussinessEntity 项目中，即业务逻辑层。由于 UserInfo 实例只是对 userinfo 表的基本操作，所以 BussinessEntity 项目中只包含一个类文件，目录结构如图 9-8 所示。

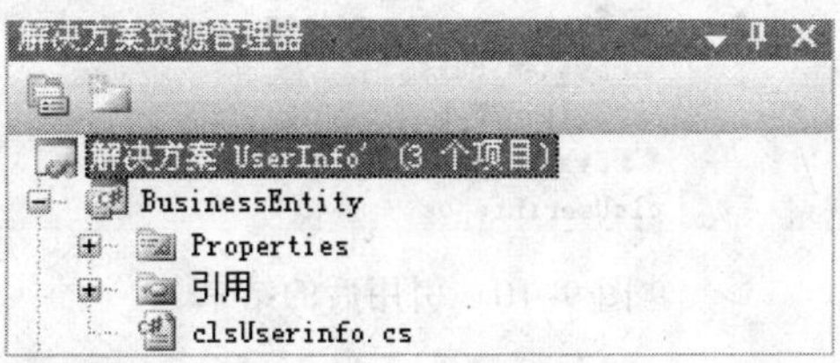

图 9-8　BussinessEntity 项目的目录结构

项目 BussinessEntity（业务逻辑层）在处理业务逻辑的时候必然要调用项目 SqlDataAccess（数据访问层）的类来实现对数据库的操作；项目 UserInfo（表示层）在将界面数据传递给业务逻辑层时，也要调用项目 BussinessEntity 中定义的类。为了实现三个项目的依赖调用关系，须在调用项目的引用中添加被调用项目的程序集。例如，项目 BussinessEntity 需要引用项目 SqlDataAccess 的程序集。引用方法为：右击项目 BussinessEntity 的“引用”选项，在弹出的快捷菜单中选择“添加引用”命令，在弹出的对话框中选择“项目”选项卡，从中选择项目名称为“SqlDataAccess”的项目后单击“确定”按钮，实现对程序集 SqlDataAccess.dll 的引用。“添加引用”对话框如图 9-9 所示。

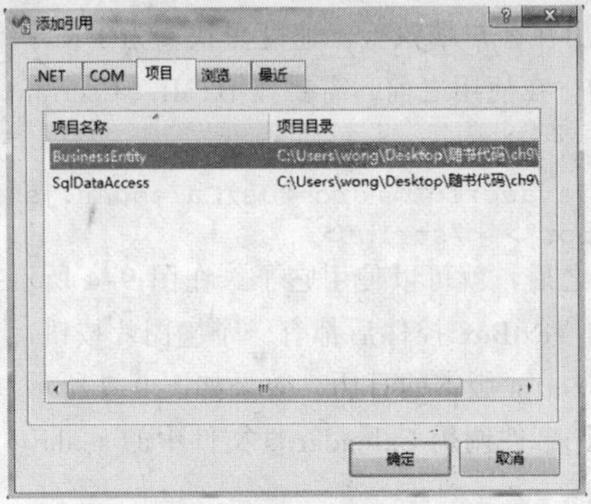

图 9-9 “添加引用”对话框

添加完成后，项目 BussinessEntity 的引用如图 9-10 所示，程序集 SqlDataAccess.dll 被包含在其中。

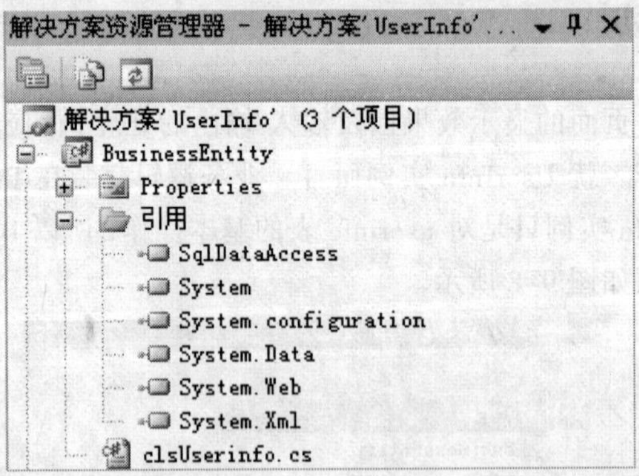

图 9-10 引用后的结果

引用完程序集后，为了使用程序集 SqlDataAccess.dll 中的类或方法，必须在项目 BussinessEntity 的类文件中添加对程序集 SqlDataAccess.dll 命名空间的引用。例如，在类 clsUserinfo.cs 文件中，通过如下语句对命名空间 SqlDataAccess 加以引用：

```
using SqlDataAccess;
```

下面我们对图 9-5 按照从上到下的顺序，讲解表示层如何调用业务逻辑层来实现对数据表 userinfo 的基本操作。

1. 按条件查询功能

当用户输入“员工英文姓名”、“员工中文姓名”、“录入日期”之一或它们的组合后，单击“查询”按钮，查询结果会显示在下方的 GridView 控件中。例如，当用户在“员工英文姓名”对应的 TextBox 控件中输入“z”，并且在“员工中文姓名”对应的 TextBox 控件中输入“管理员”之后，GridView 控件显示的结果如图 9-11 所示。

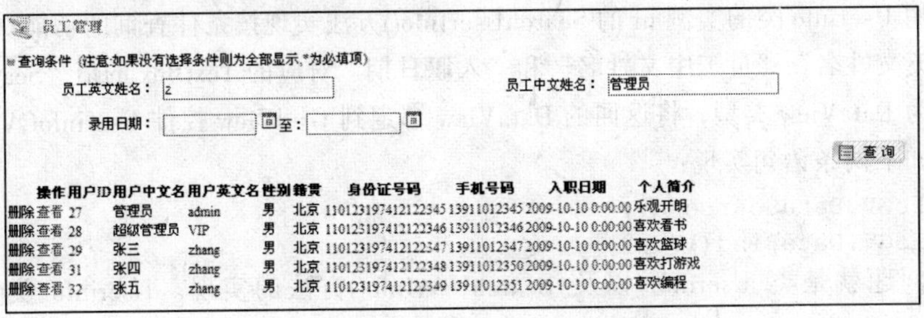

图 9-11　按条件查询的显示结果

单击“查询”按钮触发的事件如下：

```
protected void ImgBtnSelect_Click(object sender,ImageClickEventArgs e)
{
  try
  {
    BusinessEntity.Userinfo uf=new BusinessEntity.Userinfo();
    DateTime sttime=DateTime.Now;
    DateTime edtime=DateTime.Now;
    if(TxtStTime.Text!="")
    {
      sttime=DateTime.Parse(TxtStTime.Text);
    }
    if(TxtEndTime.Text!="")
    {
      edtime=DateTime.Parse(TxtEndTime.Text);
    }
DataView dv=uf.SearchUserInfo(TxtEmpEngname.Text,TxtSeName.Text,sttime,
edtime);
      UserinfoGV.DataSource=dv;
      UserinfoGV.DataBind();
    }catch(Exception)
    {
```

```
            Response.Write("select userinfo error!");
        }
    }
```

上述代码位于 Userinfo.aspx.cs 文件中，因此，为了调用业务逻辑层的功能，也需要在 Userinfo 项目的引用中添加对 BussinessEntity.dll 的引用，方法与前面叙述的相同。在引用了程序集和命名空间之后，才可以调用 BussinessEntity.dll 中的类和方法。如下语句是对命名空间 BussinessEntity 中类 Userinfo 的实例化：

```
BusinessEntity.Userinfo uf=new BusinessEntity.Userinfo();
```

之后调用 Userinfo 类的实例 uf 的 SearchUserInfo()方法实现按条件查询的功能。该方法的参数即“员工英文姓名”、“员工中文姓名”和“入职日期”对应的 TextBox 的值。SearchUserInfo()方法返回值为 DataView 类型，将返回的 DataView 绑定到 GridView 控件 UserinfoGV 上即可。绑定功能通过如下两条语句实现：

```
UserinfoGV.DataSource=dv;
UserinfoGV.DataBind();
```

剩下的问题就是类 Userinfo 以及 SearchUserInfo()方法的实现。Userinfo 类定义在项目 BussinessEntity 的 clsUserinfo.cs 文件中。Userinfo 类的内容如图 9-12 所示。

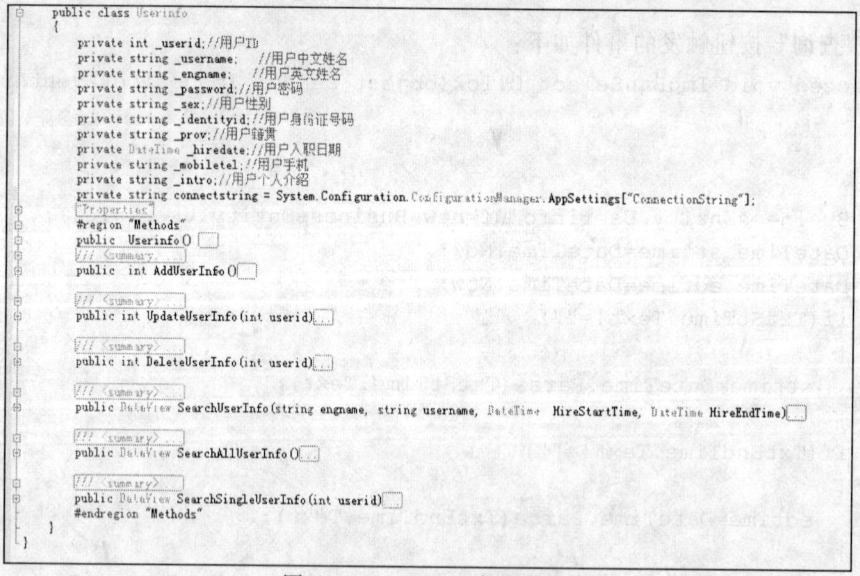

```
public class Userinfo
{
    private int _userid;//用户ID
    private string _username;   //用户中文姓名
    private string _engname;   //用户英文姓名
    private string _password;//用户密码
    private string _sex;//用户性别
    private string _identityid;//用户身份证号码
    private string _prov;//用户籍贯
    private DateTime _hiredate;//用户入职日期
    private string _mobiletel;//用户手机
    private string _intro;//用户个人介紹
    private string connectstring = System.Configuration.ConfigurationManager.AppSettings["ConnectionString"];
    Properties
    #region "Methods"
    public  Userinfo() ...
    /// <summary> ...
    public  int AddUserInfo()...

    /// <summary> ...
    public int UpdateUserInfo(int userid)...

    /// <summary> ...
    public int DeleteUserInfo(int userid)...

    /// <summary> ...
    public DataView SearchUserInfo(string engname, string username, DateTime  HireStartTime, DateTime HireEndTime)...

    /// <summary> ...
    public DataView SearchAllUserInfo()...

    /// <summary> ...
    public DataView SearchSingleUserInfo(int userid)...
    #endregion "Methods"
  }
}
```

图 9-12 Userinfo 类的内容

下面是 Userinfo 类中私有变量、属性以及 SearchUserInfo()方法的代码。

```
using System;
using System.Collections.Generic;
using System.Text;
```

```
using System.Data;
using System.Collections;
using System.Data.SqlClient;
using System.Configuration;
using SqlDataAccess;
namespace BusinessEntity
{
   // <summary>
   // 此类用于对用户信息进行增删改查的基本操作
   // </summary>
   public class Userinfo
   {
      private int _userid;//用户 ID
      private string _username;         //用户中文姓名
      private string _engname;          //用户英文姓名
      private string _password;         //用户密码
      private string _sex;              //用户性别
      private string _identityid;       //用户身份证号码
      private string _prov;             //用户籍贯
      private DateTime _hiredate;       //用户入职日期
      private string _mobiletel;        //用户手机号码
      private string _intro;            //用户个人介
private string connectstring = System.Configuration.ConfigurationManager.
AppSettings["ConnectionString"];
#region "Properties"
      // <summary>
      // 类 Userinfo 的属性定义
      // </summary>
      public int Userid
      {
         get {return _userid;}
         set {_userid=value;}
      }
      public string Username
      {
         get {return _username;}
         set {_username=value;}
      }
      public string Engname
      {
         get {return _engname;}
         set {_engname=value;}
      }
```

```
            public string Password
            {
                get {return _password;}
                set {_password=value;}
            }
            public string Sex
            {
                get {return _sex;}
                set {_sex=value;}
            }
            public string Identityid
            {
                get {return _identityid;}
                set {_identityid=value;}
            }
            public string Prov
            {
                get {return _prov;}
                set {_prov=value;}
            }
            public DateTime  Hiredate
            {
                get {return _hiredate;}
                set {_hiredate=value;}
            }
            public string Mobiletel
            {
                get {return _mobiletel;}
                set {_mobiletel=value;}
            }
            public string Intro
            {
                get {return _intro;}
                set {_intro=value;}
            }
        #endregion "Properties"
        #region "Methods"
            public  Userinfo()
            {
                //构造函数
            }
            // <summary>
            // 查询用户信息;
```

```
        // </summary>
        // <param name="engname">用户英文名</param>
        // <param name="username">用户中文名</param>
        // <param name="HireStartTime">最早雇佣时间</param>
        // <param name="HireEndTime">最晚雇佣时间</param>
        // <returns></returns>
    public  DataView  SearchUserInfo(string  engname,string  username,DateTime
    HireStartTime,DateTime HireEndTime)
        {
            DataSet ds=null;
            string fstrSpName="UI_SearchUserinfo";
            try
            {
                SqlParameter[] Param=new SqlParameter[] { };
                Param=SqlHelperParameterCache.GetSpParameterSet(connectstring,
                fstrSpName);
                Param[0].Value=engname;
                Param[1].Value=username;
                Param[2].Value=HireStartTime;
                Param[3].Value=HireEndTime;
                ds=SqlHelper.ExecuteDataset(connectstring,CommandType.
                StoredProcedure,fstrSpName,Param);
            }
            catch(Exception e)
            {
                return null;
            }
            return ds.Tables[0].DefaultView;
        }
    …
      #endregion "Methods"
      }
    }
```

Userinfo 类中的私有变量和数据库表 userinfo 是一一对应的，Userinfo 类中的属性都是可读/写的，是对私有变量的封装。在 Userinfo 类之外只能通过访问属性来间接访问 Userinfo 类的私有变量，当对 Userinfo 类的私有变量进行修改时，对外部程序的影响很小。SearchUserInfo()方法实现按条件对 userinfo 表进行查询。在第 7 章讲解如何利用 ADO.NET 对数据库进行操作时，我们将对数据库操作的 SQL 语句写在 C#代码中，本章对数据库所有的操作都将以存储过程的方式实现。在 SearchUserInfo()方法中，首先对存储过程"UI_SearchUserinfo"的参数进行赋值，赋值的内容就是查询条件。然后调用数据访问层 SqlDataAccess 的 SqlHelper 类的 ExecuteDataset 方法执行对数据库的查询操作，该方法返回 DataSet 类型的变量。关于存储过程

"UI_SearchUserinfo"以及SqlHelper类的内容将在数据访问层中讲解。

2. GridView控件实现的功能

GridView控件实现了对用户信息的显示、排序、分页、删除和查看功能。

（1）用户信息的显示

当页面加载的时候，GridView控件将显示所有用户的信息。Page_Load()事件的代码如下：

```
protected void Page_Load(object sender, EventArgs e)
{
   if(!Page.IsPostBack)
   {
      ShowInfo();
   }
   }
private void ShowInfo()
   {
      try
      {
         UserinfoGV.DataKeyNames=new string[] {"userid"};
         BusinessEntity.Userinfo uf=new BusinessEntity.Userinfo();
         DataView dv=uf.SearchAllUserInfo();
         UserinfoGV.DataSource=dv;
         UserinfoGV.DataBind();
      }
      catch(Exception)
      {
         Response.Write("select all userinfo error!");
      }
   }
```

在方法ShowInfo()中，语句UserinfoGV.DataKeyNames = new string[] { "userid" }用来设定显示信息的主键，在删除信息的时候可以用到。之后调用生成类 Userinfo 的实例 uf，并调用方法SearchAllUserInfo()来显示所有用户信息。SearchAllUserInfo()方法代码如下：

```
public DataView SearchAllUserInfo()
{
   DataSet ds=null;
   string fstrSpName="UI_SearchAllUserinfo";
   try
   {
      SqlParameter[] Param=new SqlParameter[] { };
      Param=SqlHelperParameterCache.GetSpParameterSet(connectstring, fstrSpName);
ds=SqlHelper.ExecuteDataset(connectstring,CommandType.StoredProcedure,
```

```
fstrSpName,Param);
   }
   catch (Exception e)
   {
      return null;
   }
   return ds.Tables[0].DefaultView;
}
```

业务逻辑层中的方法 SearchAllUserInfo()会进一步调用数据访问层的方法 SqlHelper.ExecuteDataset()进行查询处理，存储过程的名称为 UI_SearchAllUserinfo，我们将在数据访问层进行介绍。

（2）用户信息的排序和分页

为了让 GridView 控件可以实现排序和分页的功能，首先需要设置 GridView 控件的 AllowPaging 和 AllowSorting 属性为 true，设置 PageSize 属性值为每页显示信息的条数（本例中设置为 5）。在默认情况下，GridView 控件绑定后表头显示的将是 userinfo 表字段的名称，为了让 GridView 的表头显示自定义的内容，需要进行如下处理。

单击 GridView 控件的“GridView 任务”选项，选择“编辑列”命令，在弹出的“字段”对话框中设置 DataField 属性值为该列对应的字段名称，设置 HeaderText 属性值为表头显示的文字。设置 SortExpression 属性值为该列排序所依据的字段。在此处设置为 userid，即单击该列将按照 userid 的顺序进行排序。“字段”对话框如图 9-13 所示。

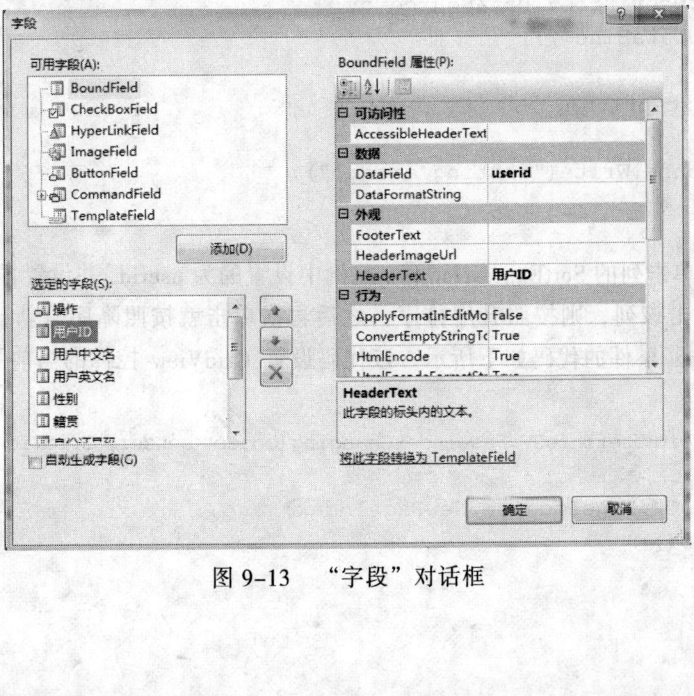

图 9-13 “字段”对话框

为了实现排序和分页功能，还要设置 GridView 控件的 Sorting()和 PageIndexChanging()事件，Sorting()事件的代码如下所示：

```
protected void UserinfoGV_Sorting(object sender,GridViewSortEventArgs e)
{
   try
   {
      string sortExpression=e.SortExpression.ToString();
      string sortdirection="ASC";
      if(sortExpression==this.UserinfoGV.Attributes["SortExpression"])
      {
         sortdirection=(this.UserinfoGV.Attributes["SortDirection"].ToString()
         ==sortdirection?"DESC":"ASC");      //获得下一次的排序状态
      }
      this.UserinfoGV.Attributes["SortExpression"]=sortExpression;
      this.UserinfoGV.Attributes["SortDirection"]=sortdirection;
      BusinessEntity.Userinfo uf=new BusinessEntity.Userinfo();
      DataView dv=uf.SearchAllUserInfo();
      string SortDirection=this.UserinfoGV.Attributes["SortDirection"].
      ToString();
      string SortExpression=this.UserinfoGV.Attributes["SortExpression"].
      ToString();
      dv.Sort = string.Format("{0} {1}",SortExpression,SortDirection);
      this.UserinfoGV.DataSource=dv;
      this.DataBind();
   }
   catch(Exception)
   {
      Response.Write("sorting error!");
   }
}
```

首先获取所单击列的 SortExpression 值（此例中设置的为 userid）并设置排序的方向为升序。如果是第一次单击该列，则按照升序排序，之后再次单击就按照降序重新排列，依此类推。PageIndexChanging()事件的代码如下所示，该代码设置 GridView 控件的当前页为选中页面并重新绑定显示信息：

```
protected void UserinfoGV_PageIndexChanging(object sender, GridViewPageEventArgs e)
{
   UserinfoGV.PageIndex=e.NewPageIndex;
   ShowInfo();
}
```

（3）用户信息的删除和更新

GridView 控件可以实现更新功能，实现的方法在 5.3.2 节中已经介绍过。但有时候如果数据表字段较多，为了显示美观，GridView 控件可能只会绑定数据表的主要字段，此时想更新数据表的所有字段显然不太方便。本节将介绍另外一种更新数据的方法，可以很好地解决这个问题。当单击 GridView 控件的“查看”按钮时，该行对应的全部信息将显示在 GridView 控件下方的录入界面中供用户编辑和更新。如图 9-14 所示。

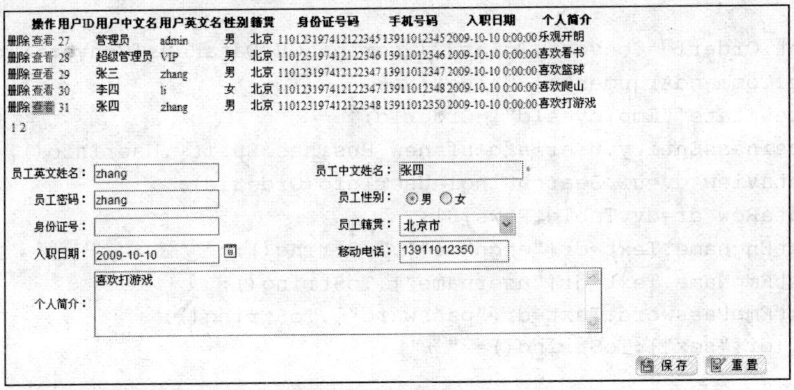

图 9-14　GridView 控件实现更新的界面

在图 9-14 中，单击了 userid=31 的一行，该行信息显示在 GridView 控件下方的录入界面中，用户可以对显示的信息进行修改，之后单击“保存”按钮实现对该条记录的更新操作。为了实现“查看”功能，需要在 GridView 控件中增加 ButtonField 字段，界面如图 9-15 所示。

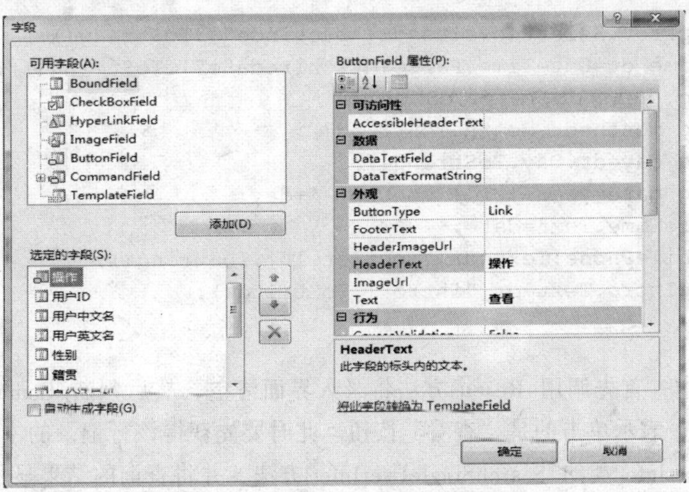

图 9-15　设置“查看”列的界面

在 ButtonField 的属性中，HeaderText 为 GridView 表头显示的内容，Text 为该列显示的内容，CommandName 设置为 Detail。为了实现“查看”功能，需要设置 GridView 控件的 RowCommand()事件，代码如下：

```
protected void UserinfoGV_RowCommand(object sender,GridViewCommandEventArgs e)
{
   Reset();
   if(e.CommandName=="Detail")
   {
      int OrderId=Convert.ToInt32(UserinfoGV.DataKeys[Convert.ToInt32
      (e.CommandArgument)].Value);
      ViewState["EmployeeId"]=OrderId;
      BusinessEntity.Userinfo uf=new BusinessEntity.Userinfo();
      DataView dv=uf.SearchSingleUserInfo(OrderId);
      DataRow dr=dv.Table.Rows[0];
      TxtEngname.Text=dr["engname"].ToString();
      TxtEmpName.Text=dr["username"].ToString();
      TxtEmpPassword.Text=dr["password"].ToString();
      if(dr["sex"].ToString()=="男")
      {
         sex.SelectedIndex=0;
      }else
       {
         sex.SelectedIndex=1;
      }

      DDLEmpProv.SelectedValue=dr["province"].ToString();
      DateTime dt=DateTime.Parse(dr["hiredate"].ToString());
      string  year=dt.Year.ToString();
      string month=dt.Month.ToString();
      string day=dt.Day.ToString();
      string date=year+'-' + month+'-'+day;
      TxtHireTime.Text=date;
      TxtMobilePhone.Text=dr["mobiletel"].ToString();
      TxtEmpIntro.Text=dr["intro"].ToString();
   }
}
```

在上述代码中，首先调用 Reset()方法将录入界面清空，然后判断 CommandName 是否为“Detail”，如果是，表示单击的是“查看”按钮。此时要先获得该行记录的主键，即 OrderId，然后据此调用 Userinfo 类的 SearchSingleUserInfo()方法，并将查询的结果显示在录入界面中。Reset()方法的代码如下：

```
private void Reset()
{
   TxtEngname.Text="";
   TxtEmpName.Text="";
   TxtEmpPassword.Text="";
   sex.SelectedItem.Value="男";
   TxtIdentityId.Text="";
   DDLEmpProv.SelectedIndex=0;
   TxtMobilePhone.Text="";
   TxtHireTime.Text=DateTime.Now.ToShortDateString();
   TxtEmpIntro.Text="";
}
```

SearchSingleUserInfo()方法的代码如下所示。

```
public DataView SearchSingleUserInfo(int userid)
{
   DataSet ds=null;
   string fstrSpName="UI_SearchSingleUserinfo";
   try
   {
   SqlParameter[] Param=new SqlParameter[] { };
   Param=SqlHelperParameterCache.GetSpParameterSet(connectstring,
   fstrSpName);
   Param[0].Value=userid;
   ds = SqlHelper.ExecuteDataset(connectstring,CommandType.StoredProcedure,
   fstrSpName,Param);
   }catch(Exception e)
   {
      return null;
   }
   return ds.Tables[0].DefaultView;
}
```

上述代码也是调用存储过程 UI_SearchSingleUserinfo 和数据访问层的相应方法来实现的。对用户信息进行相应修改之后直接单击“保存”按钮即可。录入界面不但可以实现更新用户信息的功能，还可以直接添加新的用户信息。为了区分是新添加的用户信息还是对旧数据的修改，须设置 ViewState["EmployeeId"] = OrderId。更新或新增用户的代码如下所示：

```
protected void ImgBtnSave_Click(object sender,ImageClickEventArgs e)
{
   try
   {
      BusinessEntity.Userinfo uf=new BusinessEntity.Userinfo();
      uf.Username=TxtEmpName.Text;
```

```
        uf.Engname=TxtEngname.Text;
        uf.Password=TxtEmpPassword.Text;
        uf.Sex=sex.SelectedItem.Value;
        uf.Identityid=TxtIdentityId.Text;
        uf.Prov=DDLEmpProv.SelectedItem.Value;
        string str=TxtHireTime.Text;
        uf.Hiredate=DateTime.Parse(TxtHireTime.Text);
        uf.Mobiletel=TxtMobilePhone.Text;
        uf.Intro=TxtEmpIntro.Text;
    if(ViewState["EmployeeId"]==null || ViewState["EmployeeId"].ToString()
    =="")                                  //新增
        {
            uf.AddUserInfo();
            ShowInfo();                    //刷新 GridView 来显示
        }
        else                               //修改
        {
            int cn=uf.UpdateUserInfo(int.Parse(ViewState["EmployeeId"].
            ToString()));
            ShowInfo();                    //刷新 GridView 来显示
            ViewState["EmployeeId"]=null;
            if(cn==-1)
                {
                Response.Write("update userinfo error!");
            }
        }
    }catch(Exception)
    {
        Response.Write("insert userinfo error!");
    }

}
```

Userinfo 类的 AddUserInfo()方法代码如下所示：

```
public int AddUserInfo()
{
    int result=0;
    string fstrSpName="UI_InsertUserinfo";
    try
        {
        SqlParameter[] Param = new SqlParameter[] { };
        Param=SqlHelperParameterCache.GetSpParameterSet(connectstring,
        fstrSpName);
        Param[0].Value=_username;
```

```
        Param[1].Value=_engname;
        Param[2].Value=_password;
        Param[3].Value=_sex;
        Param[4].Value=_identityid;
        Param[5].Value=_prov;
        Param[6].Value=_hiredate;
        Param[7].Value=_mobiletel;
        Param[8].Value=_intro;
        Param[9].Direction=ParameterDirection.Output;
        SqlHelper.ExecuteNonQuery(connectstring,CommandType.StoredProcedure,
        fstrSpName,Param);
        result=int.Parse(Param[5].Value.ToString());
    }catch(Exception e)
    {
        result=-1;
    }
    return result;
}
```

上述代码中，通过设置实现增加用户信息功能的储存过程的名称以及存储过程的参数，并调用数据访问层的代码来实现对用户信息的增加。Userinfo 类的 UpdateUserInfo()方法的代码如下所示：

```
public int UpdateUserInfo(int userid)
{
    int result=0;
    string fstrSpName="UI_UpdateUserinfo";
    try
        {
        SqlParameter[] Param=new SqlParameter[] { };
        Param=SqlHelperParameterCache.GetSpParameterSet(connectstring, fstrSpName);
        Param[0].Value=userid;
        Param[1].Value=_username;
        Param[2].Value=_engname;
        Param[3].Value=_password;
        Param[4].Value=_sex;
        Param[5].Value=_identityid;
        Param[6].Value=_prov;
        Param[7].Value=_hiredate;
            Param[8].Value=_mobiletel;
            Param[9].Value=_intro;
            Param[10].Direction=ParameterDirection.Output;
        result=SqlHelper.ExecuteNonQuery(connectstring, CommandType.StoredProcedure,
        fstrSpName,Param);
```

```
    }
    catch (Exception e)
    {
      result=-1;
    }
    return result;
}
```

删除用户信息的功能非常简单，设置GridView控件的AutoGenerateDeleteButton属性为true可以添加删除列，通过设置RowDeleting()事件来实现删除功能。RowDeleting()事件的代码如下所示：

```
protected void UserinfoGV_RowDeleting(object sender,GridViewDeleteEventArgs e)
{
    try
    {
      string ID=UserinfoGV.DataKeys[e.RowIndex].Value.ToString();
      BusinessEntity.Userinfo uf=new BusinessEntity.Userinfo();
      int cn=uf.DeleteUserInfo(int.Parse(ID));
      if(cn!=0)
      {
        Response.Write("delete userinfo error!");
      }
      ShowInfo();
    }
    catch(Exception)
    {
      Response.Write("delete userinfo error!");
    }
}
```

Userinfo类的DeleteUserInfo()方法的代码如下所示：

```
public int DeleteUserInfo(int userid)
{
    int result=0;
    string fstrSpName="UI_DelUserinfo";
    try
    {
      SqlParameter[] Param=new SqlParameter[] { };
      Param=SqlHelperParameterCache.GetSpParameterSet(connectstring,
      fstrSpName);
      Param[0].Value=userid;
      SqlHelper.ExecuteNonQuery(connectstring,CommandType.StoredProcedure,
      fstrSpName,Param);
      }
```

```
      catch(Exception e)
    {
      result=-1;
    }
    return result;
  }
```

9.4.3　创建数据访问层

数据访问层的功能由 SqlDataAccess 项目实现，该项目中只包含一个类文件，即 SQLHelper.cs，它是对数据库访问操作的封装，如图 9-16 所示。

图 9-16　项目 SqlDataAccess

SQLHelper.cs 是具有通用性的类文件，读者可以在自己的项目中拿过来直接使用。该类文件的内容不再展开叙述，读者可以直接查看随书光盘。在业务逻辑层中，对数据库的基本操作都是利用存储过程来实现的。

当页面加载的时候，须显示所有用户的信息，此时调用存储过程 UI_SearchAllUserinfo，SQL 代码如下：

```
CREATE PROCEDURE UI_SearchAllUserinfo
AS
SELECT *
FROM userinfo
ORDER BY userid
GO
```

当用户按条件进行查询时，调用存储过程 UI_SearchUserinfo，SQL 代码如下所示：

```
CREATE  PROCEDURE UI_SearchUserinfo
(
  @engname varchar(50),
  @username varchar(50),
  @startdate  DateTime,
  @enddate  DateTime
)
 AS
declare @searchstr varchar(200)
if(ltrim(@engname)<>''or ltrim(@username)<>'' or ltrim(@startdate)<>null or
ltrim(@enddate)<>null)
begin
set @searchstr=' select *  from userinfo where '
if ltrim(@engname)<>''
  set @searchstr=@searchstr+'  engname  like ''%'+@engname+'%'''
```

```
if(ltrim(@username)<>'')
begin
   if ltrim(@engname)<>''
   set @searchstr=@searchstr+'or'
   set @searchstr=@searchstr+'  username like ''%'+@username+'%'''
end
if ltrim(@startdate)<>null
begin
   if(ltrim(@engname)<>'' or ltrim(@username)<>'')
   set @searchstr=@searchstr+'or'
   set @searchstr=@searchstr+' or  hiredate >'+@startdate
end
if ltrim(@enddate)<>null
   begin
      if ltrim(@startdate)<>null
      set @searchstr=@searchstr+' and  hiredate<'+@enddate
      else if(ltrim(@engname)<>'' or ltrim(@username)<>'')
      set @searchstr=@searchstr+' or  hiredate<'+@enddate
      set @searchstr=@searchstr+'  order by userid'
   end
end
else
set @searchstr='select * from userinfo'
exec(@searchstr)
GO
```

当用户更新某条记录时，首先要将该条记录查询出来，实现查询单条记录的存储过程是UI_SearchSingleUserinfo，SQL代码如下：

```
CREATE PROCEDURE UI_SearchSingleUserinfo
(
   @UserID int
)
AS
SELECT * FROM userinfo
WHERE
   userid=@UserID
GO
```

实现增加用户信息的存储过程是UI_InsertUserinfo，SQL代码如下所示：

```
CREATE PROCEDURE UI_InsertUserinfo
(
   @Name nvarchar(50),
   @Engname nvarchar(100),
   @Password nvarchar(10),
```

```
    @Sex nvarchar(2),
    @identityid  nvarchar(18),
    @province  nvarchar(10),
    @hiredate  datetime,
    @mobiletel  nvarchar(20),
    @intro  nvarchar(100),
    @RetVal int output              /* 0-用户名已占用,1-添加成功,-1-添加失败 */
)
AS
begin
    INSERT INTO  userinfo
    VALUES
    (
    @Name,
    @Engname,
    @Password,
    @Sex,
    @identityid,
    @province,
    @hiredate,
    @mobiletel,
    @intro,
    getdate()
    )
    set @Retval=1
end

if @@error<>0
   set @Retval=-1
GO
```

实现修改用户信息的存储过程是 UI_UpdateUserinfo，SQL 代码如下所示：

```
CREATE PROCEDURE UI_UpdateUserinfo
(
    @UserID int,
    @Name nvarchar(50),
    @Engname nvarchar(100),
    @Password nvarchar(10),
    @Sex nvarchar(2),
    @identityid  nvarchar(18),
    @province  nvarchar(10),
    @hiredate  datetime,
    @mobiletel  nvarchar(20),
    @intro  nvarchar(100),
```

```
    @RetVal int output                /* 0-更新成功,-1-更新失败 */
)
AS
begin
update userinfo set
username=@Name,
engname=@Engname,
password=@Password,
sex=@Sex,
identityid=@identityid,
province=@province,
hiredate=@hiredate,
mobiletel=@mobiletel,
intro=@intro
where userid=@UserID
  set @Retval=0
end
if @@error<>0
   set @Retval=-1
GO
```

实现删除用户信息的存储过程是 UI_DelUserinfo，SQL 代码如下：

```
CREATE  PROCEDURE UI_DelUserinfo
(
   @UserID  int
)
AS
DELETE FROM userinfo

WHERE
   userid=@UserID
GO
```

上述存储过程都在随书光盘附带的数据库文件中，读者可以把数据库文件进行还原来查看。

小　结

开发复杂的 ASP.NET 应用程序经常会用到 MVC 设计模式。在 ASP.NET 环境下，基于 MVC 设计模式的开源框架有很多，但这些框架共同的作用就是提高应用程序的可复用性、可扩展性以及可维护性。基于 MVC 设计模式，开发 ASP.NET 分层应用程序是一个成熟的.NET 程序员必不可少的技能，本章对如何开发 ASP.NET 三层应用程序进行了详细介绍。

习　　题

1. 为什么需要设计模式？
2. MVC 模式的原理是什么？
3. MVC 模式的优点和缺点是什么？
4. 以对 userinfo 表的增加、修改、删除和查询为例，在 ASP.NET 环境下开发三层应用程序。

第10章 NHibernate 框架及应用

NHibernate 框架是开发 ASP.NET 应用程序常用的开源 MVC 框架之一。本章将对如何使用 NHibernate 框架开发分层的 ASP.NET 应用程序进行详细介绍,通过对本章的学习,读者将对 MVC 设计模式有新的理解,对开发分层 ASP.NET 应用程序有全新的认识。本章和第 9 章对初学者学会如何开发大型的 ASP.NET 应用程序有一定的参考价值。

学习目标

- 理解 NHibernate 框架的架构。
- 理解 NHibernate 框架的原理。
- 掌握如何使用 NHibernate 框架开发分层应用程序。

10.1 NHibernate 框架概述

NHibernate 是一个面向.NET 环境的对象/关系数据库映射工具。对象/关系数据库映射（object/relational mapping，ORM）表示一种技术，用来把对象模型表示的对象映射到基于 SQL 的关系模型数据结构中去。NHibernate 不仅仅管理.NET 类到数据库表的映射（包括.NET 数据类型到 SQL 数据类型的映射），还提供数据查询和获取数据的方法，大幅度减少我们开发时人工使用 SQL 和 ADO.NET 处理数据的时间。

10.1.1 NHibernate 框架能做什么

在介绍 NHibernate 框架之前，先回顾一下在第 7 章和第 9 章中是如何编程的。第 7 章讲解了如何使用 ADO.NET 对数据库进行访问。如果由于需求的变化，使得 userinfo 表增加了大量的字段，这种不分层的代码需要进行较大修改，因此应用程序的可复用性和可维护性不高，第 9 章使用 MVC 模式对应用程序进行了分层处理，使得应用程序的可复用性和可维护性有了较大提高。有没有更好的方法，可以使程序员在用户需求改变的情况下尽可能少地修改代码呢？NHibernate 框架可以较好地解决这个问题。在 NHibernate 框架中，通过一个扩展名为*.hbm.xml 的映射文件将面向对象中的持久化类（persistent classes）和数据库中的关系表关联起来，以此来实现对象/关系数据库映射，如图 10-1 所示。当数据库表发生变化的时候，只需修改相应的*.hbm.xml 的映射文件和持久化类即可，应用程序的其他改动较小。

使用 NHibernate 框架之前需要引用如下几个主要的程序集：

- NHibernate.dll：核心的程序集。
- log4net.dll：日志记录程序集。
- Iesi.Collections.dll：集合框架的程序集。
- Castle.DynameicProxy.dll：控制反转的程序集。

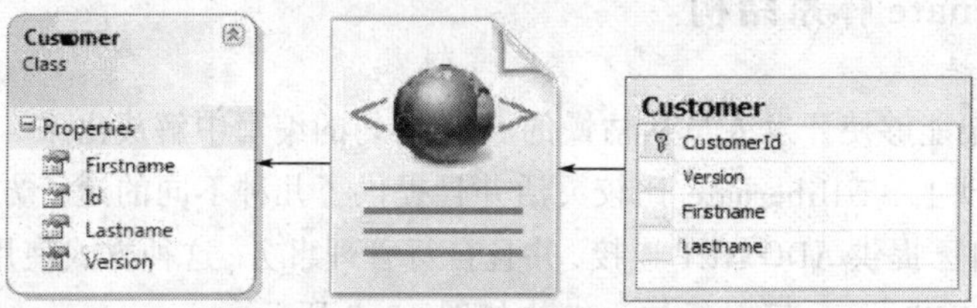

图 10-1　对象/关系数据库映射

10.1.2　NHibernate 框架的优点和缺点

NHibernate 框架具有如下优点：

1. NHibernate 是一个完全的 ORM 框架

NHibernate 对数据库结构提供了较为完整的封装，它将数据库模式映射为较完全的对象模型，支持封装、继续机制，功能较强大，比一般的 ORM 灵活性高。开发人员可以完全按照对象模型操纵数据库。

2. NHibernate 可以减少代码开发量

NHibernate 的 ORM 机制实现了持久对象（persisent object，PO）和数据库表之间的映射，以及 SQL 的自动生成和执行。程序员往往只需定义好 PO 到数据库表的映射关系，即可通过 NHibernate 提供的方法完成持久层操作。程序员甚至不需要对 SQL 的熟练把握，NHibernate 会根据制定的存储逻辑，自动生成对应的 SQL 并调用 ADO.NET 接口加以执行。NHibernate 有工具可以直接根据数据库模式生成 PO 类，或者通过在代码中添加 Attribute 属性自动生成配置文件。

3. 较好的文档支持

NHibernate 的代码可读性和文档都比较好。读者可以从 http://sourceforge.net/ projects/nhibernate/或 https://www.hibernate.org/处下载 NHibernate 的源代码及文档来阅读。另外，关于 NHibernate 的开源网站及论坛有很多，都提供了 NHibernate 的很多资料。

在应用程序中使用 NHibernate 框架，在带来上述好处的同时也引入了一些缺点：

① NHibernate 框架本身较为复杂，学习起来有一定难度。

② 对数据库设计有较高的要求。NHibernate 要求数据库有良好的设计和完善的约束。

③ 不适合统计查询。对于多个数据表联合查询，SQL 实现起来比较复杂。

④ 需要额外编写 XML 配置文件。

10.2 NHibernate 的原理

10.2.1 NHibernate 体系结构

NHibernate 框架能够使开发人员从枯燥的 SQL 语句的编写中解放出来，节省的精力可以投入到业务逻辑的实现上。NHibernate 比较灵活并且提供了几种不同的运行方式。在轻量级体系结构中，应用程序自己提供 ADO.NET 连接，并且自行管理事务，这种方式使用了 NHibernate API 的一个最小子集，NHibernate 轻量级体系结构如图 10-2 所示。

图 10-3 是 NHibernate 的重量级体系结构，该结构中所有的底层 ADO.NET API 都被进一步抽象。

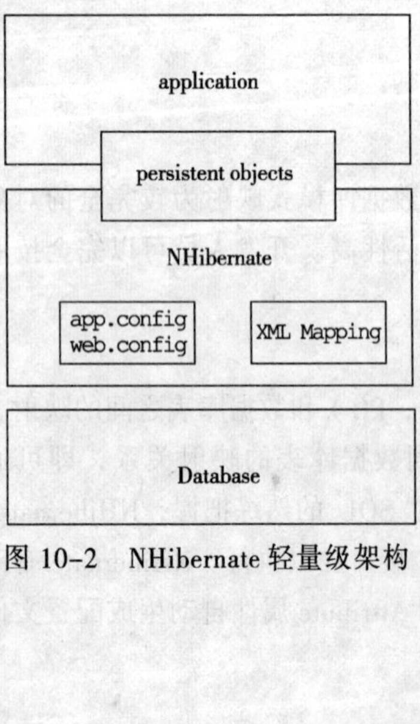

图 10-2 NHibernate 轻量级架构

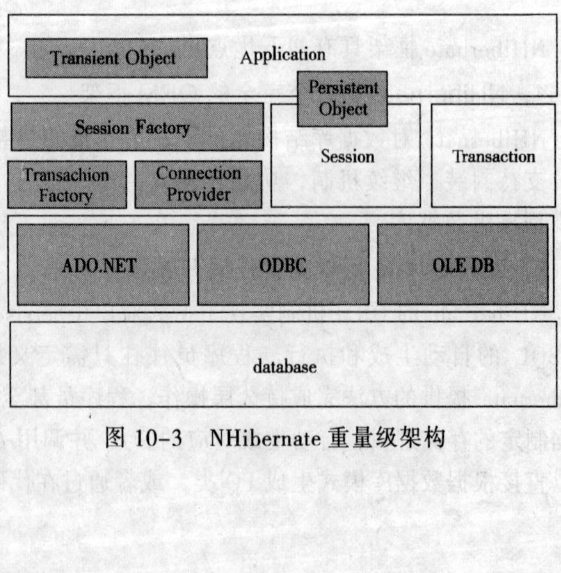

图 10-3 NHibernate 重量级架构

对于图 10-2 中的概念有如下定义：

1．会话工厂（NHibernate.ISessionFactory，Session Factory）

它是 Session 的工厂，是 ConnectionProvider 的客户。可以持有一个可选的（第二级）数据缓存，可以在进程级别或集群级别保存在事物中重用的数据。

2．会话（NHibernate.ISession，Session）

Session 是单线程的且生命期较短的对象。Session 代表应用程序和持久化层之间的一次对话，它封装了一个 ADO.NET 连接，也是 Transaction 的工厂。它保存必需的（第一级）持久化对象的缓存，用于遍历对象图，或者通过标识符查找对象。

3．持久化对象（Persistent）及其集合（Collections）

Persistent 是生命期较短的单线程的对象，它包含了持久化状态和商业功能。这些可能是普通的对象，唯一特别的是现在从属于且仅从属于一个 Session。一旦 Session 被关闭，它们都将从 Session 中取消联系，可以在任何程序层自由地使用（比如，直接作为传送到表现层的数据传输对象）。

4．临时对象（Transient Object）及其集合（Collection）

目前没有从属于一个Session的持久化类的实例。Transient Object可能是刚刚被程序实例化，还没有来得及被持久化，或者是被一个已经关闭的 Session 实例化的对象。

5．事务（NHibernate.ITransaction，Transaction）

Transaction 是可选的单线程且生命期较短的对象，应用程序用它来表示一批工作的原子操作，它是底层的 ADO.NET 事务的抽象。一个 Session 在某些情况下可能跨越多个 Transaction 事务。

6．连接工厂（NHibernate.Connection.ConnectionProvider，Connection Provider）

ConnectionProvider 是可选的 ADO.NET 连接工厂，它从底层的 IDbConnection 抽象而来，对应用程序不可见，但可以被开发者扩展/实现。

7．事务实例工厂（net.sf.hibernate.TransactionFactory，Transaction Factory）

Transaction Factory 是可选的事务实例工厂。它对应用程序不可见，但可以被开发者扩展/实现。

NHibernate 架构的细节可以用 UML 图的类图来表示，如图 10-4 所示。

从图中可以看到，Session 和 SessionFactory 是 NHibernate 的核心部分。SessionFactory 维护到持久机制（数据库）的连接并对它们进行管理，同时还保存着所有持久对象的映射信息。SessionFactory 由 Configuration.BuildSessionFactory 创建，这个对象一般使用 Singleton 模式。Session 用于将对象持久化，支持数据库事务，另外，Session 还提供了强大的数据加载功能，Session 由 SessionFactory 创建。

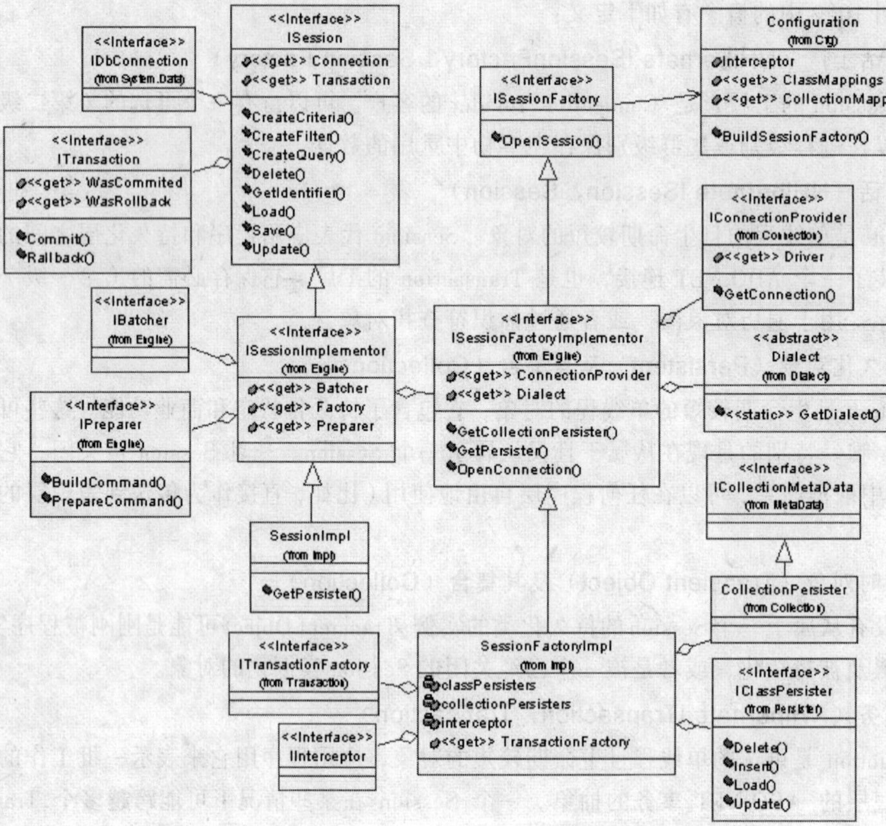

图 10-4　NHibernate 框架体系结构 UML 图

NHibernate 框架本身较为复杂，本章不会涉及过多 NHibernate 框架的深入内容，有兴趣的读者可以参阅相关文献或网站内容。下面对 NHibernate 框架的基本理论进行简要的介绍。

10.2.2　ISessionFactory 的配置

在应用程序中引用 NHibernate 的程序集和相应的命名空间之后，就可以使用 NHibernate 了。NHibernate.Cfg.Configuration 的一个实例代表了应用程序中所有的.NET 类到 SQL 数据库的映射的集合。Configuration 用于构造一个不可变的 ISessionFactory，这些映射是从扩展名为*.hbm.xml 映射文件中编译得来的，构建了 ISessionFactory 之后就可以利用 Session 工厂创建 Session 来执行相应的操作了。具体使用方法如下：

```
Configuration cfg=new Configuration();
cfg.AddXmlFile(*.hbm.xml");
```

```
ISessionFactory factory=cfg.BuildSessionFactory();
ISession session=factory.OpenSession();
...//调用 session 的方法做相应的处理
session.Close();
```

10.2.3　persistent classes

NHibernate 框架中把需要持久化服务(保存到数据库)的类称为 persistent class(持久化类)，它可以把程序运行时创建的临时对象（transient objects）保存到数据库、文件等介质中。持久化类既可以包含数据和操作，也可以只包含数据，它的字段和数据表的字段是一一对应的。本章的持久化类只包含数据，操作另外的类来处理。下面是一个简单的持久化类：

```
using System;
using System.Collections.Generic;
using System.Text;
namespace Models

   public class  user
   {
      private string id;
      private string userName;
      public string Id
      {
      get { return id; }
      set { id=value; }
      }
      public string UserName
      {
      get { return userName; }
      set { userName=value; }
      }
      public User()
      {
      // TODO: 在此处添加构造函数逻辑
      }
   }
}
```

对于上面的持久化类，有以下几点需要说明：

1. 为持久化字段声明访问器（getters 和 setters）

持久化类为它的所有可持久化字段声明了 getters 和 setters 访问器，用访问器来替代直接访问字段可以对应用程序进行解耦。属性不一定要声明为 public，NHibernate 可以对 default、procted、internal 或 private 的属性一视同仁地执行持久化。

2. 实现一个默认的构造方法（constructor）

所有的持久化类都必须具有一个默认的构造方法（可以不是 public 的），这样 NHibernate 就可以使用 Constructor.Invoke()来实例化它们。

10.2.4 O/R Mapping 基础

O/R Mapping（持久化类和关系数据库表之间的映射）是用一个扩展名为*.hbm.xml 的映射文档来定义的。这个映射文档被设计为易读的，可以手动修改。映射语言是以.NET 为中心的，映射是按照持久化类的定义来创建的，而非数据表的定义。下面是持久化类对应的映射文件，名称为 user.hbm.xml。

```
<?xml version="1.0" encoding="utf-8" ?>
<hibernate-mapping xmlns="urn:nhibernate-mapping-2.2">
    <class name="Models.user, Models" table="user" lazy="false">
        <id  name="Id" column="userid" type="int" length="4">
            <generator class="native" />
        </id>
        <property name=" UserName " column="username" type="string" length="50"/>
    </class>
</hibernate-mapping>
```

对这个配置文件，有如下说明：

① hibernate-mapping：用来指明 NHibernate 映射的版本号。

② Class：可以使用 class 元素来定义一个持久化类。此元素包括 12 个属性（name、table、discriminator-value、mutable、schema、proxy、dynamic-update、dynamic-insert、polymorphism、where、persister、lazy）。若指明的持久化类是一个接口，也可以被接受，然后可以用<subclass>来指定该接口的实际实现类名，而且可以持久化任何 static 内部类。

③ id：被映射的类必须声明对应数据库表主键字段，<id> 元素定义了该属性到数据库表主键字段的映射。这个元素包括五个属性（name、type、column、unsaved-value、access）。如果 name 属性不存在，这个类就没有标识属性。

④ generator：必须声明的 <generator> 子元素是一个.NET 类的名字，用来为该持久化类的实例生成唯一的标识。如果这个生成器实例需要某些配置值或者初始化参数，用 <param>元素来传递。所有的生成器都实现 NHibernate.Id.IdentifierGenerator 接口。

⑤ property：此元素为类声明了一个持久化的属性。它包括七个属性（name、column、type、update、insert、formula、access）。

⑥ 映射文件中的 type 属性表示 NHibernate 数据类型。NHibernate 基本的值类型大致可以分为三组：System.ValueType 类型、System.Object 类型和支持大对象的 System.Object 类型。分

别如表 10-1、表 10-2 和表 10-3 所示。

表 10-1 System.ValueType 映射类型

NHibernate 类型	.NET 类型	Database 类型	备注
Boolean	System.Boolean	DbType.Boolean	在没有指定类型（type）属性时的默认值
Byte	System.Byte	DbType.Byte	在没有指定类型（type）属性时的默认值
Char	System.Char	DbType.StringFixedLength - 1 char	在没有指定类型（type）属性时的默认值
DateTime	System.DateTime	DbType.DateTime，忽略毫秒	在没有指定类型（type）属性时的默认值
Decimal	System.Decimal	DbType.Decimal	在没有指定类型（type）属性时的默认值
Double	System.Double	DbType.Double	在没有指定类型（type）属性时的默认值
Guid	System.Guid	DbType.Guid	在没有指定类型（type）属性时的默认值
Int16	System.Int16	DbType.Int16	在没有指定类型（type）属性时的默认值
Int32	System.Int32	DbType.Int32	在没有指定类型（type）属性时的默认值
Int64	System.Int64	DbType.Int64	在没有指定类型（type）属性时的默认值
PersistentEnum	System.Enum	潜在类型对应的 DbType	不用在映射文件指定 type="PersistentEnum"，而是提供枚举的程序集全名，让 NHibernate 用反射来猜测类型。枚举使用的潜在类型决定适当的 DbType
Single	System.Single	DbType.Single	在没有指定类型（type）属性时的默认值
Ticks	System.DateTime	DbType.Int64	type="Ticks"必须被指定
TimeSpan	System.TimeSpan	DbType.Int64	在没有指定类型（type）属性时的默认值
Timestamp	System.DateTime	DbType.DateTime，取决于数据库支持	type="Timestamp"必须被指定
TrueFalse	System.Boolean	DbType.AnsiStringFixedLength，一个字符，'T' 或者'F'	type="TrueFalse"必须被指定
YesNo	System.Boolean	DbType.AnsiStringFixedLength，一个字符，'Y' 或者'N'	type="YesNo"必须被指定

表 10-2 System.Object 映射类型

NHibernate 类型	.NET 类型	Database 类型	备注
AnsiString	System.String	DbType.AnsiString	type="AnsiString"必须被指定
CultureInfo	System.Globalization.CultureInfo	DbType.String，表明文化（culture）的 5 个字符	在没有指定类型（type）属性时的默认值
Binary	System.Byte[]	DbType.Binary	在没有指定类型（type）属性时的默认值
Type	System.Type	DbType.String，容纳程序集全名	在没有指定类型（type）属性时的默认值
String	System.String	DbType.String	在没有指定类型（type）属性时的默认值

表 10-3 Large Object 映射类型

NHibernate 类型	.NET 类型	Database 类型	备注
StringClob	System.String	DbType.String	type="StringClob"必须被指定，整个字段被读入内存
BinaryBlob	System.Byte[]	DbType.Binary	type="BinaryBlob"必须被指定，整个字段被读入内存
Serializable	任何被标记了可序列化属性（SerializableAttribute）的 System.Object	DbType.Binary	type="Serializable" 应该被指定，如果不能为属性找到 NHibernate 类型，这是最后可依靠的类型

10.2.5 NHibernate 查询语言

NHibernate 查询语言（HQL）是 NHibernate 特有的基于面向对象的 SQL 查询语言，它具有继承、多态和关联等特性。实际上是用 OOP 中的对象和属性映射了数据库中的表和列。例如：

```
select c.username from userinfo c
```

HQL 与 SQL 在语法上并没有什么大的区别，只不过对于 SQL 而言，userinfo 是数据库表，username 是列；而对于 HQL 来说，userinfo 是一个对象，username 是 userinfo 对象的属性，与 SQL 语句相比，HQL 具有编译时的语法验证支持功能。使用 HQL 进行查询，需要调用 session 对象的 CreateQuery()方法来实现。下面以对 userinfo 表的增、删、改、查操作为例，说明如何使用 HQL 进行查询。

（1）查询 userinfo 表的所有用户信息

```
return _session.CreateQuery("from userinfo").List<Customer>();;
```

（2）查询 userid=1 的用户中文名信息

```
return _session.CreateQuery("select username from userinfo where userid
=1").List<Customer>();;
```

（3）带参数的查询

下面代码列出了三种形式的带参数查询方法：

```
//写法 1
return _session.CreateQuery("from userinfo c where c.username='"+
firstname+"'")
    .List<Customer>();
//写法 2：位置型参数
return _session.CreateQuery("from userinfo c where c.username=?")
    .SetString(0,firstname)
    .List<Customer>();
//写法 3：命名型参数（推荐）
return _session.CreateQuery("from userinfo c where c.username=:fn")
```

```
    .SetString("fn",firstname)
    .List<Customer>();
```

对上面三种形式的带参数查询，说明如下：

写法 1：可能会引起 SQL 注入问题，最好不要使用。

写法 2：ADO.NET 风格的参数，NHibernate 的参数从 0 开始计数。

写法 3：命名参数用:name 的形式在查询字符串中表示，这时 IQuery 接口把实际参数绑定到命名参数。在书写 HQL 使用参数的时候推荐使用命名型参数形式，因为命名参数不依赖于它们在查询字符串中出现的顺序，在同一个查询中可以使用多次，它们的可读性好。

10.3 使用 NHibernate 框架开发三层 ASP.NET 应用程序

开发基于 NHibernate 框架的 ASP.NET 应用程序大概分为以下几步：

① 配置 NHibernate 框架到应用程序中。

② 创建数据库表和实体类。

③ 编写 O/R Mapping 映射文件。

④ 使用 NHibernate 进行编程。

本章我们仍然以对 userinfo 表的增、删、改、查为例，按照如上步骤说明如何使用 NHibernate 框架实现 ASP.NET 程序开发。

10.3.1 配置 NHibernate 框架到应用程序中

在使用 NHibernate 之前，需要将 NHibernate 的程序集添加到相应的应用程序中。本例中仍然将应用程序分层处理，并且在需要使用 NHibernate 进行编程的项目中引用其对应的程序集，即 NHibernate.dll、log4net.dll、Iesi.Collections.dll 和 Castle.DynameicProxy.dll，其中 NHibernate.dll 是最核心的部分。引用之后的效果如图 10-5 所示。

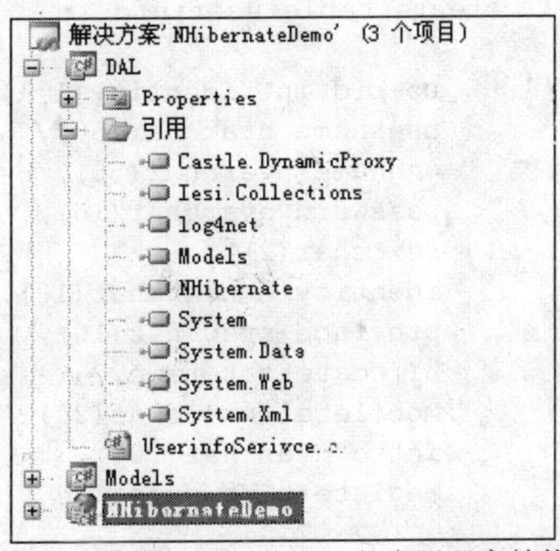

图 10-5 使用 NHibernate 的应用程序结构

添加完程序集后还需要配置应用程序的 web.config 文件，配置之后的 web.config 文件如下所示，其中加深的部分是需要添加的内容。

```
<?xml version="1.0"?>
<configuration>
   <configSections>
      <section name="nhibernate" type="System.Configuration.
```

```
        NameValueSectionHandler, System, Version=1.0.3300.0,Culture=neutral,
        PublicKeyToken=b77a5c561934e089"/>
    </configSections>
    <nhibernate>
        <add key="hibernate.connection.provider" value="NHibernate.Connection.
        DriverConnectionProvider"/>
        <add key="hibernate.dialect" value="NHibernate.Dialect.MsSql2000Dialect"/>
        <add key="hibernate.connection.driver_class" value="NHibernate.Driver.
        SqlClientDriver"/>
        <add key="hibernate.connection.connection_string" value="server=.;
        database=TEST;uid=sa;pwd=sa"/>
    </nhibernate>
    <appSettings/>
    <connectionStrings/>
    <system.web>
        <compilation debug="true"/>
        <authentication mode="Windows"/>
    </system.web>
</configuration>
```

需要说明的是，上述加深部分的内容中，最后一行为数据库连接字符串信息，用户可根据自身的情况进行修改。

10.3.2 创建数据库表和实体类

数据库表 userinfo 的内容和第 7 章、第 9 章相同，它的 SQL 语句如下：

```
create table userinfo
(
    userid int identity(1,1) not null primary key,
    username nvarchar(50),
    engname nvarchar(50),
    password nvarchar(10),
    sex char(2),
    identityid nvarchar(18),
    province nvarchar(10),
    hiredate datetime,
    mobiletel nvarchar(20),
    intro nvarchar(100),
    registertime datetime
)
```

userinfo 表对应的实体类定义在 Models 项目中，名称为 userinfo.cs，如图 10-6 所示。

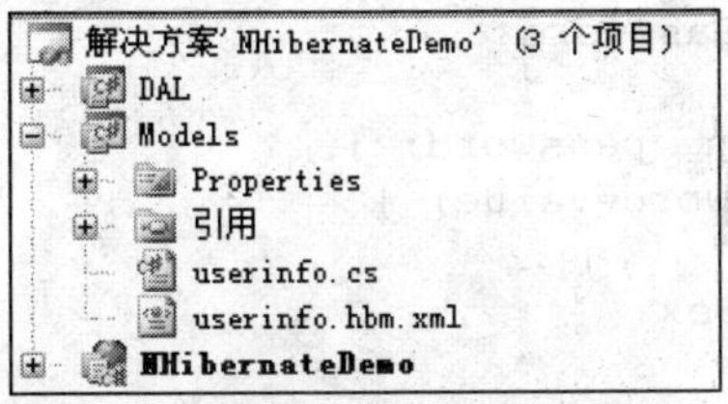

图 10-6　实体类文件所在位置

实体类（userinfo.cs）的内容如下：

```
using System;
using System.Collections.Generic;
using System.Text;
namespace Models
{
    public class userinfo
    {
        private int _userid;                        //用户 ID
        private string _username;                   //用户中文姓名
        private string _engname;                    //用户英文姓名
        private string _password;                   //用户密码
        private string _sex;                        //用户性别
        private string _identityid;                 //用户身份证号码
        private string _prov;                       //用户籍贯
        private DateTime _hiredate;                 //用户入职日期
        private string _mobiletel;                  //用户手机
        private string _intro;                      //用户个人介绍
        private DateTime _registertime;
        #region "Properties"
        /// <summary>
        /// show all the Properties of the class
        /// </summary>
        public int Userid
        {
            get { return _userid; }
            set { _userid=value; }
        }
        public string Username
        {
            get { return _username; }
            set { _username=value; }
        }
        public string Engname
        {
            get { return _engname; }
            set { _engname=value; }
        }
```

```
        public string Password
        {
            get { return _password; }
            set { _password=value; }
        }
        public string Sex
        {
            get { return _sex; }
            set { _sex=value; }
        }
        public string Identityid
        {
            get { return _identityid; }
            set { _identityid=value; }
        }
        public string Province
        {
            get { return _prov; }
            set { _prov=value; }
        }
        public DateTime Hiredate
        {
            get { return _hiredate; }
            set { _hiredate=value; }
        }
        public string Mobiletel
        {
            get { return _mobiletel; }
            set { _mobiletel=value; }
        }
        public string Intro
        {
            get { return _intro; }
            set { _intro=value; }
        }
        public DateTime Registertime
        {
            get { return _registertime; }
            set { _registertime=value; }
        }
        #endregion "Properties"
        public userinfo()
        {
        }
    }
}
```

从实体类中可以看出，该类除了有一个默认的构造函数之外，属性名称和数据类型与

userinfo 数据库表的字段的名称和数据类型是一一对应的。

10.3.3　编写 O/R Mapping 映射文件

定义完数据表和实体类之后，还要编写 O/R Mapping 映射文件来将数据表和实体类关联起来。NHibernate 会解析该映射文件，实现数据表和实体类的自动映射。userinfo 数据表和实体类的映射文件名称为 userinfo.hbm.xml，和实体类位于同一目录，如图 10-5 所示。userinfo.hbm.xml 的内容如下：

```
<?xml version="1.0" encoding="utf-8" ?>
<hibernate-mapping xmlns="urn:nhibernate-mapping-2.2">
   <class name="Models.userinfo,Models" table="userinfo" lazy="false">
      <id name="Userid" column="userid" type="int" length="4">
         <generator class="native" />
      </id>
   <property name="Username" column="username" type="string" length="50" />
   <property name="Engname" column="engname" type="string" length="50" />
   <property name="Password" column="password" type="string" length="10" />
   <property name="Sex" column="sex" type="string" length="2" />
   <property name="Identityid" column="identityid" type="string" length="18" />
   <property name="Province" column="province" type="string" length="10" />
   <property name="Hiredate" column="hiredate" type="datetime" length="8" />
   <property name="Mobiletel" column="mobiletel" type="string" length="20" />
   <property name="Intro" column="intro" type="string" length="100" />
   <property  name="Registertime"  column="registertime"  type="datetime"
length="8" />
   </class>
</hibernate-mapping>
```

其中：

① <class name="Models.userinfo,Models" table="userinfo" lazy="false">中的属性 name 的内容表示实体类的命名空间以及类的名称，属性 table 的内容表示数据库表的名称。

② <id name="Userid" column="userid" type="int" length="4">表示数据库表的主键，属性 name 的内容表示实体类对应主键属性的名称，属性 column 的内容表示数据库表 userinfo 主键的名称，属性 type 和 length 分别表示主键的类型以及长度。

③ <property name="..." column="..." type="..." length="..." />表示数据库表的其他非主键字段。属性 name 的内容表示实体类对应非主键属性的名称，属性 column 的内容表示数据库表 userinfo 非主键字段的名称，属性 type 和 length 分别表示该字段的类型以及长度。

④ O/R Mapping 的数据类型要符合 10.2.4 节介绍的 NHibernate 数据类型的要求。

10.3.4 使用 NHibernate 进行编程

项目 DAL 是数据访问层，它利用 NHibernate 框架的 API 封装了对数据库表 userinfo 的增、删、改、查功能；项目 NHibernateDemo 是应用程序的表示层和业务逻辑层，各层结构如图 10-7 所示。

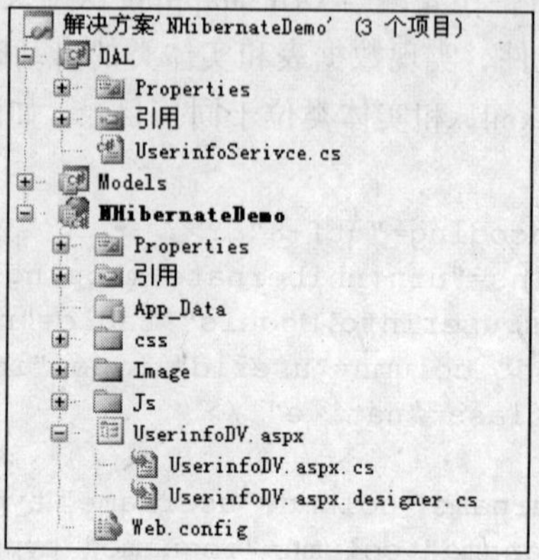

图 10-7　DAL 和 NHibernateDemo 的各层结构

项目 NHibernateDemo 中 UserinfoDV.aspx 的运行界面如图 10-8 所示。

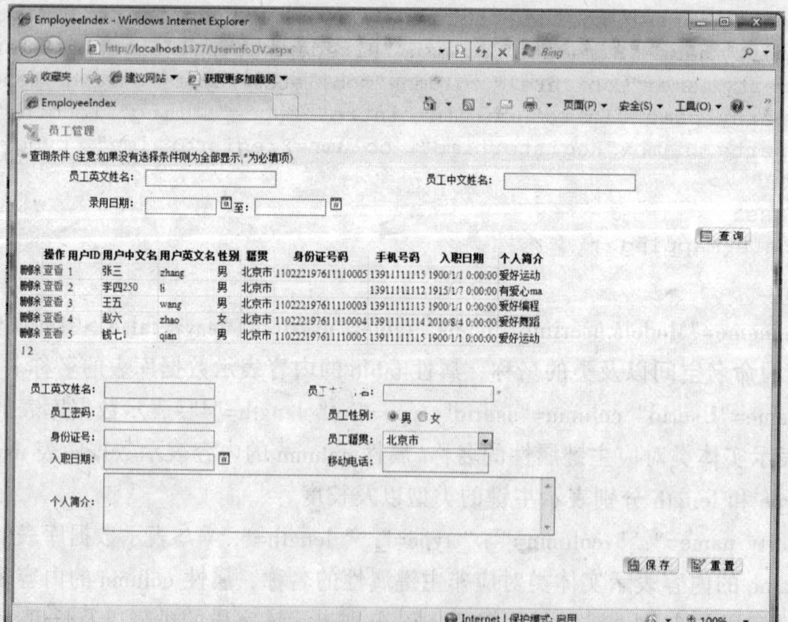

图 10-8　UserinfoDV.aspx 运行界面

图 10-7 所示界面的功能与第 7 章、第 9 章例子的功能相同，下面我们看一下使用 NHibernate 框架是如何实现这些功能的。

1. 页面加载 GridView 显示所有用户信息

代码如下：

```
using System;
using System.Reflection;
using System.Collections;
using System.Collections.Generic;
using System.Linq;
using System.Web;
using System.Web.UI;
using System.Web.UI.WebControls;
using System.Data;
using DAL;
using Models;
namespace NHibernateDemo
{
  public partial class Userinfo:System.Web.UI.Page
  {
    protected void Page_Load(object sender,EventArgs e)
    {
      if(!Page.IsPostBack)
      {
      ShowInfo();
      }
    }
    private void ShowInfo()
    {
      try
      {
        UserinfoGV.DataKeyNames=new string[] { "userid" };
        UserinfoSerivce us=new UserinfoSerivce();
        UserinfoGV.DataSource=us.SelectAllUserinfo();
        UserinfoGV.DataBind();
      }
      catch (Exception)
      {
        Response.Write("selcct all userinfo error!");
      }
```

在上述代码中，程序调用项目DAL中的UserinfoSerivce类的SelectAllUserinfo()方法实现对所有用户的查询功能，SelectAllUserinfo()方法代码如下：

```
public IList SelectAllUserinfo()
{
    IList lt=null;
    try
    {
        Configuration cfg=new Configuration();
        cfg.AddXmlFile(HttpContext.Current.Server.MapPath("Models
        /userinfo.hbm.xml"));
        ISessionFactory factory=cfg.BuildSessionFactory();
        ISession session=factory.OpenSession();
        IQuery query=session.CreateQuery("from userinfo");
        lt=query.List();
        session.Close();
        }
    catch(Exception ex)
    {
        string str=ex.Message;
    }
    return lt;
}
```

在上述代码中，首先对Configuration类进行实例化并加载映射文件，然后创建session工厂并利用该工厂创建session，接着利用session进行数据库查询，查询结束后关闭session。该例中的大部分代码是使用NHibernate框架的通用代码，读者只需要做少许修改即可复用。

2. 实现条件查询功能

单击“查询”按钮，执行如下代码：

```
protected void ImgBtnSelect_Click(object sender, ImageClickEventArgs e)
{
    try
    {
        UserinfoSerivce uf=new UserinfoSerivce();
        DateTime sttime=DateTime.Now;
        DateTime edtime=DateTime.Now;
        if(TxtStTime.Text!="")
        {
            sttime=DateTime.Parse(TxtStTime.Text);
        }
        if(TxtEndTime.Text!="")
        {
            edtime = DateTime.Parse(TxtEndTime.Text);
        }
```

```
        IList  dv = uf.SelectUserinfo(TxtEmpEngname.Text, TxtSeName.Text, sttime,
        edtime);
        UserinfoGV.DataSource=dv;
        UserinfoGV.DataBind();
    }
    catch(Exception)
    {
        Response.Write("select userinfo error!");
    }
}
```

上述代码调用 UserinfoSerivce 类的 SelectUserinfo()方法实现按条件查询用户信息功能，SelectUserinfo()方法的代码如下：

```
public IList SelectUserinfo(string engname, string username, DateTime
HireStartTime, DateTime HireEndTime)
{
    try
    {
        Configuration cfg=new Configuration();
        cfg.AddXmlFile(HttpContext.Current.Server.MapPath("Models/
        userinfo.hbm.xml"));
        ISessionFactory factory=cfg.BuildSessionFactory();
        ISession session=factory.OpenSession();
        IQuery query=session.CreateQuery("from userinfo where
        engname like :engname  or username like :username or (hiredate
        > :stdate and hiredate<:enddate)")
            .SetString("engname", "%" + engname + "%")
            .SetString("username", "%" + username + "%")
            .SetTime("stdate", HireStartTime)
            .SetTime("enddate", HireEndTime);
        string str=query.QueryString;
        IList list=query.List();
        session.Close();
        if(list.Count > 0)
        {
            return list;
        }
        else
        {
            return null;
        }
    }
    catch (Exception ex)
    {
```

```
            string str=ex.Message;
            return null;
        }
    }
```

上述代码的操作步骤与前面的代码类似，都是使用 NHibernate 查询语言（HQL）进行查询。

3. 删除和查看功能

用户信息的删除和查看功能可由 GridView 控件实现。单击“删除”按钮，将执行 RowDeleting 事件，代码如下：

```
protected void UserinfoGV_RowDeleting(object sender, GridViewDeleteEventArgs e)
{
    try
    {
        string ID = UserinfoGV.DataKeys[e.RowIndex].Value.ToString();
        UserinfoSerivce uf=new UserinfoSerivce();
        int cn=uf.DeleteUserinfo(int.Parse(ID));
        if(cn!=1)
        {
            Response.Write("delete userinfo error!");
        }
        ShowInfo();
    }
    catch(Exception)
    {
        Response.Write("delete userinfo error!");
    }
}
```

在 Page_load()事件中，通过语句 UserinfoGV.DataKeyNames = new string[] { "userid" }设置主键信息，在删除的时候可以通过如下语句获取所选中行的主键：

```
string ID=UserinfoGV.DataKeys[e.RowIndex].Value.ToString();
```

之后将该主键作为参数传递给 UserinfoSerivce 类的 DeleteUserinfo()方法执行删除操作。DeleteUserinfo()方法的代码如下：

```
public  int DeleteUserinfo(int userid)
{
    Configuration cfg=new Configuration();
    cfg.AddXmlFile(HttpContext.Current.Server.MapPath("Models/userinfo.hbm.xml"));
    ISessionFactory factory=cfg.BuildSessionFactory();
    ISession session=factory.OpenSession();
    ITransaction vTransaction=session.BeginTransaction();
    try
    {
```

```
        userinfo  user = (userinfo)session.Load(typeof(userinfo),userid);
        session.Delete(user);
        vTransaction.Commit();
        return 1;

    }
    catch(Exception)
    {
        vTransaction.Rollback();
        return -1;
    }
    finally
    {
        session.Close();
    }
}
```

上述代码通过执行 session.load()方法获取需要删除的用户信息，然后调用 session.Delete()方法删除用户信息。另外在删除用户信息的时候，执行了事务处理，当删除成功的时候将执行提交操作，删除发生异常时将执行回滚操作。

当单击“查看”按钮时，GridView 控件将执行 RowCommand()事件，GridView 控件中所单击行的信息将显示在 GridView 控件下方的录入界面中。RowCommand()事件的代码如下：

```
protected void UserinfoGV_RowCommand(object sender, GridViewCommandEventArgs e)
{
    Reset();
    if (e.CommandName=="Detail")
    {
        int OrderId=Convert.ToInt32(UserinfoGV.DataKeys[Convert.
        ToInt32(e.CommandArgument)].Value);
        ViewState["EmployeeId"]=OrderId;
        UserinfoSerivce uf=new UserinfoSerivce();
        userinfo  dv=uf.SelectUserinfoByID(OrderId);
        TxtEngname.Text=dv.Engname.ToString();
        TxtEmpName.Text=dv.Username.ToString();
        TxtEmpPassword.Text=dv.Password.ToString();
        if(dv.Sex.ToString()=="男")
        {
            sex.SelectedIndex=0;
        }
        else
        {
            sex.SelectedIndex=1;
        }
```

```
            DDLEmpProv.SelectedValue=dv.Province.ToString();
            DateTime dt=DateTime.Parse( dv.Hiredate.ToString());
            string year=dt.Year.ToString();
            string month=dt.Month.ToString();
            string day=dt.Day.ToString();
            string date=year + '-' + month + '-' + day;
            TxtHireTime.Text=date;
            TxtMobilePhone.Text=dv.Mobiletel.ToString();
            TxtEmpIntro.Text=dv.Intro.ToString();
        }
    }
```

在上述代码中，首先执行 Reset()方法将录入界面清空，然后以所选中行用户数据的主键为参数调用 UserinfoSerivce 类的 SelectUserinfoByID()方法，获取用户信息并显示在录入界面中。SelectUserinfoByID()方法的代码如下：

```
public  userinfo SelectUserinfoByID(int id)
{
    userinfo user=null;
    try
    {
        Configuration cfg=new Configuration();
        cfg.AddXmlFile(HttpContext.Current.Server.MapPath("Models/userinfo
        hbm.xml"));
        ISessionFactory factory=cfg.BuildSessionFactory();
        ISession session=factory.OpenSession();
        user=(userinfo)session.Load(typeof(userinfo),id);
        session.Close();
    }
    catch(Exception ex)
    {
        string str=ex.Message;
    }
    return user;
}
```

上述代码以主键作为参数，通过执行 session.Load()方法获取所需的用户信息。

4．录入界面功能

录入界面能够实现增加和修改用户信息的作用。修改用户信息可以通过“查看”功能来实现，录入用户信息的代码如下：

```
protected void ImgBtnSave_Click(object sender,ImageClickEventArgs e)
{
    try
```

```
    {
        UserinfoSerivce us = new UserinfoSerivce();
        userinfo uf = new userinfo();
        uf.Username = TxtEmpName.Text;
        uf.Engname = TxtEngname.Text;
        uf.Password = TxtEmpPassword.Text;
        uf.Sex = sex.SelectedItem.Value;
        uf.Identityid = TxtIdentityId.Text;
        uf.Province = DDLEmpProv.SelectedItem.Value;
        string str = TxtHireTime.Text;
        uf.Hiredate = DateTime.Parse(TxtHireTime.Text);
        uf.Mobiletel = TxtMobilePhone.Text;
        uf.Intro = TxtEmpIntro.Text;
        uf.Registertime = DateTime.Now;
        if(ViewState["EmployeeId"] == null || ViewState["EmployeeId"].
        ToString() == "")//新增
        {
            us.InsertUserinfo(uf);
            ShowInfo();
        }
        else//修改
        {
            uf.Userid = int.Parse(ViewState["EmployeeId"].ToString());
            int cn = us.UpdateUserinfo(uf);
            ViewState["EmployeeId"] = null;
            ShowInfo();
            if(cn == -1)
            {
                Response.Write("update userinfo error!");
            }
        }
    }
    catch (Exception)
    {
        Response.Write("insert userinfo error!");
    }
}
```

在上述代码中，实例化 Userinfo 类后，将输入信息分别赋值给 Userinfo 类对应的属性，之后如果是新录入用户信息，执行 InsertUserinfo()方法，如果是修改用户信息，执行 UpdateUserinfo()方法，执行完毕后都要执行 ShowInfo()方法重新刷新 GridView 控件来显示增加或修改后的用户信息。InsertUserinfo()方法代码如下：

```
public  bool InsertUserinfo(userinfo user)
{
    ITransaction tran=null;
    try
    {
        Configuration cfg=new Configuration();
        cfg.AddXmlFile(HttpContext.Current.Server.MapPath("Models/
        userinfo.hbm.xml"));
        ISessionFactory factory=cfg.BuildSessionFactory();
        ISession session=factory.OpenSession();
        tran=session.BeginTransaction();
        session.Save(user);
        tran.Commit();
        session.Close();
        return true;
    }
    catch(Exception ex)
    {
        tran.Rollback();
        string str=ex.Message;
        return false;
    }
}
```

增加用户信息的功能是通过调用 session.Save()方法实现的，而修改用户信息的功能是通过 session.Update ()方法来实现，UpdateUserinfo()方法的代码如下：

```
public  int UpdateUserinfo(userinfo user)
{
    Configuration cfg=new Configuration();
    cfg.AddXmlFile(HttpContext.Current.Server.MapPath("Models/
    userinfo.hbm.xml"));
    ISessionFactory factory=cfg.BuildSessionFactory();
    ISession session=factory.OpenSession();
    ITransaction vTransaction=session.BeginTransaction();
    try
    {
        session.Update(user,user.Userid);
        vTransaction.Commit();
        return 1;
    }
    catch(Exception)
    {
        vTransaction.Rollback();
        return -1;
    }
```

```
    finally
    {
        session.Close();
    }
}
```

通过上面的代码可以看出，使用 NHibernate 框架来增加、删除和更新用户信息，开发人员不用书写任何 SQL 代码，NHibernate 框架将自动实现上述功能，对于条件查询功能，开发人员可以通过书写 HQL 语句来实现。如果在程序的维护过程中，需要对 userinfo 数据库表进行大幅修改，那么开发人员只需修改 userinfo 实体类及其对应的映射文件 userinfo.hbm.xml 即可，对程序中的代码基本不需要修改。因此，使用 NHiberante 框架可以大大提供程序的可维护性和可扩展性。

需要说明的是，本章只对 NHibernate 框架的基本功能做了简单介绍，除了上述功能外，NHibernate 框架还提供了其他很多强大的功能，在此不再赘述，有兴趣的读者可以参阅相关文献或网站。

小　　结

NHibernate 是一个面向.NET 环境的对象/关系数据库映射工具。NHibernate 不仅仅管理.NET 类到数据库表的映射（包括.NET 数据类型到 SQL 数据类型的映射），还提供数据查询和获取数据的方法，大幅度减少开发时人工使用 SQL 和 ADO.NET 处理数据的时间，因此使用 NHibernate 框架开发的 Web 应用程序具有可维护性好、开发效率高的特点。

习　　题

1. 使用 NHibernate 框架有何好处？
2. 简述 NHibernate 框架的优点和缺点。
3. 使用 NHibernate 框架实现对 userinfo 表的增加、删除、修改和查询功能。

参 考 文 献

[1] 郭洪涛，等. ASP.NET（C#）大学实用教程[M]. 北京：电子工业出版社，2007.

[2] 王寅永，等. C#深入详解[M]. 北京：电子工业出版社，2008.

[3] N CHRISTIAN，等. C#高级编程[M]. 6 版. 李路，等，译. 北京：清华大学出版社，2008.

[4] 李继攀，等. Visual C# 2008 开发技术实例详解[M]. 北京：电子工业出版社，2008.

[5] 刘亮亮，等. 新手学 Visual C# 2008+SQL Server 2005 数据库与网络开发[M]. 北京：电子工业出版社，2009.

[6] 李容，等. Visual C# 2008 开发技术详解[M]. 北京：电子工业出版社，2008.

[7] 陈佛敏，等. C#程序设计简明教程[M]. 北京：人民邮电出版社，2008.